P. Deus / W. Stolz

Physik in Übungsaufgaben

Physik in Übungsaufgaben

Von Dr. rer. nat. Peter Deus
Freiberg
Prof. Dr. rer. nat. Werner Stolz
Technische Universität Bergakademie
Freiberg

2., durchgesehene Auflage

 B. G. Teubner Stuttgart · Leipzig 1999

Hochschuldozent Dr. rer. nat. Peter Deus

Geboren 1938 in Jena. Ab 1956 Physikstudium in Jena. Diplom 1961. Von 1961 bis 1964 wissenschaftlicher Mitarbeiter bei Carl Zeiss Jena. Von 1964 bis 1988 wissenschaftlicher Assistent an der Bergakademie Freiberg. Promotion 1971. 1983 Habilitation in Freiberg. Von 1988 bis 1992 Hochschuldozent am Fachbereich Physik der TU Bergakademie Freiberg.

Prof. Dr. rer. nat. Werner Stolz

Geboren 1934 in Reichenberg/Nordböhmen. Ab 1954 Physikstudium in Leipzig. Diplom 1959. Promotion 1963. Von 1960 bis 1969 wissenschaftlicher Assistent, anschließend bis 1978 Hochschuldozent für Experimentalphysik an der Technischen Universität Dresden. 1969 Habilitation in Dresden. Seit 1978 o. Professor für Angewandte Physik an der TU Bergakademie Freiberg. Direktor des Instituts für Angewandte Physik.

Die Deutsche Bibliothek – CIP-Einheitsaufnahme

Deus, Peter:
Physik in Übungsaufgaben / von Peter Deus ; Werner Stolz. –
2., durchges. Aufl. – Stuttgart ; Leipzig : Teubner, 1999
   ISBN 3-519-00260-4

Printed in Germany
Druck und Binden: W. Röck GmbH, Weinsberg
Einband: Peter Pfitz, Stuttgart

Vorwort

Die vorliegende Sammlung von Fragen und Aufgaben ist das Ergebnis von Übungen zur Experimentalphysik, die über viele Jahre hinweg an der Technischen Universität Bergakademie Freiberg für Studierende der Natur- und Ingenieurwissenschaften gehalten wurden. Sie berührt alle Gebiete der Physik und dient der Festigung und Vertiefung des in den Vorlesungen gebotenen Stoffes. Durch diese Übungen soll das Selbststudium angeregt und eine Anleitung zur effektiven Vorbereitung auf das Physikexamen im Rahmen des Vordiploms gegeben werden.

Am Anfang jedes Übungskomplexes informieren Stichworte über die jeweiligen thematischen Schwerpunkte. Die wichtigsten physikalischen Formeln sind ebenfalls vorangestellt. Es schließen sich jeweils etwa zehn Prüfungsfragen und zehn Aufgaben an, wobei innerhalb dieser Abschnitte in der Regel der Schwierigkeitsgrad steigt. Der letzte Teil enthält zu allen 1100 Fragen und Aufgaben knappe Antworten und Lösungshinweise. Bei einfachen Aufgaben wird nur das Ergebnis genannt. Der Student hat somit die Möglichkeit, durch ein gezieltes Studium der einschlägigen Lehrbuchliteratur das Wissen zu vertiefen sowie sich selbst zu kontrollieren. Für alle physikalischen Größen werden die von der IUPAP empfohlenen Formelzeichen verwendet. Durchgehend findet das Internationale Einheitensystem (SI) Berücksichtigung.

Herr Dr. Peter Kirsten hat das Manuskript durchgesehen. Für Korrekturen und Vorschläge zur Verbesserung gebührt ihm besonderer Dank. Weitere Vorschläge und Hinweise zur Vervollkommnung des Buches sind den Autoren jederzeit willkommen. Sehr herzlich danken wir Frau Andrea Heinrich für die Bewältigung der mühevollen Schreibarbeiten sowie Frau Margitta Pawlik für die sorgfältige Anfertigung aller Zeichnungen. Der B.G. Teubner Verlagsgesellschaft sprechen wir für die verständnisvolle Zusammenarbeit unseren Dank aus.

Freiberg, November 1993   Peter Deus   Werner Stolz

Vorwort zur zweiten, durchgesehenen Auflage

Die günstige Aufnahme des Buches ermöglicht die Neuauflage. Die erfreuliche Nachfrage darf als Zeichen dafür angesehen werden, daß der Band Lehrenden und Studenten eine gute Hilfe ist. Möge das Buch auch weiterhin viele Freunde finden und dazu beitragen, das Verständnis des in den Vorlesungen vermittelten Stoffes zu festigen und durch Übungen zu vertiefen. Die Überarbeitung für die zweite Auflage gab Gelegenheit, Druckfehler und Ungenauigkeiten zu korrigieren. Für alle diesbezüglichen Hinweise sind wir Kollegen und Studierenden zu Dank verpflichtet. Herr Dr. Wolfgang Cordts war freundlicherweise bei der Ausführung der Korrekturen behilflich. Unser Dank gilt auch diesmal dem Teubner-Verlag, insbesondere Herrn Jürgen Weiß, für die verständnisvolle, gute Zusammenarbeit.

Freiberg, Mai 1999   Peter Deus   Werner Stolz

Inhalt

1 Mechanik

Symbole und Einheiten

Symbole

A	Fläche
a	Beschleunigung
b	Dämpfungskonstante
c	spezifische Wärmekapazität, Phasengeschwindigkeit einer Welle
c_o	Lichtgeschwindigkeit im Vakuum
c_A	Auftriebsbeiwert
c_W	Widerstandsbeiwert
D	Winkelrichtgröße (Richtmoment)
E	Energie; Elastizitätsmodul
F	Kraft
f	Frequenz, Drehzahl
g	Fallbeschleunigung, Gravitationsfeldstärke
G	Schub-, Scher-, Gleit-, Torsionsmodul
h	Höhe
J	Massenträgheitsmoment
K	Kompressionsmodul, Kraftstoß
k	Federkonstante, Wellenzahl
L	Drehimpuls
l, l^*	Länge, reduzierte Pendellänge
M	Molmasse
M_D	Drehmoment
m, m_o	Masse, Ruhemasse
$\dot m$	Massestrom

P	Leistung
p	Impuls
p	Druck
Re	Reynoldssche Zahl
r	Radiusvektor
s	Ortsvektor
s	Bogenlänge
T	Schwingungsdauer, thermodynamische Temperatur
t	Zeit
u	Relativgeschwindigkeit
V	Volumen
$\dot{V}$	Volumenstrom
W	Arbeit
w	Wellenfunktion, schwingende Größe
x, y, z	Ortskoordinaten
α	Winkelbeschleunigung
α, β, γ	Winkel
Δ	Gangunterschied
δ	Abklingkonstante
η	dynamische Viskosität, Wirkungsgrad
κ	Kompressibilität, Adiabatenexponent
Λ	logarithmisches Dekrement
λ	Wellenlänge
$\mu_H, \mu_G; \mu_R$	Haft-, Gleit-, Rollreibungszahl
ϱ	Dichte
σ	spezifische Oberflächenenergie, Oberflächenspannung
ω	Winkelgeschwindigkeit
ω	Kreisfrequenz

SI-Einheiten

Größenart	Formel-zeichen	Name	Einheiten-zeichen	Beziehung zu Basiseinheiten
Länge	l	Meter	m	Basiseinheit
Ebener Winkel	$\alpha, \beta, \ldots$	Radiant	rad	$m \cdot m^{-1}$
Zeit	t	Sekunde	s	Basiseinheit
Masse	m	Kilogramm	kg	Basiseinheit
Dichte	ϱ	Kilogramm je Kubikmeter	kg/m^3	$m^{-3} \cdot kg$
Geschwindigkeit	v	Meter je Sekunde	m/s	$m \cdot s^{-1}$
Beschleunigung	a	Meter je Quadratsekunde	m/s^2	$m \cdot s^{-2}$
Kraft	F	Newton	N	$m \cdot kg \cdot s^{-2}$
Energie, Arbeit	E, W	Joule	$J = N \cdot m$	$m^2 \cdot kg \cdot s^{-2}$
Leistung	P	Watt	W	$m^2 \cdot kg \cdot s^{-3}$
Impuls	p	Kilogrammeter je Sekunde	$kg \cdot m/s$	$m \cdot kg \cdot s^{-1}$
Massenträgheits-moment	J	Kilogramm-quadratmeter	$kg \cdot m^2$	$m^2 \cdot kg$
Drehmoment	M_D	Newtonmeter	$N \cdot m$	$m^2 \cdot kg \cdot s^{-2}$
Drehimpuls	L	Kilogrammquadrat-meter je Sekunde	$kg \cdot m^2/s$	$m^2 \cdot kg \cdot s^{-1}$
Druck, Spannung, elastische Modulin	p, σ, E, G, K	Pascal	Pa	$m^{-1} \cdot kg \cdot s^{-2}$
Dynamische Viskosität	η	Pascalsekunde	$Pa \cdot s$	$m^{-1} \cdot kg \cdot s^{-1}$
Oberflächen-spannung	σ	Newton je Meter	N/m	$kg \cdot s^{-2}$
Frequenz	f	Hertz	Hz	s^{-1}
Kreisfrequenz	ω	Eins je Sekunde	1/s	s^{-1}
Winkel-geschwindigkeit	ω	Radiant je Sekunde	rad/s	s^{-1}
Winkel-beschleunigung	α	Radiant je Quadratsekunde	rad/s^2	s^{-2}

1.1   Geradlinige Bewegung

Schwerpunkte

Geschwindigkeit, Beschleunigung, gleichförmige, gleichförmig beschleunigte, ungleichförmig beschleunigte Bewegung, freier Fall, Anfangs- und Randbedingungen

Formeln

Geschwindigkeit

$$v = \frac{\mathrm{d}s}{\mathrm{d}t}, \quad s = \int v(t) \, \mathrm{d}t$$

Beschleunigung

$$a = \frac{\mathrm{d}v}{\mathrm{d}t} = \frac{\mathrm{d}^2 s}{\mathrm{d}t^2}, \quad v = \int a(t) \, \mathrm{d}t$$

gleichförmige Bewegung

$$a = 0, \quad v = v_o, \quad s(t) = v_o t + s_o$$

gleichförmig beschleunigte
Bewegung

$$a = a_o, \quad v(t) = a_o t + v_o,$$
$$s(t) = \frac{a_o}{2} t^2 + v_o t + s_o$$

freier Fall

$$s(t) = \frac{g}{2} t^2, \quad v = gt$$

Fragen

1. Wie hängen allgemein Weg, Geschwindigkeit und Beschleunigung bei einer geradlinigen Bewegung zusammen?

2. Welche physikalische Bedeutung haben die Integrationskonstanten, die bei der Berechnung von Geschwindigkeit und Weg als Funktionen der Zeit aus einer gegebenen Beschleunigung $a(t)$ auftreten?

3. Wie sind die Basiseinheiten für die physikalischen Größen Länge und Zeit festgelegt, und welche Einheiten ergeben sich daraus für Geschwindigkeit und Beschleunigung?

4. Wie groß ist die Beschleunigung für eine gleichförmige Bewegung? Wie hängen dabei Geschwindigkeit und zurückgelegter Weg von der Zeit ab?

5. Beschreiben Sie Versuchsanordnungen zur Bestimmung der Schallgeschwindigkeit in Luft und der Lichtgeschwindigkeit im Vakuum.

6. Eine gleichförmig beschleunigte Bewegung ist durch eine konstante Beschleunigung a_0 gekennzeichnet. Leiten Sie daraus allgemein die Geschwindigkeit und den zurückgelegten Weg als Funktionen der Zeit her.

7. Konkretisieren Sie Aufgabe 6. für den freien Fall aus der Höhe h mit der Anfangsgeschwindigkeit Null .

8. Wie unterscheiden sich momentane und Durchschnittsgeschwindigkeit bei einer ungleichförmigen Bewegung? Warum sind beide bei einer gleichförmigen Bewegung identisch?

9. Für den freien Fall aus der Ruhelage ist die Fallgeschwindigkeit als Funktion der Fallhöhe herzuleiten.

10. Welche der nebenstehenden Funktionen (Abb. 1.1.10) entsprechen einer in s-Richtung positiv beschleunigten Bewegung? Welche Bewegungstypen stellen die anderen Kurven dar?

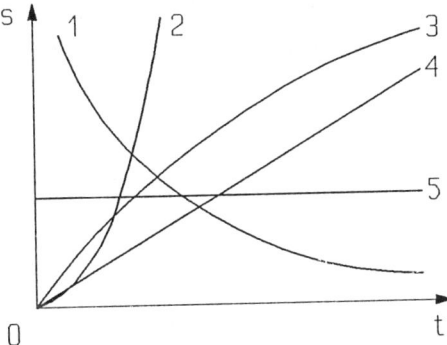

Abb. 1.1.10
Weg-Zeit-Diagramme

Aufgaben

11. Ein Kraftfahrzeug bewegt sich mit der Geschwindigkeit 120 km $\cdot$ h^{-1}. In welcher Zeit wird eine Strecke von 500 m durchfahren? Welchem zurückgelegten Weg entspricht dabei die Reaktionszeit des Menschen von ca. 0,1 s, bevor er einen Bremsvorgang auslösen kann?

12. Von einem 60 m hohen Turm wird eine Kugel fallengelassen. Nach welcher Zeit kommt sie am Boden an?

13. Um wieviel verkürzt sich die Fallzeit, wenn die Kugel (Aufgabe 12.) mit einer Anfangsgeschwindigkeit von 5 m $\cdot$ s^{-1} nach unten geworfen wird?

14. Die Bremsverzögerung eines Kraftfahrzeuges beträgt 2,5 m $\cdot$ s^{-2}. Wie groß sind Bremsweg und Bremszeit bei Geschwindigkeiten von 50, 100 und 150 km $\cdot$ h^{-1}?

15. Eine Strecke von 100 m soll von einem Fahrzeug, das eine Beschleunigung von 3 m · s^{-2} und eine Bremsverzögerung von 2 m · s^{-2} aufweist, aus dem Stand heraus in möglichst kurzer Zeit befahren werden. Am Ende der Strecke soll das Fahrzeug wieder anhalten. Zu welchem Zeitpunkt muß die Bremsung einsetzen? Wie groß sind Fahrzeit und Höchstgeschwindigkeit?

16. In welcher Entfernung vom Anfang müssen Kugeln an einer Schnur angebracht werden, damit sie, wenn die senkrecht gehaltene Schnur fallengelassen wird, im zeitlichen Abstand von jeweils 0,3 s auf dem Boden auftreffen?

17. Die Schwingungen einer Stimmgabel (Eigenfrequenz 100 Hz) werden mittels einer kleinen Feder auf einer mit Ruß geschwärzten Glasplatte registriert, die neben der Stimmgabel herabfällt (Abb. 1.1.17). Der Abstand der Nulldurchgänge nach 6; 12; 18; 24 bzw. 30 Schwingungen vom Anfang betrage 18; 71; 159; 283 bzw. 441 mm. Man zeige, daß es sich beim Fall der Glasplatte um eine gleichförmig beschleunigte Bewegung handelt und ermittle aus den Daten die Fallbeschleunigung.

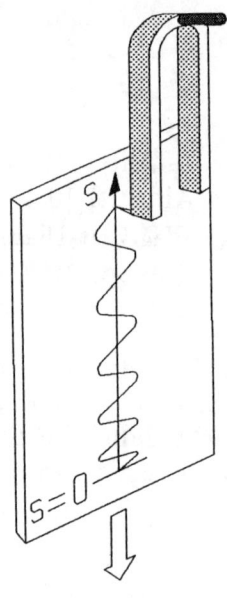

Abb. 1.1.17
Freier Fall

18. Auf einer Fläche, die um $\beta = 40°$ zur Horizontalen geneigt ist, rutscht ein Körper reibungsfrei aus der Ruhelage herab. Nach welcher Zeit hat er eine Strecke von 10 m zurückgelegt?

19. Auf eine Straßenbahn, die mit der Geschwindigkeit 20 km · h^{-1} fährt, wirke eine zeitabhängige Beschleunigung $a(t) = a_o + bt$

$(a_o = 0,3 \text{ m} \cdot \text{s}^{-2}, b = 0,25 \text{ m} \cdot \text{s}^{-3})$. Nach welcher Zeit hat sich die Geschwindigkeit verdoppelt, und welcher Weg wurde dabei zurückgelegt?

20. Die Ort-Zeit-Funktion eines ungedämpft schwingenden Feder-Masse-Systems lautet $x(t) = x_m \cos(\omega t + \beta)$. x_m, ω und β sind keine Funktionen der Zeit. Berechnen Sie Geschwindigkeit und Beschleunigung der schwingenden Masse als Funktion der Zeit sowie die Phasenbeziehung zwischen den drei periodischen Funktionen Weg, Geschwindigkeit und Beschleunigung.

1.2 Kreisbewegung

Schwerpunkte

Drehwinkel, Winkelgeschwindigkeit, Drehzahl, Winkelbeschleunigung, Tangentialbeschleunigung, Radialbeschleunigung, gleichförmige und gleichförmig beschleunigte Kreisbewegung

Formeln

Winkelgeschwindigkeit
$$\omega = \frac{d\varphi}{dt}, \quad \omega = 2\pi f$$

Winkelbeschleunigung
$$\alpha = \frac{d\omega}{dt}$$

$$\varphi(t) = \int \omega(t)\, dt, \quad \omega(t) = \int \alpha(t)\, dt$$

Bahnlänge auf dem Kreis
$$s = \varphi\, r$$

Bahn(Tangential)geschwindigkeit
$$\boldsymbol{v} = \boldsymbol{\omega} \times \boldsymbol{r}, \quad v = \omega r$$

Bahn(Tangential)beschleunigung
$$\boldsymbol{a_t} = \boldsymbol{\alpha} \times \boldsymbol{r}, \quad a_t = \alpha r$$

Radialbeschleunigung
$$\boldsymbol{a_r} = \boldsymbol{\omega} \times \boldsymbol{v}, \, a_r = \omega v = \omega^2\, r = \frac{v^2}{r}$$

Gesamtbeschleunigung
$$\boldsymbol{a} = \frac{d\boldsymbol{v}}{dt} = \boldsymbol{a_t} + \boldsymbol{a_r}$$

Kreisbewegung	gleichförmig	gleichförmig beschleunigt
	$\alpha = 0$	$\alpha = \alpha_o = \text{const}$
	$\omega(t) = \omega_o = \text{const}$	$\omega(t) = \alpha_o\, t + \omega_o$
	$\varphi(t) = \omega_o t + \varphi_o$	$\varphi(t) = \dfrac{\alpha_o}{2} t^2 + \omega_o t + \varphi_o$

Fragen

1. Welche Größen einer Kreisbewegung entsprechen folgenden Größen der Translationsbewegung: $s(t)$, $v(t)$, $a(t)$?

2. Wie sind Winkelgeschwindigkeit und Winkelbeschleunigung definiert?

3. Leiten Sie die Ausdrücke für die Winkelgeschwindigkeit und den Drehwinkel als Funktion der Zeit her, wenn eine zeitabhängige Winkelbeschleunigung $\alpha(t) = r\, t^2 + q$ vorliegt.

4. Welche Bedeutung haben die in Aufgabe 3. auftretenden Integrationskonstanten?

5. Wie hängen Winkelgeschwindigkeit und Drehzahl zusammen?

6. Welche Vorteile bringt die Beschreibung der Rotation eines ausgedehnten Körpers um eine feste Achse durch die Winkelgrößen φ, ω, α gegenüber der durch die Bahngrößen s, v, a_t? Wie werden Winkel- und Bahngrößen ineinander umgerechnet, und welche Winkelbeziehungen bestehen zwischen ihnen?

7. Konkretisieren Sie die Resultate von Aufgabe 3. für eine gleichförmige Kreisbewegung, und stellen Sie $\varphi(t)$ und $\omega(t)$ unter Beachtung der Integrationskonstanten graphisch dar.

8. Erweitern Sie Aufgabe 7. für die gleichförmig beschleunigte Kreisbewegung.

9. Was versteht man unter Radialbeschleunigung?

10. Zeigen Sie, daß jede krummlinige Bewegung eine beschleunigte Bewegung ist.

11. Welcher räumliche Zusammenhang besteht zwischen den Vektoren ω, r, v?

12. Berechnen Sie aus der allgemeinen Beziehung $\boldsymbol{a} = \dfrac{\mathrm{d}\boldsymbol{v}}{\mathrm{d}t}$ für die krummlinige Bewegung die Ausdrücke für die Tangential- und Radialbeschleunigung.

Aufgaben

13. Wie groß ist die Winkelgeschwindigkeit der Erdrotation in s^{-1}?

14. Wie groß ist die Bahngeschwindigkeit der Erdrotation für Freiberg/Sachsen ($50,6^{\circ}$ nördliche Breite)?

15. Die optimale Schnittgeschwindigkeit für einen bestimmten Drehstahl beträgt 15 m · s^{-1}. Welche Drehzahl muß man bei einem Werkstückdurchmesser von $0,2$ m einstellen?

16. Die Pedalen eines Fahrrades werden mit einer Drehzahl von 2 s^{-1} getreten.
(a) Welche Winkelgeschwindigkeit ergibt sich für die Hinterachse, wenn Kettenrad und Zahnkranz 44 bzw. 20 Zähne besitzen?
(b) Wie groß sind bei $0,70$ m Raddurchmesser die momentane Geschwindigkeit von Hinterachse und jeweils höchstem Punkt des Hinterrades?
(c) Wieviel Kilometer legt der Radfahrer je Stunde zurück?

17. Ein Kran läßt eine Last mit einer Geschwindigkeit von 3 m · s^{-1} herab. Der Radius der Antriebsrolle beträgt $0,3$ m.
(a) Mit welcher Drehzahl bewegt sich die Antriebsrolle und wie groß ist ihre Umlaufzeit?
(b) Welche Winkelbeschleunigung ist erforderlich, um die Last auf einer Strecke von 3 m gleichmäßig verzögert zum Stillstand zu bringen?
(c) Wie groß ist die Bremszeit?

18. Die Räder eines Fahrzeuges erfahren durch den Motor eine mit der Zeit t anwachsende Winkelbeschleunigung $\alpha(t) = c_1 + c_2 t$. Welche Geschwindigkeit hat das Fahrzeug (Start aus dem Stillstand) nach 5 s für $c_1 = 3$ s^{-2} und $c_2 = 0,5$ s^{-3} bei einem Raddurchmesser von $0,8$ m?

19. Zum Test einer Raumfahrteinrichtung soll mit einer Zentrifuge eine Beschleunigung von 5 g erzeugt werden. Wie groß muß deren Drehzahl bei einem Radius von 10 m sein?

20. Eine Zentrifuge wird bei einer Anfangsdrehzahl von 5 s^{-1} gleichförmig mit $\alpha = 0,5$ s^{-2} beschleunigt. Nach welcher Zeit erreicht die Radialbeschleunigung am Außenrand der Trommel bei einem Durchmesser von 50 mm den Betrag 5 g?

1.3   Überlagerung von Bewegungen

Schwerpunkte

Addition und Komponentenzerlegung von Vektoren, Überlagerung von Bewegungen, Wurf, Parameterdarstellung und Bahnkurve mehrdimensionaler Bewegungen

Formeln

Geschwindigkeitsaddition

$$\boldsymbol{v} = \boldsymbol{v}_x + \boldsymbol{v}_y, \quad v = \sqrt{v_x^2 + v_y^2},$$

$$\tan \varphi = \frac{v_y}{v_x}$$

Komponentenzerlegung
2-dimensional
3-dimensional

$$v_x = v \cos \varphi, \quad v_y = v \sin \varphi$$

$$v_z = v \cos \vartheta, \quad v_x = v \sin \vartheta \cos \varphi,$$

$$v_y = v \sin \vartheta \sin \varphi$$

Parameterdarstellung einer
dreidimensionalen Bewegung

$$x = x(t), \quad y = y(t), \quad z = z(t)$$

Bahnkurve

$$f(x, y, z) = 0$$

schräger Wurf in x-Richtung unter
Winkel β zur Horizontalen mit
Anfangsgeschwindigkeit v_o
Parameterdarstellung

$$x(t) = v_o\, t \cos \beta$$

$$z(t) = v_o\, t \sin \beta - \frac{g}{2} t^2$$

Bahnkurve

$$z(x) = x \tan \beta - \frac{g}{2 v_o^2 \cos^2 \beta}\, x^2$$

Wurfweite

$$x_w = \frac{v_o^2 \sin 2\beta}{g}$$

Wurfhöhe
$$z_m = \frac{v_o^2 \sin^2\beta}{2g}$$

Fragen

1. Erläutern Sie das Prinzip der ungestörten Superposition von Bewegungen.

2. Nach welchen mathematischen Gesetzmäßigkeiten werden Vektoren addiert?

3. Am Äquator (senkrechter Sonneneinfall) startet ein Flugzeug mit der Geschwindigkeit v_o unter einem Winkel β zur Horizontalen. Wie schnell bewegt sich der Schatten auf dem Erdboden? Mit welcher Geschwindigkeit steigt das Flugzeug?

4. Welcher Bewegungstyp ergibt sich, wenn sich zwei senkrecht zueinander verlaufende gleichförmige Bewegungen (v_x, v_y) überlagern? Wie groß sind die Winkel der resultierenden Bahnkurve bezüglich der gegebenen Geschwindigkeitsvektoren? Wie groß ist die resultierende Geschwindigkeit?

5. Welche Bahnkurve erhält man bei der Überlagerung einer gleichförmigen mit einer nicht in gleicher Richtung verlaufenden gleichförmig beschleunigten Bewegung?

6. Von zwei Kugeln, die sich in der Höhe h über dem Erdboden befinden, wird die eine fallengelassen und die zweite zur gleichen Zeit horizontal mit der Anfangsgeschwindigkeit v_o abgeworfen. Welche der beiden Kugeln erreicht zuerst den Erdboden?

7. Unter welchem Winkel zur Horizontalen muß man eine Kugel abwerfen (Anfangsgeschwindigkeit v_o), damit sie möglichst hoch nach oben steigt?

8. Die Bewegung eines Balles beim schrägen Wurf nach oben ist durch die Parameterdarstellung $v_x(t) = v_{xo}$, $v_z(t) = v_{zo} - gt$ gegeben. Ermitteln Sie die Bahnkurve $z(x)$ unter der Randbedingung, daß sich der Ball zur Zeit $t = 0$ im Koordinatenursprung befindet.

9. Wie groß sind für Aufgabe 8. Abwurfgeschwindigkeit, Abwurfwinkel, Wurfhöhe und Wurfweite? Bei welchem Abwurfwinkel erreicht man die größte Wurfweite?

10. Welche Funktion erhält man für die Bahnkurve (Aufgabe 8.), wenn der Abwurf in der Höhe $z_o = h$ vollzogen wird?

Aufgaben

11. Ein Schiff, das mit einer Eigengeschwindigkeit von 40 km · h^{-1} nach Norden steuert, gerät in eine nordöstliche Wasserströmung mit einer Geschwindigkeit von 20 km · h^{-1}. Man bestimme den wahren Kurs und die resultierende Geschwindigkeit des Schiffes. Um wieviel hat sich die nach Norden gerichtete Geschwindigkeitskomponente des Schiffes durch die Strömung erhöht?

12. Ein Mann, der mit einer Geschwindigkeit von 0, 5 m · s^{-1} quer zur Strömung eines Flusses schwimmt, wird 35 m senkrecht abgetrieben, bevor er das 100 m entfernte andere Ufer erreicht. Wie groß ist die mittlere Strömungsgeschwindigkeit des Flusses?

13. Ein Stein wird in einer Höhe von 15 m horizontal mit einer Geschwindigkeit von 2 m · s^{-1} abgeworfen. In welcher Entfernung vom Fußpunkt der Abwurfstelle erreicht der Stein den Boden?

14. Ein Schiff bewegt sich mit einer Geschwindigkeit von 30 km · h^{-1}. Von der Spitze des Mastes löst sich in 18 m Höhe eine Schraube und fällt nach unten. In welchem Abstand vom Mast trifft die Schraube auf das Deck?

15. Eine Kanone hat eine Abschußgeschwindigkeit von 500 m · s^{-1}. Unter welchen Abschußwinkeln erreicht man eine Schußweite von 20 km?

16. Ermitteln Sie die unterschiedlichen Bahnkurven, die dem Resultat von Aufgabe 15. entsprechen, und stellen Sie sie der Bahnkurve für die maximale Schußweite gegenüber.

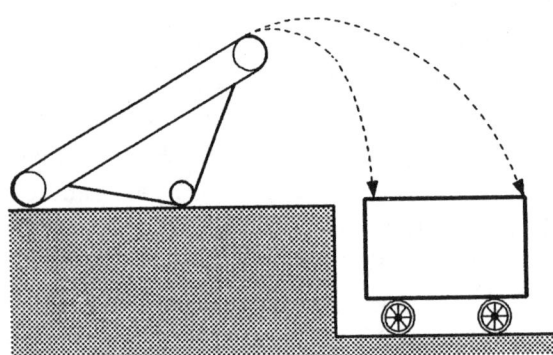

Abb. 1.3.17
Wurfbewegung beim
Förderband

17. Mit einem 10 m langen Förderband (Abb. 1.3.17), das unter einem Winkel von 30° zur Horizontalen aufgestellt wird, soll Sand in einen Waggon geladen werden, dessen Oberkante der vorderen Planke sich im

Abstand von 16 m vom unteren Förderbandende in gleicher Höhe wie dieses befindet. In welchem Bereich muß die Förderbandgeschwindigkeit variierbar sein, damit der 4 m lange Waggon möglichst gleichmäßig mit Sand gefüllt werden kann?

18. Zeigen Sie, daß die Bahnkurve für zwei sich überlagernde senkrecht zueinander verlaufende gleichförmig beschleunigte Bewegungen (a_x, a_z), wenn sie zum gleichen Zeitpunkt am gleichen Ort aus der Ruhe beginnen, wiederum eine Gerade ist, und bestimmen Sie ihre Richtung.

19. Ein Eisenbahnzug wird gleichförmig mit einer Beschleunigung von $2 \text{ m} \cdot \text{s}^{-2}$ abgebremst. Unter welchem Winkel zur Senkrechten bewegt sich ein im Wagen fallengelassener Gegenstand dabei nach vorn?

20. Ein Boot wird senkrecht zur Strömung (x-Richtung) mit einer Geschwindigkeit von $v_x = 0,5 \text{ m} \cdot \text{s}^{-1}$ über einen $b = 20$ m breiten Fluß gerudert. Die Strömungsgeschwindigkeit (y-Richtung) beträgt in der Mitte des Flusses $v_m = 2 \text{ m} \cdot \text{s}^{-1}$ und hängt nach einer parabolischen Geschwindigkeitsverteilung $v_y(x) = \dfrac{4 \, v_m}{b^2} (bx - x^2)$ von der Überquerungsstrecke x ab. Um welche Strecke wird das Boot beim Überqueren des Flusses abgetrieben?

1.4   Newtonsche Axiome

Schwerpunkte

Trägheitsprinzip, Aktionsprinzip (Grundgesetz der Mechanik), Reaktionsprinzip, Kraft, Beschleunigung, Federkraftmesser, träge Masse, Rückstoßkraft

Formeln

Grundgesetz der Mechanik $\qquad \boldsymbol{F} = m \, \boldsymbol{a}$

Reaktionsprinzip $\qquad \boldsymbol{F}_a = -\boldsymbol{F}_{ra}$

Federkraft $\qquad F_f = -k\boldsymbol{x}$

Fragen

1. Erläutern Sie die drei Newtonschen Axiome, und geben Sie dafür Beispiele aus dem täglichen Leben an.

2. Wohin fliegen bei einer rotierenden Schleifscheibe die Späne und warum?

3. Zeigen Sie anhand des Zusammenhanges von Geschwindigkeit und Beschleunigung die Gültigkeit des Trägheitsprinzips bei einer gleichförmigen Bewegung.

4. Welche Kraft muß man aufwenden, um einen Körper der Masse m im Erdschwerefeld
(a) in Ruhe,
(b) bei einer konstanten Fallgeschwindigkeit v_o zu halten?

5. Welcher experimentelle Zusammenhang zwischen Kraft und Beschleunigung veranlaßte Newton zur Einführung des Begriffs "träge Masse"? Warum repräsentiert diese physikalische Eigenschaft den Widerstand eines Körpers gegen eine Bewegungsänderung?

6. Warum fährt eine Zugmaschine mit beladenem Anhänger langsamer an als mit leerem?

7. Warum bewegt sich ein Boot in die zur Ruderbewegung entgegengesetzte Richtung?

8. Erläutern Sie das Prinzip des Raketenantriebs.

9. Welcher der beiden Fäden in Abb. 1.4.9 wird stärker gespannt?

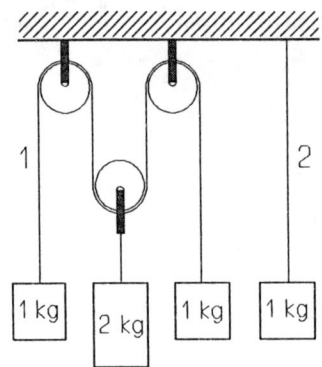

Abb. 1.4.9
Zu Frage 9.

10. Beschreiben Sie das Prinzip des Federkraftmessers.

Aufgaben

11. Eine Kraft von 40 N dehnt eine Schraubenfeder um 80 mm. Wie groß ist die Federkonstante?

12. Eine Feder- und eine Balkenwaage werden in Rostock ($g = 9,8144$ m · s^{-2}) für die Ermittlung der Masse eines Körpers so aufeinander abgestimmt, daß ihre Angaben übereinstimmen. Liegt diese Übereinstimmung auch vor, wenn mit den so abgestimmten Waagen an anderen Orten (Jena: $g = 9,8112$ m · s^{-2}, München: $g = 9,8073$ m · s^{-2}) Massen bestimmt werden? Welcher der möglicherweise unterschiedliche Ergebnisse liefernden Waagen würden Sie dann größeres Vertrauen schenken?

13. Eine Lok erzeugt eine Zugkraft von $0,7$ MN. Welche Beschleunigung erfährt der Zug mit einer Gesamtmasse von $5 \cdot 10^5$ kg?

14. Ein mit einer Geschwindigkeit von 100 km · h^{-1} fahrender D-Zug (Masse 400 t) soll innerhalb von 400 m zum Stehen gebracht werden. Wie groß muß die Bremskraft zwischen Schienen und Zug mindestens sein, wenn wir eine konstante Beschleunigung annehmen?

15. Eine Rakete der Masse 200 t wird im schwerelosen Raum mit $1,5$-facher Fallbeschleunigung beschleunigt. Wie groß ist die Schubkraft?

16. Die Standseilbahn in Dresden-Loschwitz überwindet bei einer Gleislänge von 544 m einen Höhenunterschied von 95 m. Mit welchen Kräften belastet der mit 25 Personen besetzte Wagen im Stillstand Zugseil und Schiene (Leermasse des Wagens 8 t, Personenmasse 70 kg)?

17. Die Massen des Systems in Abb. 1.4.17 seien reibungsfrei beweglich, der Faden masselos und nicht dehnbar.

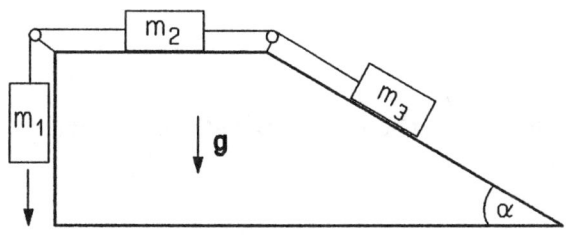

Abb. 1.4.17
Zu Frage 17.

(a) Berechnen Sie allgemein die Beschleunigung der Masse m_1.
(b) Zahlenbeispiel: $m_1 = m_2 = 20$ kg, $m_3 = 5$ kg, $\alpha = 30^\circ$.

18. Welches Ergebnis erhält man für die Aufgaben 17. (a) und (b), wenn für m_2 und m_3 die Gleitreibung mit der Gleitreibungszahl $\mu_G = 0,6$ nicht vernachlässigbar ist?

19. Eine Person mit einer Masse von $m = 70$ kg erreicht beim horizontalen Absprung von einem Boot eine Beschleunigung von $0,5$ m $\cdot$ s^{-2}. Welche Beschleunigung erhält das Boot (Masse 100 kg), wenn zwischen Boot und Wasser eine Reibungskraft von 10 N auftritt?

20. Bei einem Wettbewerb sollen die Schulklassen A und B je einen Schüler zum Tauziehen auswählen (Abb. 1.4.20). Sieger soll die Klasse werden, von der die innere Wagenkante (Wagenmasse jeweils 20 kg) zuerst den Mittelpunkt M erreicht. Klasse A wählt ihren stärksten Schüler (Masse 60 kg) aus, Klasse B setzt auf den kleinsten Schüler (Masse 27 kg).
(a) Wer wird Sieger? (Wie berichtet wird, hat Klasse B gewonnen, ohne daß ihr Vertreter einen einzigen Armzug getan hat!)
(b) Nach welcher Zeit erreicht Schüler B den Punkt M, wenn Schüler A mit einer Kraft von 190 N zieht? Abstand $AB = 20$ m.
(c) Wie weit ist Schüler A bis zu diesem Zeitpunkt gekommen?

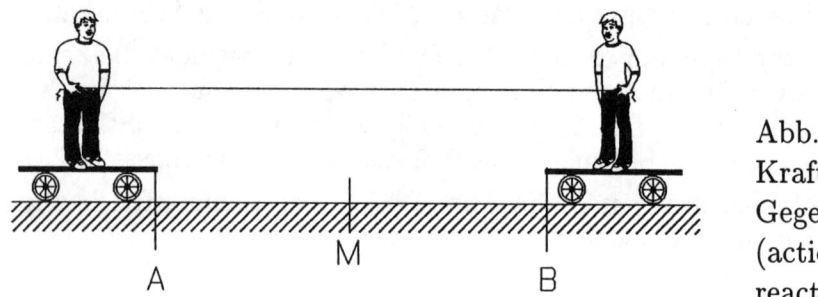

Abb. 1.4.20
Kraft und
Gegenkraft
(actio =
reactio)

1.5   Arbeit, Energie, Leistung

Schwerpunkte

Kinetische und potentielle Energie, Arbeit, Hubarbeit, Gravitationsenergie, Leistung; Wirkungsgrad

Formeln

Arbeit einer Kraft längs
Wegstrecke s

$$W = \int\limits_s \boldsymbol{F}\,(s)\;\mathrm{d}\boldsymbol{s}$$

Hubarbeit $\qquad\qquad W = mgh$

kinetische Energie $\qquad\qquad E_{kin} = \dfrac{1}{2}\, m\, v^2$

Energieerhaltung im
abgeschlossenen System $\qquad E_{kin} + E_{pot} = \text{const}$

Leistung $\qquad\qquad P = \dfrac{\mathrm{d}W}{\mathrm{d}t} = F\, v$

Energie der gespannten
Feder $\qquad\qquad E_{pot} = \dfrac{1}{2}\, k\, x^2$

potentielle Energie im
Erdschwerefeld $\qquad\qquad E_{pot} = -\gamma\, \dfrac{m\, m_E}{r}$

Wärmeenergie $\qquad\qquad Q = m\, c\, \Delta T$

Fragen

1. Wie sind die Begriffe Arbeit, Energie und Leistung definiert?

2. Erläutern Sie den Energieerhaltungssatz beim senkrechten Wurf nach oben.

3. Wiederholen Sie die Beziehungen, nach denen sich Energiearten in den verschiedenen Teilgebieten der Physik berechnen lassen.

4. Überlegen Sie sich Möglichkeiten, wie unterschiedliche Energiearten ineinander umgewandelt werden können, und beschreiben Sie entsprechende technische Anwendungen.

Aufgaben

5. Welche Arbeit wird benötigt, um eine Kiste von 20 kg Masse auf einer horizontalen Unterlage um 10 m zu verschieben ($\mu_G = 0,6$)?

6. Eine Masse von 100 kg soll um 5 m angehoben werden. Dazu wird eine geneigte Ebene verwendet. Wie muß man deren Winkel wählen, damit der physikalische Arbeitsaufwand zum Heben minimal ist? Die Reibung wird bei den Betrachtungen vernachlässigt.

7. Mit welcher Geschwindigkeit erreicht ein Dachziegel beim Herabfallen aus 20 m Höhe den Erdboden?

8. Eine Kugel wird mit einer Anfangsgeschwindigkeit von 5 m $\cdot$ s^{-1} unter einem Winkel von 30° zur Horizontalen nach oben aus dem Fenster geworfen. Mit welcher Geschwindigkeit erreicht sie den 10 m tiefer gelegenen Erdboden?

9. Welche Lösung erhält man für Aufgabe 8., wenn die Kugel mit gleicher Anfangsgeschwindigkeit senkrecht nach unten geworfen wird?

10. Ein Kraftfahrzeug mit einer Masse von 1200 kg wird aus dem Stand in 15 s auf eine Geschwindigkeit von 100 km $\cdot$ h^{-1} beschleunigt. Welche mittlere Leistung bringt der Motor dabei auf?

11. Welche Arbeit ist notwendig, um eine Kiste von 10^3 kg Masse auf ein Podest in 2 m Höhe zu bringen
(a) durch senkrechtes Anheben,
(b) durch Schieben auf geneigter Ebene ($\beta = 20^{\circ}$, $\mu_G = 0,3$)?

12. Welche Arbeit ist notwendig, um einen horizontal liegenden Leitungsmast der Länge 10 m und der Masse 350 kg
(a) um 10 m anzuheben,
(b) senkrecht aufzustellen?

13. Lösen Sie folgende einfache Aufgaben zum Energieerhaltungssatz der Mechanik:
(a) Eine rutschende Masse von 100 kg kommt durch Reibung auf horizontaler Unterlage nach 3 m zum Stehen. Die Anfangsgeschwindigkeit betrug 1,5 m $\cdot$ s^{-1}. Wie groß ist der Gleitreibungskoeffizient?
(b) Eine an einer Feder befestigte Masse von 2 kg schwingt mit einer Geschwindigkeit von 2,0 m $\cdot$ s^{-1} durch die Nullage. Wie groß ist die maximale Federdeformation, wenn die Federkonstante 100 N $\cdot$ m^{-1} beträgt?
(c) Ein Springer der Masse 70 kg springt aus einer Höhe von 2 m auf ein Sprungbrett, das dabei um 0,4 m einfedert. Wie groß ist die effektive Federkonstante des Sprungbrettes?
(d) Ein Kraftfahrzeug der Masse 10^4 kg rollt reibungsfrei und ohne Antrieb einen Berg mit 10 % Steigung hinauf. Welche Höhe erreicht es bei einer Anfangsgeschwindigkeit von 100 km $\cdot$ h^{-1}, und welche Strecke legt es dabei zurück?

14. Die Knautschzone eines PKW betrage 0,5 m. Man berechne die bei frontalem Aufprall des Fahrzeuges auftretenden Beschleunigungen (gleichmäßig verzögerte Bewegung) für Anfangsgeschwindigkeiten von

50, 80, 100 und 150 km · h^{-1} und vergleiche sie mit der Fallbeschleunigung.

15. In einem Stausee sind 10^9 m^3 Wasser gespeichert. Die Turbine befindet sich 300 m unterhalb des Stausees.
(a) Wieviel Kilowattstunden elektrischer Arbeit können mit dem im Stausee gespeicherten Wasser erzeugt werden, wenn das Kraftwerk einen Wirkungsgrad von 85% besitzt?
(b) Welche elektrische Leistung erreicht das Kraftwerk bei einem Wasserfluß von 100 m^3 · s^{-1}?

16. Aus welcher Höhe müßte Wasser von 20 °C auf die Erdoberfläche fallen, um sich bis zum Siedepunkt zu erhitzen, wenn man annimmt, daß die freigesetzte potentielle Energie durch Reibung in Wärmeenergie des Wassers verwandelt wird?

17. Der Anlauf einer Sprungschanze sei ein Stück einer Kreisbahn (Abb. 1.5.17). Mit welcher Geschwindigkeit erreicht ein Springer den Schanzentisch, wenn man für Gleitreibung und Luftwiderstand eine Gesamtreibungszahl von 0,05 annimmt?

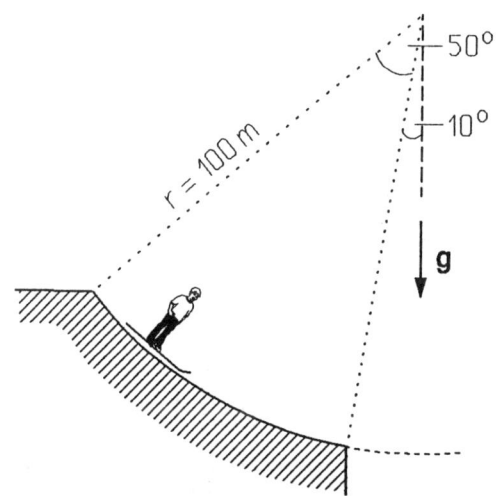

Abb. 1.5.17
Zu Aufgabe 17.

18. Ein Zylinder (Radius r, Masse m) bewege sich reibungsfrei eine geneigte Ebene (Winkel zur Horizontalen 20°) herab. Wie groß ist die Geschwindigkeit seines Schwerpunktes nach Zurücklegen einer Strecke von 20 m, wenn er (a) rutscht, (b) rollt?

19. Eine Wasserpumpe mit einer Leistung von 2 kW befinde sich am Boden eines zylindrischen Wasserbehälters von 2 m Radius und 10 m

Höhe. Welche Zeit benötigt die Pumpe zum Füllen des Behälters? Stellen Sie die Höhe des Wasserspiegels als Funktion der Zeit dar.

20. Ein Fahrzeug mit einer Masse von $2 \cdot 10^3$ kg erfährt bei einer Geschwindigkeit von 30 m $\cdot$ s^{-1} eine Beschleunigung von $0,1$ m $\cdot$ s^{-2}. Wie groß ist die momentane Leistung des Antriebsaggregats?

1.6   Impuls

Schwerpunkte

Impuls, Kraftstoß, Impulserhaltung, elastischer Stoß, unelastischer Stoß, Raketenantrieb

Formeln

Impuls

$$\boldsymbol{p} = m\,\boldsymbol{v}$$

Kraftstoß

$$\boldsymbol{K} = \Delta \boldsymbol{p}_{12} = \int\limits_{t_1}^{t_2} \boldsymbol{F}(t)\,\mathrm{d}t$$

Impulserhaltung

$$\boldsymbol{F} = \frac{\mathrm{d}\boldsymbol{p}}{\mathrm{d}t}, \quad \boldsymbol{p} = \text{const} \quad \text{für } \boldsymbol{F} = 0$$

elastischer Stoß zweier Kugeln

$$m_1\,\boldsymbol{v}_1 + m_2\,\boldsymbol{v}_2 = m_1\,\boldsymbol{v}_1' + m_2\,\boldsymbol{v}_2'$$
$$= \boldsymbol{p}_o = \text{const}$$

zentraler elastischer Stoß einer Kugel 1 auf eine ruhende Kugel 2

$$m_1\,\boldsymbol{v}_1 = m_1\,\boldsymbol{v}_1' + m_2\,\boldsymbol{v}_2'$$

$$v_1' = \frac{m_1 - m_2}{m_1 + m_2} v_1, \quad v_2' = \frac{2m_1}{m_1 + m_2} v_1$$

unelastischer Stoß zweier Kugeln

$$m_1\,\boldsymbol{v}_1 + m_2\,\boldsymbol{v}_2 = (m_1 + m_2)\,\boldsymbol{v}'$$

unelastischer Stoß einer Kugel 1 auf eine ruhende Kugel 2

$$v' = \frac{m_1}{m_1 + m_2}\,v_1$$

Ziolkowski-Gleichung $$v_{max} = -v_T \ln \frac{m_S}{m_l} + v_o$$

Fragen

1. Zeigen Sie durch Integration der Newtonschen Bewegungsgleichung über die Zeit den Zusammenhang von Kraftstoß und Impulsänderung, und nennen Sie die Randbedingung, unter der der Impuls eines Systems unverändert bleibt.

2. Leiten Sie aus der Beziehung $F = \dfrac{d\boldsymbol{p}}{dt}$
(a) für Körper mit konstanter Masse die Newtonsche Bewegungsgleichung her, und stellen Sie
(b) deren verallgemeinerte Form für Körper mit zeitlich veränderlichen Massen $(\dfrac{dm}{dt} \neq 0)$ auf.

3. Eine Rakete hat die Startmasse m_S und eine Leermasse m_l. Ihr Triebwerk verbrennt je Zeit eine konstante Treibstoffmenge $\dot{m}$.
(a) Bestimmen Sie die Masse der Rakete als Funktion der Brenndauer und das Ende der Brenndauer.
(b) Berechnen Sie die Schubkraft der Rakete bei einer Ausströmgeschwindigkeit v_T.
(c) Die Beschleunigung der Rakete ist als Funktion der Zeit zu berechnen.
(d) Durch Integration des Resultates von (c) ist die Geschwindigkeit der Rakete als Funktion der Zeit zu bestimmen.
(e) Welche Maximalgeschwindigkeit erreicht die Rakete?

4. Ein Feuerwerkskörper bewegt sich auf einer parabelförmigen Bahn durch die Luft und explodiert im Maximum der Flugbahn. Was läßt sich unter Vernachlässigung der Luftreibung über die Bewegung der Bruchstücke nach der Explosion aussagen?

5. Stellen Sie allgemein Energie- und Impulserhaltungssatz auf, wenn zwei Kugeln (m_1, v_1, m_2, v_2) elastisch zusammenstoßen.

Aufgaben

6. Eine Kugel 1 der Masse m stoße elastisch mit der Geschwindigkeit v_1 auf eine ruhende Kugel 2 gleicher Masse. Zeigen Sie anhand des Energieerhaltungssatzes, daß die Geschwindigkeiten v'_1 und v'_2 stets senkrecht aufeinander stehen, und bestimmen Sie den Radius des Kreises, der den geometrischen Ort für alle möglichen Kombinationen der Impulse p_1' und p_2' darstellt.

7. Ein Mauersegler (Masse 20 g) entwickelt beim Flug Geschwindigkeiten bis zu 120 km · h^{-1}. Wie groß sind dann Impuls und kinetische Energie dieses schnellsten Fliegers unter den heimischen Vögeln?

8. Zwischen zwei Kugeln mit den Massen $m_1 = 10$ g und $m_2 = 20$ g befindet sich eine gespannte Feder. Beim Entspannen der Feder wirkt auf die Kugeln ein Kraftstoß von $0,2$ N · s. Welche Geschwindigkeiten erhalten die Kugeln?

9. Von einem anfangs ruhenden Boot $(m_B = 180$ kg) springt ein Schwimmer $(m_S = 70$ kg) ins Wasser und läßt beim Absprung über $0,5$ s eine durch $F(t) = a + bt$ $(a = 100$ N, $b = 100$ N · s^{-1}) beschreibbare Kraft horizontal wirken. Wie groß sind die Geschwindigkeiten von Boot und Springer unmittelbar nach dem Absprung?

10. Die Landekapsel (Masse 5 t) soll von dem Restkörper der Raumstation (Masse 30 t) getrennt werden. Welcher Kraftstoß ist notwendig, wenn die Relativgeschwindigkeit beider nach der Trennung 10 mm · s^{-1} betragen soll?

11. Eine Dreistufenrakete setzt sich aus Stufen mit Massen von 120 t, 32 t und 12 t zusammen. Jeweils 75 % der Massen entfallen auf den Treibstoff. Die Ausströmungsgeschwindigkeit betrage $3,5$ km · s^{-1}. Die Rakete befinde sich im schwerelosen Raum. Welche Geschwindigkeit erreicht die dritte Stufe nach dem völligen Ausbrennen? Welche Endgeschwindigkeit hätte eine einstufige Rakete bei gleicher Masse und gleichem Masse-Treibstoff-Verhältnis erzielt?

12. Ein Deuteron (Nukleonenzahl 2) bewege sich mit einem Impuls von 10^{-20} N · s. Wie groß ist seine Geschwindigkeit und seine kinetische Energie in MeV? (Die Masse eines Nukleons beträgt $\approx 1,66 \cdot 10^{-27}$ kg.)

13. Ein α-Teilchen (Nukleonenzahl 4) stößt zentral mit einer Energie von 5 MeV auf den Kern eines ruhenden Kupferatoms (Nukleonenzahl 64). Wie groß sind die Geschwindigkeiten beider nach dem elastischen Zusammenstoß?

14. Ein Vogel mit einer Masse von 300 g fliegt mit einer Geschwindigkeit von 20 m · s^{-1} in einer Höhe von 10 m über dem Erdboden in horizontaler Richtung. Ein in gleicher Höhe auf einem Baum sitzender Jäger schießt mit einem Pfeil (Masse 100 g) auf den Vogel, der diesen mit einer Geschwindigkeit von 50 m · s^{-1} senkrecht zur Flugbahn trifft.

In welcher Entfernung vom Ort des Treffers trifft der vom Pfeil getötete Vogel auf den Boden auf? Die Luftreibung wird vernachlässigt.

15. Ein Güterwagen mit einer Masse von 60 t rollt reibungsfrei einen Ablaufberg mit einem Höhenunterschied von 2 m herab und kuppelt automatisch an einen stehenden Wagen von 30 t Masse an. Mit welcher Geschwindigkeit bewegen sich beide Wagen nach dem Ankuppeln?

16. Ein Hunt der Masse 300 kg bewegt sich mit einer Geschwindigkeit von $0,2$ m $\cdot$ s^{-1} horizontal auf das Füllort zu, dort fällt von oben während des Rollens 1 t Erz hinein. Welche Geschwindigkeit hat der gefüllte Hunt beim Verlassen des Füllortes?

17. Eine Kugel der Masse m_1 stößt mit der Geschwindigkeit v auf eine ruhende Kugel der Masse m_2. Der Stoß sei völlig unelastisch. Stellen Sie das Verhältnis der kinetischen Energien nach bzw. vor dem Zusammenstoß als Funktion des Verhältnisses m_2/m_1 graphisch dar.

18. Zwei Bleikugeln der Masse 3 kg stoßen mit den Geschwindigkeiten von 1 m $\cdot$ s^{-1} bzw. 3 m $\cdot$ s^{-1} aus entgegengesetzter Richtung aufeinander und bewegen sich gemeinsam weiter. Welche Temperaturänderung erhalten sie beim Zusammenstoß? ($c_{Blei} = 126$ J $\cdot$ kg$^{-1}\cdot$ K^{-1})

19. Der Kugel eines in Ruhelage befindlichen Pendels (Masse 2 kg, Pendellänge 5 m) wird ein horizontaler Kraftstoß von 4 N $\cdot$ s erteilt. Um welchen Winkel wird das Pendel dabei ausgelenkt?

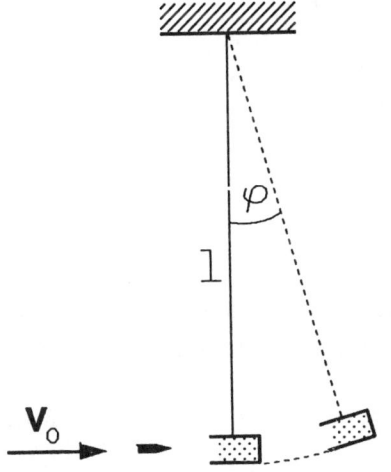

Abb. 1.6.20
Ballistisches Pendel

20. Die Geschwindigkeit einer Gewehrkugel soll dadurch bestimmt werden, daß sie horizontal in einen an einem 10 m langen Seil hängenden Auffangkasten geschossen wird (Abb. 1.6.20). Die Masse des Auf-

fangkastens beträgt das 99-fache der Kugelmasse. Wie groß ist die Geschoßgeschwindigkeit, wenn das Pendel nach dem Einschuß um 42° ausschlägt?

1.7   Träge und schwere Masse, Gravitation

Schwerpunkte

Träge und schwere Masse, Gravitationskraft, Gravitationsfeldstärke, Gravitationsenergie, Gravitationspotential

Formeln

Newtonsches Grundgesetz	$\boldsymbol{F} = m\,\boldsymbol{a}$
Gewichtskraft	$\boldsymbol{G} = m\,\boldsymbol{g}$
Gravitationskraft	$\boldsymbol{F}_G(\boldsymbol{r}) = \gamma\,\dfrac{m_1 m_2}{r^2}\,\dfrac{\boldsymbol{r}}{r}$
Gravitationspotential	$\varphi(r) = -\dfrac{\gamma m}{r}, \quad \varphi(r \to \infty) = 0$
Gravitationsfeldstärke	$\boldsymbol{g}(\boldsymbol{r}) = \gamma\,\dfrac{m}{r^2}\,\dfrac{\boldsymbol{r}}{r}$
potentielle Energie	$E_{pot}(r) = -\gamma\dfrac{m_1 m_2}{r},$ $E_{pot}(r \to \infty) = 0$

Fragen

1. (a) Erläutern Sie die träge Masse eines Körpers als Widerstand desselben gegen eine (durch Kräfte hervorgerufene) Änderung des Bewegungszustandes (Beschleunigung).
(b) Welche Eigenschaft eines Körpers wird durch die schwere Masse quantifiziert?
2. (a) Aus welchem experimentellen Befund ergibt sich die Proportionalität von träger und schwerer Masse?
(b) Mit einem Gedankenversuch zeigte A. Einstein die Äquivalenz von

träger und schwerer Masse. Erläutern Sie diesen Versuch, und formulieren Sie das allgemeine Relativitätsprinzip der Mechanik.

3. Im Koordinatenursprung befinde sich die Masse m_1, am Ort r die Masse m_2. Wie groß sind Betrag und Richtung der auf beide Massen wirkenden Gravitationskräfte und die Gravitationsfeldstärken am Ort der Massen?

4. Wie hängt die Fallbeschleunigung an der Erdoberfläche von der geographischen Breite und der Höhe über dem Meeresspiegel ab?

5. Auf welchen Grundlagen beruhen Gravimetrie und Satellitengeodäsie?

6. In welchem Zusammenhang stehen im Gravitationsfeld potentielle Energie und Potential bzw. Gravitationskraft und Feldstärke?

Aufgaben

7. Ein Körper erhält durch eine Kraft von 20 N eine Beschleunigung von 40 m · s^{-2}. Wie groß ist seine träge Masse?

8. Ein Körper erfährt in einem Gravitationsfeld der Feldstärke 5, 6 m · s^{-2} eine Kraft von 16, 8 N. Wie groß ist seine schwere Masse?

9. Wie groß ist die von der Erde verursachte Gravitationskraft auf eine Masse von 8 kg in Höhen von 0, 10, 100 bzw. 10000 km über der Erdoberfläche?

10. Welche Arbeit ist notwendig, um einen Körper der Masse 20 kg im (in erster Näherung homogenen) Erdschwerefeld um 20 m vom Erdboden anzuheben?

11. Ein Satellit mit einer Masse von 500 kg bewege sich auf einer Kreisbahn mit einem Radius von $1, 2 \cdot 10^4$ km um die Erde. Wie groß sind
(a) die auf ihn wirkende Gravitationskraft und
(b) seine Bahngeschwindigkeit?

12. In welcher Höhe über dem Äquator "steht" ein Synchronsatellit? Wie groß ist seine kinetische Energie bei einer Masse von 10^3 kg?

13. An welchem Punkt zwischen Erde und Mond heben sich die durch beide hervorgerufenen Gravitationskräfte auf?

14. Wie groß ist die Feldstärke des Gravitationsfeldes der Erde an der Erdoberfläche?

15. Welchen Fehler begeht man bei einer Hubarbeitsberechnung, wenn man zwischen 0 und 1000 m über dem Meeresspiegel das Erdschwerefeld als homogen annimmt?

16. Welche Arbeit ist notwendig, um eine Masse von 8 kg von der Erdoberfläche in die in Aufgabe 9. genannten Höhen und nach $h \to \infty$ zu transportieren?

17. Wie groß ist in den Höhen von Aufgabe 9. und an der Erdoberfläche das Gravitationspotential der Erde bezogen auf einen unendlich weit entfernten Punkt? Zeigen Sie den Zusammenhang zwischen den Potentialdifferenzen und den in Aufgabe 16. berechneten Arbeiten.

18. Geben Sie eine qualitative zweidimensionale Darstellung des Gravitationspotentials einer Punktmasse sowie des resultierenden Gravitationspotentials von Erde und Mond.

19. Welche Energie ist mindestens notwendig, um einen Synchronsatelliten (Aufgabe 12.) von 10^3 kg in seine Umlaufbahn zu schießen?

20. Mit welcher Startgeschwindigkeit muß eine Raumsonde mindestens abgeschossen werden, damit sie (a) das Schwerefeld der Erde, (b) das Sonnensystem verlassen kann?

1.8 Trägheitskräfte

Schwerpunkte

Bezugssystem, Inertialsystem, Galileitransformation, eingeprägte Kraft, beschleunigtes Bezugssystem, Trägheitskraft, Zentrifugalkraft, Corioliskraft

Formeln

Trägheitskraft

$$\boldsymbol{F}_t = -m\,\boldsymbol{a}_f$$

Kraft im Führungssystem

$$\boldsymbol{F}' = \boldsymbol{F} + \boldsymbol{F}_t$$

Führungsgeschwindigkeit

$$\boldsymbol{v}_f = \boldsymbol{\omega} \times \boldsymbol{r}$$

Zentrifugalkraft

$$\boldsymbol{F}_z = m(\boldsymbol{v}_f \times \boldsymbol{\omega})$$

$$F_z = mv_f\omega = m\frac{v_f^2}{r} = m\omega^2 r$$

Corioliskraft

$$\boldsymbol{F}_c = 2m\,(\boldsymbol{v}_r \times \boldsymbol{\omega})$$

Fragen

1. Beantworten Sie folgende Fragen:

(a) Welche Bedeutung hat ein Bezugssystem für die Bewertung physikalischer Vorgänge?

(b) Wodurch sind Inertialsysteme gegenüber anderen Bezugssystemen ausgezeichnet?

(c) Ist es physikalisch sinnvoll, ein Inertialsystem als absolut ruhend zu bezeichnen?

(d) In welchem System treten Trägheitskräfte auf?

(e) Wie unterscheiden sich Trägheitskräfte von eingeprägten Kräften?

(f) Welche Beispiele gibt es für das Auftreten von Trägheitskräften?

2. Ein Eisenbahnzug fährt mit gleichförmiger Geschwindigkeit v_{ox} durch einen Bahnhof. Zur Zeit $t = 0$ läßt ein Reisender im Zug einen Gegenstand aus der Höhe $z' = h$ nach unten fallen. Die Bewegung des Gegenstandes wird durch den Reisenden sowie eine auf dem Bahnsteig stehende Person beobachtet.

(a) Durch welche Funktionen $x'(t)$, $y'(t)$, $z'(t)$ wird der Fall des Gegenstandes im Zug beschrieben (x' zeige in Fahrtrichtung, z' nach oben)?

(b) Welche Ortsfunktionen $x(t)$, $y(t)$, $z(t)$ stellt der Betrachter auf dem Bahnsteig fest (x zeige in Fahrtrichtung, z nach oben)? Zeichnen Sie die in der (x', z')- bzw. (x, z)-Ebene auftretenden Bahnkurven.

(c) Welche Beschleunigung und welche Kräfte leiten beide Beobachter aus den Bahnkurven für die Bewegung des Gegenstandes her?

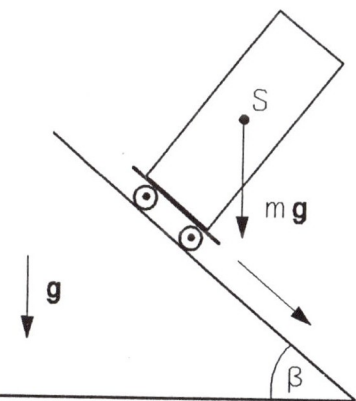

Abb. 1.8.4
Zu Frage 4.

3. Der Versuch aus Aufgabe 2 werde wie folgt variiert: Vom Zeitpunkt $t = 0$ an (Beginn des Falles des Gegenstandes) erhöht der Zug gleichförmig die Geschwindigkeit v_x infolge der konstanten Beschleunigung a_x.

(a) Ermitteln Sie auch für diesen Fall die Funktionen $x(t)$, $y(t)$, $z(t)$, $x'(t)$, $y'(t)$, $z'(t)$, und stellen Sie die Bahnkurven $z(x)$ bzw. $z'(x')$ graphisch dar.

(b) Welche Beschleunigungen und welche Kräfte leiten beide Beobachter aus den Bahnkurven für die Bewegung des Gegenstandes her? Welche davon sind eingeprägte, welche Trägheitskräfte?

4. Warum fällt der rechteckige Klotz (Abb. 1.8.4) nicht um, wenn er auf einem Wagen reibungsfrei eine geneigte Ebene hinabrollt?

5. Begründen Sie, daß bei jeder Bewegung auf gekrümmter Bahn (z.B. Kreisbahn) Trägheitskräfte auftreten.

6. Die Flugbahn der von einer Schleifscheibe abspringenden Späne ist vom ruhenden und rotierenden System aus zu beschreiben. Welche Trägheitskräfte müssen im rotierenden System zur Interpretation der Bahnkurve herangezogen werden?

7. Erläutern Sie die Entstehung der Hoch- und Tiefdruckwirbel auf der Nord- und Südhalbkugel der Erde.

8. Alle auf der Erde ungestört fallenden Körper treffen östlich des mit einem Lot ermittelten Auftreffpunktes auf. Warum?

Aufgaben

9. Beim Bremsvorgang eines Eisenbahnzuges wird ein herabhängender Riemen um 20° aus der Senkrechten nach vorn ausgelenkt. Wie groß ist die Bremsbeschleunigung?

Abb. 1.8.11
Zu Aufgabe 11.

10. Ein Zug, der mit einer Geschwindigkeit von 200 km · h^{-1} fährt, wird durch eine gleichförmige Beschleunigung innerhalb von 1000 m zum Stillstand gebracht. Welche Trägheitskraft wirkt dabei auf einen Koffer mit einer Masse von 20 kg?

11. In einem Aufzug hängt an einer Federwaage ein Körper der Masse 35 kg. Die Federwaage zeigt das "scheinbare Gewicht" an, das ist die Kraft, mit der der Körper die Aufzugdecke belastet. Berechnen Sie das scheinbare Gewicht für Auf- und Abwärtsfahrt bei
(a) beschleunigt,
(b) gleichförmig,
(c) verzögert bewegtem Aufzug.
Die Beträge von Beschleunigung und Verzögerung sind 2, 5 m · s^{-2}.
(d) Wie groß ist das scheinbare Gewicht, wenn der Aufzug frei herabfällt?
(e) Wann tritt der in Abb. 1.8.11 geschilderte Fall auf?

12. Ein Kind läßt einen Stein mit einer Masse von 100 g an einer 1, 5 m langen Schnur auf horizontaler Bahn kreisen. Bei welcher Winkelgeschwindigkeit reißt die Schnur, wenn sie höchstens mit 12 N belastet werden darf?

13. Ein Kettenkarussell (Abb. 1.8.13) zeigt eine Auslenkung der Sitze von $\varphi = 20^\circ$ aus der Senkrechten. Mit welcher Winkelgeschwindigkeit rotiert es?

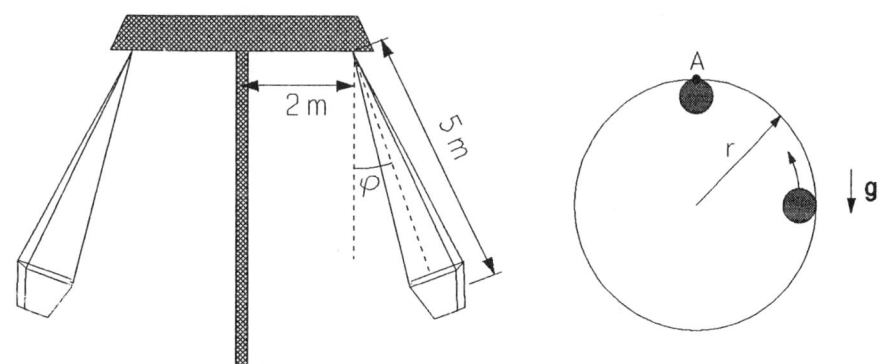

Abb. 1.8.13   Kettenkarussell   Abb. 1.8.14   Looping

14. Eine Kugel soll in einem liegenden Zylinder (Abb. 1.8.14) eine geschlossene Kreisbahn mit dem Radius $r = 3$ m durchlaufen. Welche

Geschwindigkeit muß sie am höchsten Punkt A mindestens haben, um nicht herunterzufallen?

15. Die Haftreibungszahl für Gummi auf Beton betrage $0,95$. Mit welcher Geschwindigkeit darf ein Radfahrer maximal eine Kurve mit einem Radius von 20 m auf einem horizontalen Platz fahren, ohne wegzurutschen?

16. Um welchen Betrag sollte die äußere Schiene eines Gleises (Spurweite $1,435$ m) in einer Kurve von 600 m Radius höher liegen, wenn für diesen Streckenabschnitt eine Reisegeschwindigkeit von 100 km $\cdot$ h^{-1} vorgesehen ist?

17. In Abb. 1.8.17 ist das Prinzip eines Fliehkraftreglers dargestellt. Bei welcher Drehzahl berührt der untere bewegliche den oben auf der Achse fest angebrachten Ring? ($a = 100$ mm, die Masse m der Fliehgewichte sei groß gegenüber der des Gestänges.)

18. Berechnen Sie die Reduzierung, die die Fallbeschleunigung infolge der durch die Erdrotation hervorgerufenen Zentrifugalbeschleunigung erfährt, als Funktion der geographischen Breite φ. Nennen Sie einen weiteren Grund dafür, daß sich die Fallbeschleunigung mit der geographischen Breite ändert.

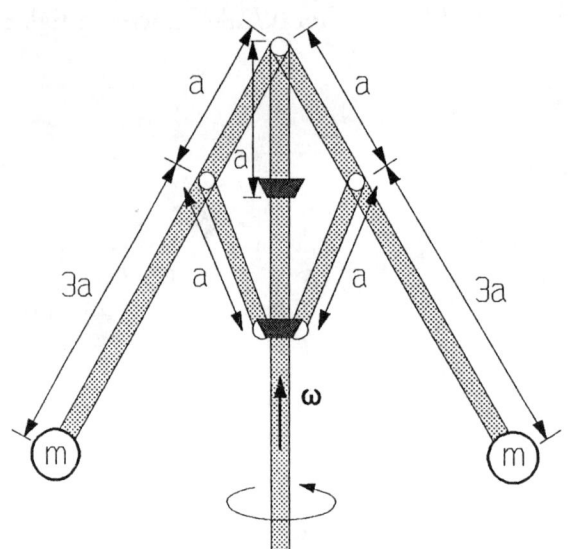

Abb. 1.8.17
Fliehkraftregler

19. Eine horizontal gelagerte Kreisscheibe rotiert im Uhrzeigersinn mit einer Drehzahl von $0,5$ s^{-1}. Auf ihr rollt eine Kugel mit einer Geschwindigkeit $v_r = 5$ m $\cdot$ s^{-1} nach außen. Die Masse der Kugel beträgt $0,1$ kg. Wie groß ist die Corioliskraft?

20. Wie groß ist die Corioliskraft auf eine Rakete mit einer Masse von 10 t, die bei 40° nördlicher Breite mit einer Geschwindigkeit von 1900 km $\cdot$ h^{-1} nach Norden fliegt? In welche Richtung zeigt diese Kraft?

1.9 Reibung

Schwerpunkte

Gleit-, Haft- und Rollreibung, innere Reibung in laminar strömenden Flüssigkeiten und Gasen, Reibung bei turbulenten Strömungen, Newtonsches Reibungsgesetz, Gesetz von Stokes, Widerstandsbeiwert

Formeln

Haftreibungskraft $$F_{RH} = \mu_H \, F_N$$

Gleitreibungskraft $$F_{RG} = \mu_G \, F_N$$

Rollreibungskraft $$F_{RR} = \mu_R \, \frac{F_N}{r}$$

Reibungsgesetz von Newton $$F_{RV} = \eta \, A \, \frac{\mathrm{d}v}{\mathrm{d}y}$$

Reibungsgesetz von Stokes $$F_R = 6\pi \, \eta \, r \, v$$

Reibungskraft bei turbulent umströmten Körpern $$F_{RT} = c_W \, A \, \frac{\varrho}{2} \, v^2$$

Staudruck (dynamischer Druck) $$p_d = \frac{1}{2}\varrho \, v^2$$

Fragen

1. Welche Arten von Reibung gibt es, und unter welchen Bedingungen treten sie auf?

2. Wie sind Reibungskräfte gerichtet, und wie groß ist ihr Betrag?

3. Nennen Sie die mikroskopischen Prozesse, die zur Umwandlung mechanischer in andere Energieformen beitragen für
(a) Gleitreibung, (b) innere Reibung bei laminaren Strömungen, (c) turbulente Strömungen.

4. Was sind laminare und turbulente Strömungen?

5. Wie lautet das Newtonsche Reibungsgesetz?

6. Was versteht man unter Viskosität? Welches von drei gleichen mit Wasser, Alkohol bzw. Silikonöl gefüllten Gefäßen wird sich am schnellsten durch ein Leck im Boden entleeren?

7. Wie groß ist die Reibungskraft auf eine sich mit der Geschwindigkeit v durch eine Flüssigkeit mit der Viskosität η bewegende Kugel vom Radius r, wenn keine Wirbel auftreten?

8. Welche Eigenschaften des Körpers werden bei turbulent umströmten Körpern durch den Widerstandsbeiwert berücksichtigt?

9. Warum hat eine umströmte Vollkugel einen kleineren Widerstandsbeiwert als eine bezüglich der Strömungsrichtung nach hinten offene Halbkugel?

10. Warum läuft ein geschmiertes Gleitlager leichter als ein trockenes?

Aufgaben

11. Ein zunächst horizontal liegendes Brett, auf dem sich ein Körper befindet, wird einseitig angehoben. Bei einem Neigungswinkel $\beta = 30°$ beginnt der Körper zu rutschen. Wie groß ist die Haftreibungszahl?

12. Der Körper (Aufgabe 11.) rutscht mit einer Beschleunigung von $1,5 \text{ m} \cdot \text{s}^{-2}$ auf dem Brett herab. Wie groß ist die Gleitreibungszahl?

13. Auf einem ebenen Tisch liegen zwei gleich dicke Platten aus gleichem Material. Die Fläche und damit die Masse der einen Platte sind um einen Faktor $3,5$ größer als die der zweiten, die eine Masse von 4 kg besitzt. Was muß man tun, damit an beiden Platten bei horizontaler Bewegung auf dem Tisch die gleichen Reibungskräfte auftreten?

14. Ein Fahrzeug mit einer Masse von 3 t, das sich anfangs mit einer Geschwindigkeit von $50 \text{ km} \cdot \text{h}^{-1}$ bewegt, kommt beim Bremsvorgang mit blockierten Rädern innerhalb einer Strecke von 43 m zum Stehen. Wie groß ist der Gleitreibungskoeffizient?

15. Eine Kugel mit dem Radius 10 mm und der Masse 10 g fällt in einer Flüssigkeit mit der Viskosität 15 Pa · s. Wie groß ist die Reibungskraft bei einer Geschwindigkeit von 20 mm · s^{-1}?

16. Um welche Strecke wird die Feder (Abb. 1.9.16) durch die laminare Strömung der Flüssigkeit (Viskosität η, Kugelradius r) gedehnt, wenn die Federkonstante die Größe k hat?

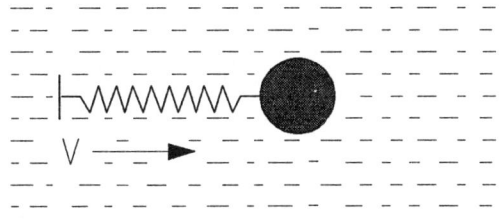

Abb. 1.9.16
Zu Aufgabe 16.

17. Eine Kugel sinkt in einer Flüssigkeit der Dichte $0,72 \cdot 10^3$ kg · m^{-3} mit der momentanen Geschwindigkeit $0,01$ m · s^{-1} herab. Die Kugelmasse beträgt 1 g, der Radius 5 mm. Die Viskosität der Flüssigkeit ist 0,24 Pa · s. Ist die Bewegung der Kugel beschleunigt oder verzögert?

18. Eine offene Halbkugel (Radius $0,5$ m) bewegt sich - die Öffnung voran - mit einer Geschwindigkeit von 1 m · s^{-1} durch Luft (Dichte $1,3$ kg · m^{-3}). Welche Reibungskraft tritt auf? ($c_W = 1,33$)

19. Welche Arbeit spart man, wenn auf einer Wegstrecke von 15 m anstelle der offenen Halbkugel (Aufgabe 18.) ein Stromlinienprofil gleicher Querschnittsfläche (Widerstandsbeiwert $0,06$) gleichförmig bewegt wird?

20. Wie groß ist die konstante Sinkgeschwindigkeit der Landekapsel eines Raumschiffes mit $2,8$ t Masse an einem Fallschirm mit der Querschnittsfläche von 1000 m^2 bei einem Widerstandsbeiwert von $1,33$? (Der Auftrieb werde nachnachlässigt, Luftdichte: $1,3$ kg · m^{-3}.)

1.10 Ruhende Fluide

Schwerpunkte

Schweredruck, Auftrieb, Schwimmen, Kompressibilität, barometrische Höhenformel, hydrostatisches Paradoxon, Oberflächenspannung, Kapillarität

Formeln

Druck
$$p = \frac{F}{A}$$

Schweredruck in Flüssigkeiten
$$p = \varrho_{Fl} \, g \, h$$

Auftriebskraft
$$F_A = \varrho_{Fl} \, V \, g$$

Kompressibilität
$$\kappa = -\frac{1}{\Delta p} \cdot \frac{\Delta V}{V}$$

Kompressionsmodul
$$K = \frac{1}{\kappa}$$

barometrische Höhenformel
$$p = p_o \exp\left(-\frac{\varrho_o \, g \, h}{p_o}\right)$$

p Luftdruck in Höhe h über Bezugspunkt
p_o Luftdruck am Bezugspunkt
ϱ_o Luftdichte am Bezugspunkt

spezifische Oberflächenenergie (Oberflächenspannung)
$$\sigma = \frac{\Delta W}{\Delta A}$$

kapillare Steighöhe
$$h = \frac{2\sigma}{\varrho_{Fl} \, g \, r}$$

Überdruck in einer Seifenblase
$$\Delta p = \frac{4\sigma}{r}$$

Fragen

1. Begründen Sie, warum bei Gasen der Schweredruck nicht wie bei Flüssigkeiten nahezu linear von der Höhe abhängt, sondern sich nach der barometrischen Höhenformel ändert.

2. Wie kann man durch Wägung in Luft und Wasser nachprüfen, ob ein Schmuckstück aus Gold oder vergoldetem Silber besteht? ($\varrho_{Au} = 1,93 \cdot 10^4$ kg $\cdot$ m^{-3}, $\varrho_{Ag} = 1,05 \cdot 10^4$ kg $\cdot$ m^{-3})

3. Ein cartesischer Taucher ist ein Spielzeug in Form eines unten offenen Hohlkörpers. Dieser wird im Wasser mit soviel Luft gefüllt, daß er gerade noch dicht unter der Wasseroberfläche schwebt. Befindet sich der Taucher in einem mit Wasser gefüllten Rohr, das oben mit einer elastischen Membran abgeschlossen ist, so steigt oder sinkt der Taucher, je nachdem, ob man mehr oder weniger stark auf die Membran drückt. Warum?

4. Warum frieren Gewässer immer zuerst an der Oberfläche zu?

5. Bringt man mehrere kleine Quecksilbertropfen miteinander in Berührung, so bildet sich nach und nach ein einziger großer Tropfen. Was ist die physikalische Ursache?

Aufgaben

6. Auf einen Kolben mit einer Fläche von 10^4 mm^2 wirkt eine Kraft von 300 N. Welcher Druck wird dabei in dem im Zylinder befindlichen Fluid erzeugt?

7. Mit einer Hydraulik soll eine Masse von 500 t angehoben werden. Die Fläche des Kolbens beträgt 0, 3 m^2. Wie groß muß der Druck in der Hebevorrichtung mindestens sein?

8. Ein Tiefseetauchboot befindet sich 4000 m unterhalb des Meeresspiegels. Welchem Druck muß es standhalten?

9. Um welchen Betrag verringert sich das Volumen von 1 kg Wasser, wenn es einem Druck von 10^7 Pa ausgesetzt wird? (Der Kompressionsmodul für Wasser beträgt $2 \cdot 10^9$ Pa.)

10. Wie groß ist der Auftrieb, den ein Holzwürfel von 100 mm Kantenlänge (Dichte 520 kg $\cdot$ m^{-3}) beim völligen Eintauchen in Wasser erfährt? Wie tief taucht der Würfel beim Schwimmen ins Wasser ein?

11. Der Trog eines Schiffshebewerkes nimmt ein Wasservolumen von 15000 m^3 auf. Um wieviel vergrößert sich die Belastung seiner Hubvorrichtung, wenn ein Schiff mit einer Masse von 1000 t hineinfährt?

12. Die Luftdichte beträgt 1, 29 kg $\cdot$ m^{-3}. Welchen relativen Fehler begeht man, wenn man die Masse eines Stückes Butter ($m = 250$ g, $\varrho = 965$ kg $\cdot$ m^{-3}) mittels einer symmetrisch aufgebauten Balkenwaage und einem 250 g Massestück aus Stahl ($\varrho = 7,86 \cdot 10^3$ kg $\cdot$ m^{-3}) wägen soll?

13. In einem See steigen Gasblasen aus 10 m Tiefe empor. Um welchen Faktor vergrößert sich ihr Volumen während des Aufsteigens, wenn an der Wasseroberfläche ein Luftdruck von $0,1$ MPa herrscht? (Die Temperatur soll über die gesamte Tiefe konstant sein.)

14. Beim Aufstieg eines Ballons sinkt der Luftdruck von $0,101$ MPa auf $0,056$ MPa. Wie hoch ist der Ballon gestiegen? (Die Temperatur soll über die gesamte Aufstiegshöhe konstant sein.)

15. Mit einem Luftschiff soll eine Last von 50 t angehoben werden. Als Füllgas soll Helium ($\varrho = 0,18$ kg $\cdot$ m^{-3}) verwendet werden. Wie groß muß das Heliumvolumen bei einer Eigenmasse des Luftschiffes von 30 t mindestens sein?

16. Otto von Guericke demonstrierte die Wirkung des Luftdruckes durch den Versuch mit den Magdeburger Halbkugeln. Zwei Halbkugeln von $0,42$ m Durchmesser wurden luftdicht aneinandergesetzt und evakuiert. An jede der beiden Halbkugeln wurden 8 Pferde gespannt mit dem Ziel, die Kugelhälften zu trennen. Welche Kraft hätte jedes Pferd aufbringen müssen, um die Trennung gewaltsam zu erreichen? Dieser Versuch wurde 1654 in Regensburg (342 m über dem Meeresspiegel) gezeigt. Nehmen Sie zur Berechnung an, daß damals auf Höhe des Meeresspiegels normaler Luftdruck ($0,101$ MPa) herrschte.

17. Wie tief sinkt eine 100 mm starke Eisscholle in Wasser ein? Kann sie bei einer Fläche von 2 m^2 eine Person von 70 kg Masse tragen ohne unterzugehen? ($\varrho_{Eis} \approx 920$ kg $\cdot$ m^{-3})

18. Eine Flüssigkeit habe eine spezifische Oberflächenenergie von $5 \cdot 10^{-2}$ N $\cdot$ m^{-1}. Welche Arbeit ist notwendig, um ihre Oberfläche um $0,01$ m^2 zu vergrößern?

19. In einer benetzten Glaskapillare mit einem Durchmesser von $0,5$ mm steigt Wasser nach dem Eintauchen $29,7$ mm hoch an. Wie groß ist die spezifische Oberflächenenergie des Wassers?

20. Welche Arbeit ist notwendig, um eine Seifenblase ($\sigma = 3 \cdot 10^{-2}$ N $\cdot$ m^{-1}) mit einem Durchmesser von 40 mm auf einen Durchmesser von 80 mm aufzublasen? Wie groß ist der Überdruck in der Seifenblase in beiden Zuständen?

1.11 Strömende Fluide

Schwerpunkte

Kontinuitätsgleichung, statischer Druck, Staudruck, Bernoulli-Gleichung, hydrodynamischer Auftrieb, quadratische Geschwindigkeitsverteilung, Gesetz von Hagen-Poiseuille, Reynoldssches Kriterium

Formeln

Kontinuitätsgleichung für
inkompressible Fluide

$$\dot{V} = vA = \text{const}$$
$$v_1 A_1 = v_2 A_2$$

Staudruck (dynamischer Druck)

$$p_d = \frac{\varrho}{2}\, v^2$$

Bernoulli-Gleichung

$$p_s + \varrho g h + \frac{\varrho}{2}\, v^2 = \text{const}$$

hydrodynamischer Auftrieb

$$F_A = c_A \frac{\varrho}{2}\, v^2 A$$

Geschwindigkeitsprofil in
einem zylindrischen Rohr

$$v(r) = \frac{\Delta p}{4\eta\, l}\left(R^2 - r^2\right)$$

Gesetz von Hagen-Poiseuille

$$\dot{V} = \frac{\pi\, R^4 \Delta p}{8\eta\, l}$$

Reynoldssche Zahl

$$Re = \frac{\varrho\, v\, l}{\eta}$$

Ähnlichkeitsgesetz für
Strömungen bei geometrisch
ähnlichen Bedingungen

$$Re_1 = Re_2$$

Reynoldssches Kriterium

laminare Strömung: $Re < Re_{krit}$
turbulente Strömung: $Re > Re_{krit}$

Fragen

1. Erläutern Sie die Begriffe dynamischer, statischer und Gesamtdruck und ihren Zusammenhang in einem strömenden Fluid.

2. Was sind laminare und turbulente Strömungen?

3. Welche Kräfte erlauben das Fliegen der Vögel und Flugzeuge und wie entstehen sie?

4. Erläutern Sie die Funktionsweisen von Zerstäuber, Wasserstrahlpumpe und Bunsenbrenner.

5. Skizzieren Sie Drucksonden, die zur Messung von dynamischem, statischem und Gesamtdruck benutzt werden können?

6. Welche Eigenschaft von Flüssigkeiten ist für die Gültigkeit der Kontinuitätsgleichung Voraussetzung?

7. Wie kann die Strömungsgeschwindigkeit mit einem Prandtlschen Staurohr gemessen werden?

Aufgaben

8. Eine Wasserströmung habe eine Geschwindigkeit von $1\,\mathrm{m}\cdot\mathrm{s}^{-1}$. Wie groß ist der Staudruck?

9. Durch eine Rohrleitung mit einem Innendurchmesser von $0,25\,\mathrm{m}$ werden je Stunde $450\,\mathrm{m}^3$ Wasser gepumpt. Wie groß ist die mittlere Strömungsgeschwindigkeit?

10. Ein Strömungskreislauf bestehe aus in Reihe geschalteten Rohren von 70 mm bzw. 200 mm Radius. Im engen Rohr beträgt die Strömungsgeschwindigkeit $0,5\,\mathrm{m}\cdot\mathrm{s}^{-1}$. Wie groß ist sie im weiten Rohr?

11. In einem Rohrsystem münden 2 Rohre, in denen Wasser mit einer Geschwindigkeit von $0,3\,\mathrm{m}\cdot\mathrm{s}^{-1}$ strömt, in ein drittes Rohr. Die Radien der Zuflußrohre verhalten sich zum dritten Rohr wie $1:2:3$. Wie groß ist die Strömungsgeschwindigkeit im dritten Rohr?

12. Eine Venturi-Düse hat ein Querschnittsverhältnis von $5:1$. Die angezeigte Druckdifferenz beträgt 120 Pa. Wie groß sind die Strömungsgeschwindigkeiten in beiden Abschnitten der Düse? Das strömende Fluid sei Wasser.

13. Aus einem Wasserbehälter mit einer Füllhöhe von 5 m tritt am Boden aus einer kleinen Öffnung Wasser aus. Wie groß ist die Ausflußgeschwindigkeit?

14. Welcher Druck muß in einem Kompressor erzeugt werden, damit mit einer Spritzpistole Farbe, deren Dichte 800 kg $\cdot$ m^{-3} beträgt, mit einer Geschwindigkeit von 25 m $\cdot$ s^{-1} verspritzt werden kann?

15. In einem zylindrischen Gefäß befindet sich Wasser (Füllhöhe $0,5$ m). In welcher Höhe über dem Boden des Gefäßes muß man in der Seitenwand eine Öffnung anbringen, damit das Wasser möglichst weit entfernt vom Gefäß auf die horizontale Unterlage auftrifft?

16. Ein Gefäß ist 3 m hoch mit Wasser gefüllt. Welche Ausflußgeschwindigkeit entsteht in einem kleinen Loch 2 m über dem Boden, wenn über dem Wasserspiegel ein Überdruck von $2 \cdot 10^4$ Pa herrscht?

17. An einem Wasserrohr der Länge 20 m liegt eine Druckdifferenz von 10 Pa. Berechnen Sie das Geschwindigkeitsprofil bei einem Rohrradius von 10 mm und einer Viskosität von $5 \cdot 10^{-4}$ Pa $\cdot$ s.

18. Welches Flüssigkeitsvolumen strömt pro Stunde durch das Rohr der Aufgabe 17.?

19. Eine Kugel mit dem Durchmesser $d = 10$ mm wird von Wasser ($\varrho = 10^3$ kg $\cdot$ m^{-3}, $\eta = 5 \cdot 10^{-4}$ Pa $\cdot$ s) mit Geschwindigkeiten von 10 m $\cdot$ s^{-1} bzw. 50 m $\cdot$ s^{-1} umströmt. Wie groß ist in beiden Fällen die Reynoldssche Zahl?

20. Die kritische Reynoldssche Zahl für Strömungen durch Rohre beträgt ≈ 1200, wenn für die charakteristische Abmessung der Rohrradius angenommen wird. Bei welcher Geschwindigkeit schlägt eine Wasserströmung in einem Rohr von $0,2$ m Durchmesser zur Turbulenz um? ($\eta = 5 \cdot 10^{-4}$ Pa $\cdot$ s)

1.12 Dynamik der Rotationsbewegung

Schwerpunkte

Drehmoment, Massenträgheitsmoment, Rotationsenergie, Energieerhaltung

Formeln

Drehmoment $\qquad\qquad\qquad$ $\boldsymbol{M} = \boldsymbol{r} \times \boldsymbol{F}, \; \boldsymbol{M} = J\,\boldsymbol{\alpha}$

Massenträgheitsmoment

allgemein $\qquad\qquad\qquad$ $J = \int r^2 \, \mathrm{d}m$

Punktmasse m $\qquad\qquad\qquad J = mr^2$

homogener Zylinder mit
Radius r und Masse m $\qquad J = \dfrac{1}{2}\, m\, r^2$
bei Rotation um die
Zylinderachse

homogene Kugel mit Radius r
und Masse m bei Rotation $\qquad J = \dfrac{2}{5} mr^2$
um Mittelpunktachse

Satz von Steiner $\qquad\qquad\qquad J_A = J_S + ms^2$

Rotationsenergie $\qquad\qquad\qquad E_{rot} = \dfrac{J}{2}\, \omega^2$

Fragen

1. Welche Größen der Rotationsbewegung entsprechen folgenden Größen einer Translationsbewegung: träge Masse, Geschwindigkeit, Beschleunigung, Kraft, Impuls, kinetische Energie?

2. Diskutieren Sie die Abhängigkeit des Betrages des Drehmomentes vom Winkel zwischen Kraft- und Radiusvektor.

3. Welche Richtung besitzt das Drehmoment in Bezug auf Kraft- und Radiusvektor und bezüglich der Drehachse?

4. Erläutern Sie das Hebelgesetz aus der Sicht der Drehmomente, und beschreiben Sie Vorrichtungen des täglichen Lebens, die der Vergrößerung von Drehmomenten dienen.

5. Unter die Ecke eines rechteckigen Schrankes (Abb. 1.12.5) soll ein Teppich gelegt werden. Warum läßt sich der Schrank leichter kippen, wenn man am Punkt B drückt anstatt an Punkt A anzuheben?

6. Erläutern Sie den Einfluß der geometrischen Massenverteilung eines rotierenden Körpers auf sein Massenträgheitsmoment.

7. Wie groß sind
(a) die kinetische Energie einer mit der Geschwindigkeit v gleitenden Kiste der Masse m,

(b) die Rotationsenergie einer sich um die Mittelachse drehenden Walze mit der Masse m und dem Radius r, wenn die Umfangsgeschwindigkeit v beträgt,

(c) wenn diese Walze mit der Schwerpunktgeschwindigkeit v rollt?

Aufgaben

8. Auf einer geneigten Ebene (Winkel $\beta = 45^\circ$) befindet sich eine Rolle mit dem Radius 2 m und der Masse 3 t. Welches Drehmoment erzeugt die Schwerkraft an der Rolle?

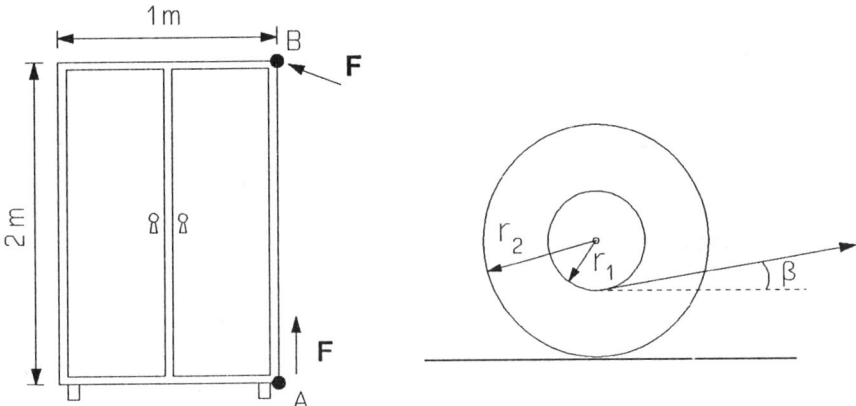

Abb. 1.12.5   Zu Frage 5.   Abb. 1.12.9   Zu Aufgabe 9.

9. Durch Ziehen an dem auf einer Rolle (Abb. 1.12.9) aufgewickelten Faden kann je nach Wahl des Winkels β eine Bewegung der Rolle nach rechts oder links hervorgerufen werden. Wie ist das erklärbar, und bei welchem Winkel geht eine Bewegung in die andere über? ($r_1 = 0,2$ m, $r_2 = 0,25$ m)

10. Welche Winkelbeschleunigung erhält der homogene Zylinder in Aufgabe 8. und welche Beschleunigung muß man der Bewegung des Schwerpunktes zuschreiben?

11. Auf einer in der Zylinderachse gelagerten Rolle mit 0,2 m Radius ist ein Seil von 10 m Länge aufgewickelt. Die Rolle habe ein Massenträgheitsmoment von 1,9 kg · m². Dieses Seil wird mit einer Kraft von 10 N von der Rolle gezogen. Welche Drehzahl hat die Rolle nach Abwickeln des Seiles erreicht?

12. Ein Fahrzeug mit einer Gesamtmasse von 2 t wird durch ein Schwungrad angetrieben, das ein Massenträgheitsmoment von 500 kg · m² besitzt. Mit welcher Winkelgeschwindigkeit muß das Schwungrad mindestens rotieren, damit das Fahrzeug bei einer Anfangsgeschwindigkeit von 0,5 m · s⁻¹ einen Höhenunterschied von 3 m überwinden kann?

13. Ein Zylinder rollt eine geneigte Ebene in 10 s hinab. Wie lange braucht dazu eine Kugel mit gleicher Masse und gleichem Radius?

14. Berechnen Sie die Rotationsenergie der Erde unter der Annahme kugelförmiger Gestalt und homogener Massenverteilung.

15. Auf einer zylindrischen Walze mit dem Radius 0,1 m ist außen ein dünnes Band aufgewickelt. Wie groß ist die Winkelgeschwindigkeit der Walze nach 2 s, wenn das Band festgehalten wird und die Walze daran infolge des Gewichtes nach unten abrollt?

16. Ein Bremsklotz wird mit einer Kraft von 10 N radial auf die Bremstrommel eines mit einer Winkelgeschwindigkeit von 30 s⁻¹ rotierenden Rades gedrückt. Die Reibungszahl betrage 0,4, der Radius der Bremstrommel 0,1 m. Das Rad kommt nach 20 s zum Stehen. Wie groß ist sein Massenträgheitsmoment?

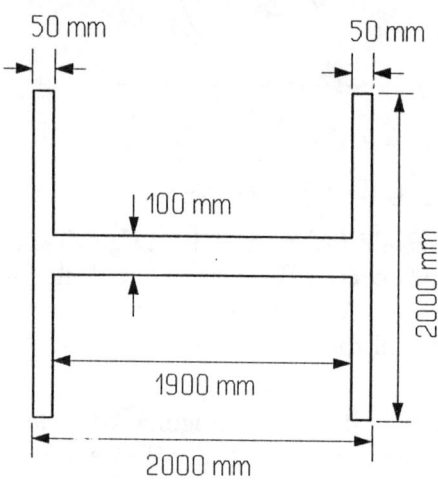

Abb. 1.12.19
Zu Aufgabe 19.

17. Ein Motor mit einer Leistung von 2 kW bringt den Rotor einer Maschine in 10 s auf eine Winkelgeschwindigkeit von 314 s⁻¹. Der zylindrische Rotor besteht aus Stahl mit einer Dichte von 7,9 · 10³ kg · m⁻³ und hat eine Länge von 0,5 m. Wie groß ist der Durchmesser des Rotors?

18. Ein Fahrzeug mit einer Gesamtmasse von 2 t hat 6 Räder mit einem Massenträgheitsmoment bezüglich der Achse von je 1,6 kg · m² und einem Radius von 0,8 m. Berechnen Sie die kinetische Energie, wenn sich das Fahrzeug mit 80 km · h^{-1} bewegt.

19. Berechnen Sie das Massenträgheitsmoment einer Radanordnung aus Stahl ($\varrho = 7,9 \cdot 10^3$ kg · m^{-3}) mit den aus Abb. 1.12.19 ersichtlichen Abmessungen
(a) als Teil eines Riemenantriebes (Drehachse = Symmetrieachse),
(b) bei Verwendung als Radsatz für ein Fahrzeug.

20. Ein Kreiszylinder rollt eine geneigte Ebene (Winkel β gegenüber der Horizontalen) hinab. Welche Winkelgeschwindigkeit erreicht er nach Zurücklegen der Strecke s, wenn die Anfangsgeschwindigkeit Null ist? Ermitteln Sie die allgemeine Lösung
(a) mit Hilfe des Newtonschen Ansatzes,
(b) über den Energieerhaltungssatz.
(Zahlenbeispiel: $\beta = 30^{\circ}$, $s = 6$ m).

1.13 Drehimpuls

Schwerpunkte

Massenträgheitsmoment, Drehimpuls, Drehimpulserhaltungssatz

Formeln

Massenträgheitsmoment
$$J = \int r^2 \, dm$$

Drehimpuls um feste Achse
$$\boldsymbol{L} = J \, \boldsymbol{\omega}$$

Drehimpuls für Punktmasse
$$\boldsymbol{L} = \boldsymbol{r} \times \boldsymbol{p}$$

Erhaltungssatz des Drehimpulses
$$\boldsymbol{M} = \frac{d\boldsymbol{L}}{dt}, \; \boldsymbol{L} = \text{const für } \boldsymbol{M} = 0$$

Fragen

1. Stunden-, Minuten- und Sekundenzeiger einer Uhr mögen die gleiche Gestalt haben. Wie verhalten sich dann ihre Drehimpulse zueinander?

2. In welcher Richtung zeigt der Drehimpuls bei Rotation um eine zur Zeichenebene senkrechte Achse bei Bewegung

(a) im Uhrzeigersinn,
(b) entgegen dem Uhrzeigersinn?

3. Drücken Sie die kinetische Energie eines rotierenden Systems (Massenträgheitsmoment J, Winkelgeschwindigkeit ω) durch den Drehimpuls aus und umgekehrt.

4. Auf welche Weise wird beim Diskuswurf die Wurfweite durch Rotation der Diskusscheibe vergrößert?

5. Erläutern Sie das Prinzip des Kreiselkompasses.

6. Vergleichen Sie Massenträgheitsmoment, Rotationsenergie und Drehimpuls mit den entsprechenden Größen der Translationsbewegung.

7. Durch welche vektorielle Beziehung sind Drehimpuls und Impuls eines mit der Bahngeschwindigkeit v im Abstand r um eine Achse rotierenden Massepunktes m verbunden?

8. Formulieren Sie den Erhaltungssatz des Drehimpulses verbal und mathematisch, und nennen Sie Beispiele aus Alltag und Technik, wo seine Gültigkeit beobachtet werden kann.

9. Warum und mit welcher Drehrichtung rotieren Menschen mit den Armen, wenn Gefahr besteht, daß sie nach hinten fallen?

10. Wie nutzen Sportler und Jongleure den Drehimpulserhaltungssatz (z. B. Salto, Pirouette, Tellertricks)?

Aufgaben

11. Eine Punktmasse von 10 g bewegt sich mit einer Geschwindigkeit von $5 \, \text{m} \cdot \text{s}^{-1}$ auf einer Kreisbahn mit einem Radius von $0,2$ m. Wie groß sind der Betrag des Impulses der Masse und des Drehimpulses der Anordnung?

12. Bestimmen Sie Eigen- und Bahndrehimpuls der Erde bei Rotation um die Sonne.

13. Wie groß sind Bahndrehimpulse und Eigendrehimpuls der Elektronen eines Kohlenstoffatoms im Bohrschen Atommodell?

14. Bestimmen Sie den Drehimpuls einer Kugel mit einer Masse 20 kg und dem Radius 100 mm, wenn sie mit einer Drehzahl von $20 \, \text{s}^{-1}$
(a) um ihre Schwerpunktsachse rotiert,
(b) auf einer ebenen Unterlage reibungsfrei rollt.

15. Eine homogene Kreisscheibe (Radius $0,2$ m, Höhe $0,1$ m, Dichte $7 \cdot 10^3$ kg $\cdot$ m^{-3}) rotiert mit der Winkelgeschwindigkeit $\omega = 10$ s^{-1} um die Zylinderachse. Wie groß sind Rotationsenergie und Drehimpuls?

16. Wie groß ist der Drehimpuls eines Stahlradsatzes ($\varrho = 7,9 \cdot 10^3$ kg $\cdot$ m^{-3}, Abb. 1.13.16) bei einer Reisegeschwindigkeit des entsprechenden Fahrzeuges von 30 km $\cdot$ h^{-1}?

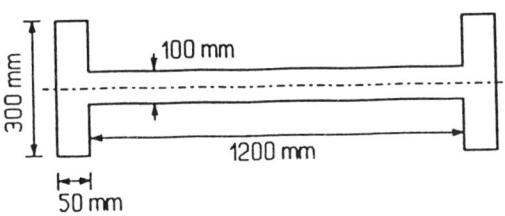

Abb. 1.13.16

Zu Aufgabe 16.

17. Zeigen Sie, daß der Drehimpuls einer Punktmasse m, die im Abstand r mit der Winkelgeschwindigkeit ω um eine Achse rotiert, erhalten bleibt, wenn kein Drehmoment am System angreift. Drücken Sie dazu die Kraft in der Definitionsgleichung für das Drehmoment durch das Grundgesetz der Mechanik aus.

18. Eine Punktmasse m rotiert mit der Winkelgeschwindigkeit ω_1 im Abstand r_1 um eine Achse (Zustand 1).
(a) Wie groß ist der Drehimpuls der Anordnung?
(b) Wie verändert sich die Winkelgeschwindigkeit, wenn eine senkrecht zur Achse gerichtete Kraft den Abstand der Masse zur Achse auf r_2 verkürzt (Zustand 2)?
(c) Berechnen Sie die Differenz der Rotationsenergien für die Zustände 1 und 2.
(d) Berechnen Sie die Arbeit, die notwendig ist, um die Masse gegen die Zentrifugalkraft nach innen zu ziehen, und vergleichen Sie das Ergebnis mit dem der Aufgabe (c).

19. Durch Anlegen der seitlich gestreckten Arme an den Körper erhöht ein Eiskunstläufer bei der Pirouette seine Winkelgeschwindigkeit. Die anfängliche Drehzahl betrage $0,5$ s^{-1}.
(a) Wie groß ist die Drehzahl bei angezogenen Armen?
(b) Man berechne die Rotationsenergie in beiden Phasen der Pirouette und erkläre die aufgetretene Differenz.
(Zur Berechnung ersetze man den Eiskunstläufer durch folgendes Modell: Kopf, Rumpf und Beine bilden einen zylindrischen Rotationskörper mit $0,15$ m Radius und 60 kg Masse, die gestreckten Arme werden durch Massenpunkte von jeweils 3 kg in $0,5$ m Abstand von

der Rotationsachse ersetzt. Im Verlauf der Pirouette werden die Massenpunkte bis auf $0,15$ m an die Rotationsachse herangeführt. (Die Reibung sei vernachlässigbar.)

20. Auf einer horizontalen Achse rotiert reibungsfrei ein zylindrischer Körper 1 (Massenträgheitsmoment $J_1 = 5 \cdot 10^{-3}$ kg $\cdot$ m^2) mit einer Drehzahl $f_1 = 1000$ s^{-1} und in entgegengesetzter Richtung ein Körper 2 ($J_2 = 8 \cdot 10^{-3}$ kg $\cdot$ m^2) mit einer Drehzahl $f_2 = 800$ s^{-1}. Die Körper bestehen aus Material mit einer spezifischen Wärmekapazität von 420 J $\cdot$ kg$^{-1} \cdot$K^{-1}, die Summe ihrer Massen sei $2,6$ kg.
(a) Welche gemeinsame Drehzahl stellt sich nach dem Ankuppeln der Scheiben ein?
(b) Um welchen Betrag erhöht sich die Temperatur der Körper nach dem Kuppeln, wenn man Wärmeaufnahme durch Achse und Umgebung vernachlässigt?

1.14   Freie ungedämpfte mechanische Schwingungen

Schwerpunkte

Amplitude, Frequenz, Kreisfrequenz, Schwingungsdauer, Phasenwinkel, Federpendel, Torsionspendel, mathematisches und physikalisches Pendel, reduzierte Pendellänge, Schwingungsenergie

Formeln

Schwingungsgleichung für
schwingende Größe $x(t)$

$$\ddot{x} + \omega_o^2\, x = 0$$

Eigenkreisfrequenz

$$\omega_o = 2\pi\, f = \frac{2\pi}{T}$$

spezielle Lösungen der
Schwingungsgleichung

$$x(t) = x_m \sin(\omega_o t + \beta)$$
$$x(t) = x_m \cos(\omega_o t + \beta)$$

Federpendel

$$\ddot{x} + \frac{k}{m}\, x = 0$$

Torsionspendel
$$\ddot{\varphi} + \frac{D}{J}\,\varphi = 0$$

mathematisches Pendel
$$\ddot{\varphi} + \frac{g}{l}\,\varphi = 0$$

physikalisches Pendel
$$\ddot{\varphi} + \frac{m\,g\,s}{J_A}\,\varphi = 0$$
$$\ddot{\varphi} + \frac{g}{l^*}\varphi = 0$$

reduzierte Pendellänge
$$l^* = \frac{J_A}{m\,s}$$

Torsionsmodul eines Drahtes
$$G = \frac{2l\,D}{\pi\,r^4}$$

	Feder-pendel	Torsions-pendel	math. Pendel	phys. Pendel
Eigenkreisfrequenz ω_o	$\sqrt{\frac{k}{m}}$	$\sqrt{\frac{D}{J}}$	$\sqrt{\frac{g}{l}}$	$\sqrt{\frac{g}{l^*}}$
Schwingungsdauer T	$2\pi\sqrt{\frac{m}{k}}$	$2\pi\sqrt{\frac{J}{D}}$	$2\pi\sqrt{\frac{l}{g}}$	$2\pi\sqrt{\frac{l^*}{g}}$
Schwingungsenergie E_{pot}	$\frac{1}{2}\,k\,x^2$	$\frac{1}{2}\,D\,\varphi^2$	$m\,g\,h$	$m\,g\,h$
E_{kin}	$\frac{1}{2}\,m\,v^2$	$\frac{1}{2}\,J\,\dot{\varphi}^2$	$\frac{1}{2}\,m\,v^2$	$\frac{1}{2}\,J_A\,\dot{\varphi}^2$

Fragen

1. Welche Bewegungsformen bezeichnet man als Schwingungen, welche davon als harmonische?

2. Stellen Sie für ein Feder-Masse-System (Federkonstante k, Masse m) die Newtonsche Bewegungsgleichung auf, und leiten Sie daraus die Normalform der Schwingungsgleichung her.

3. Nennen Sie spezielle Lösungen der Schwingungsgleichung.

4. Eine ungedämpfte Schwingung wird durch die Funktion $x(t) = x_m \cos(\omega_o t + \beta)$ beschrieben. Welche Bedeutung haben die Größen x_m, ω_o und β?

5. Erläutern Sie, wie eine Schwingung durch Projektion einer Kreisbewegung erzeugt werden kann. Stellen Sie Kreisfrequenz, Frequenz, Schwingungsdauer, Amplitude und Nullphasenwinkel den entsprechenden Größen der Kreisbewegung gegenüber.

6. Welcher Zusammenhang besteht bei einer harmonischen Schwingung zwischen Auslenkung und rücktreibender Größe? Erläutern Sie diesen am Beispiel der Drehschwingung eines Rotationskörpers mit dem Massenträgheitsmoment J, dessen Achse mit einer Spiralfeder mit der Winkelrichtgröße D verbunden ist.

7. Stellen Sie die Differentialgleichung für das mathematische Pendel (Länge l, Masse m) auf, und geben Sie an, unter welcher Randbedingung die Pendelbewegung durch eine harmonische Schwingung approximiert werden kann.

8. Erläutern Sie, wie man physikalische Pendel als Gravimeter verwenden kann (Reversionspendel). Welche Vorteile ergeben sich gegenüber mathematischen Pendeln?

Aufgaben

9. Die Schwingungsdauer einer Schwingung beträgt $0,12$ s. Wie groß sind Frequenz und Kreisfrequenz?

10. Die Größe y_1 verändert ihren Wert nach der Beziehung $y_1(t) = y_m \sin \omega_o t$ mit $\omega_o = 6,28$ s^{-1} und $y_m = 40$ mm.
(a) Wie groß sind Frequenz und Schwingungsdauer?
(b) Wie lautet die entsprechende Beziehung für eine Schwingung $y_2(t)$ mit gleicher Frequenz und Amplitude, die ihr Maximum $0,1$ s später erreicht als $y_1(t)$?
(c) Welche Schwingung verläuft völlig entgegengesetzt zu $y_1(t)$?
(d) Bei welcher Schwingung betragen die Phasenunterschiede zu $y_1(t)$ gerade $+90^\circ$ bzw. $-\frac{\pi}{2}$?
(e) Zeichnen Sie $y_1(t)$ und die Lösungen (b) bis (d) in ein y, t-Diagramm.

11. Welche Schwingungsdauer besitzen
(a) ein Federpendel (Masse 100 kg, Federkonstante 200 N $\cdot$ m^{-1}),
(b) ein mathematisches Pendel der Länge 2 m auf der Mondoberfläche,
(c) ein Torsionspendel, bestehend aus einer Kreisscheibe mit einer Masse 5 kg und einem Radius von $0,3$ m, deren Achse an einer Spiralfeder mit einer Winkelrichtgröße von $0,1$ N $\cdot$ m befestigt ist?

12. Die Schwingung eines Feder-Masse-Systems erfolgt nach der Beziehung $x(t) = x_m \sin (\omega_o t + \beta)$.

(a) Wie hängen Geschwindigkeit und Beschleunigung der schwingenden Masse von der Zeit ab?

(b) Wie groß sind Auslenkung, Geschwindigkeit und Beschleunigung für $x_m = 50$ mm, $\omega_o = 0,5$ s^{-1}, $\beta = 60^{\mathrm{O}}$ zum Zeitpunkt $t = 5$ s?

13. Berechnen Sie die Schwingungsenergie

(a) eines Federpendels mit einer Amplitude von 0,1 m und einer Federkonstante von 100 N $\cdot$ m^{-1},

(b) eines Federpendels mit einer Masse von 100 g und einer Geschwindigkeit beim Nulldurchgang von 0,1 m $\cdot$ s^{-1},

(c) eines mathematischen Pendels mit einer Pendellänge von 10 m, einer Masse von 1 kg und einer maximalen Auslenkung von 20°.

14. Eine Pendel- und eine Quarzuhr werden auf der Erde auf gleiche Ganggeschwindigkeit eingestellt und anschließend auf den Mond gebracht. Beide Uhren werden dort um 7.00 Uhr gestartet. Welche Zeit zeigt die Penduluhr um 10.00 Uhr an?

15. Die 1500 kg schwere Karosse eines PKW senkt sich um 50 mm, wenn derselbe von 5 Personen mit jeweils 70 kg Masse bestiegen wird. Wie groß sind Federkonstante und Eigenfrequenz des besetzten PKW?

16. Ein physikalisches Pendel besteht aus einem 2 m langen runden Stab von 30 mm Durchmesser, dessen Material eine Dichte von $7,9 \cdot 10^3$ kg $\cdot$ m^{-3} besitzt. Die Pendelaufhängung erfolgt in 0,75 m Abstand von der Stabmitte. Welche Schwingungsdauer besitzt dieses Pendel, und wie groß ist die reduzierte Pendellänge? (Das Massenträgheitsmoment eines Stabes, dessen Durchmesser klein gegen die Stablänge l ist, ergibt sich, wenn die Drehachse senkrecht zur Stabachse durch den Schwerpunkt verläuft, zu $J_S = \dfrac{m\,l^2}{12}$.)

17. Ein physikalisches Pendel hat bei Normfallbeschleunigung eine Schwingungsdauer von 5 s. Wie ändert sich die Schwingungsdauer, wenn das Pendel an einen Ort gebracht wird, wo die Fallbeschleunigung um 0,5 % kleiner ist?

18. Auf eine Kreisscheibe von 200 mm Durchmesser, deren Achse mit einer Spiralfeder verbunden ist, wird am Rand ein Massenstück von 100 g aufgelegt. Dabei verändert sich die Schwingungsdauer von 3 s auf 4 s.

(a) Wie groß ist die Masse der Kreisscheibe?

(b) Wie groß ist die Winkelrichtgröße der Spiralfeder?

19. An einem Stahldraht von 2 mm Durchmesser und 2 m Länge ist eine Kreisscheibe mit einem Massenträgheitsmoment von 2 $\cdot$ 10^{-3}

kg $\cdot$ m^2 aufgehängt. Das System führt Torsionsschwingungen mit einer Schwingungsdauer von $1,13$ s aus. Wie groß sind die Winkelrichtgröße des Drahtes und der Torsionsmodul des Drahtmaterials?

20. In ein U-Rohr wird eine Menge von 10^4 mm^3 Wasser eingefüllt, das anfänglich in beiden Schenkeln gleich hoch steht. Durch kurzzeitigen einseitigen Überdruck beginnt das Wasser im U-Rohr wechselseitig auf und ab zu schwingen. Der Rohrquerschnitt des U-Rohres betrage 50 mm^2. Man zeige, daß die entstandene Schwingung harmonisch ist, und bestimme die Schwingungsdauer.

1.15 Gedämpfte und erzwungene mechanische Schwingungen

Schwerpunkte

Differentialgleichungen und Lösungen für gedämpfte und erzwungene Schwingungen, Dämpfungskonstante, logarithmisches Dekrement, Schwingfall, aperiodischer Grenzfall, Kriechfall, Resonanz, Phasenverschiebung bei erzwungenen Schwingungen

Formeln

Differentialgleichung der gedämpften Schwingung bei geschwindigkeitsproportionaler Reibung

$$\ddot{x} + 2\delta\,\dot{x} + \omega_o^2\,x = 0$$

spezielle Lösungen der Schwingungsgleichung

$$x(t) = x_m\,\mathrm{e}^{-\delta t}\,\cos\left(\omega t + \beta\right)$$
$$x(t) = x_m\,\mathrm{e}^{-\delta t}\,\sin\left(\omega t + \beta\right)$$

Kreisfrequenz

$$\omega = \sqrt{\omega_o^2 - \delta^2}$$

logarithmisches Dekrement

$$\Lambda = \ln\frac{x_n}{x_{n+1}} = \delta T$$

Dämpfungskonstante für Federpendel bei $F_R = b\,\dot{x}$

$$\delta = \frac{b}{2m}$$

Differentialgleichung der
erzwungenen Schwingung
bei geschwindigkeitsproportionaler Reibung und
periodischer Erregung

$$\ddot{x} + 2\delta \, \dot{x} + \omega_o^2 \, x = \frac{F_m}{m} \sin \omega t$$

Lösung für den
eingeschwungenen Zustand

$$x(t) = x_m \, \sin \, (\omega t + \varphi)$$

Amplitude der erzwungenen
Schwingung

$$x_m = \frac{F_m}{m\sqrt{(\omega_o^2 - \omega^2)^2 + (2\delta\omega)^2}}$$

Phasenverschiebung zwischen
erzwungener Schwingung und
Erregung

$$\varphi = \text{arc tan} \, \frac{2\delta \, \omega}{\omega_o^2 - \omega^2}$$

Resonanzkreisfrequenz

$$\omega_r = \sqrt{\omega_o^2 - 2\delta^2}$$

Fragen

1. Für welche der Anordnungen ist der lineare Zusammenhang zwischen Reibungskraft und Geschwindigkeit erfüllt?
(a) Die schwingende Masse eines horizontalen Federpendels gleitet auf einer Unterlage mit der Gleitreibungszahl μ_G.
(b) Die Masse eines Federpendels ist während der gesamten Schwingung in eine Flüssigkeit mit der Viskosität η getaucht, die Reynoldssche Zahl liegt unter der kritischen.
(c) An der schwingenden Masse ist eine scharfkantige Platte angebracht, die während der Schwingung in der umgebenden Luft starke Wirbel hervorruft. Geben Sie die Beziehungen für die auftretenden Reibungskräfte an.

2. Stellen Sie mit Hilfe der Newtonschen Bewegungsgleichung die Differentialgleichung für eine gedämpfte Schwingung auf.

3. Wie lauten spezielle Lösungen der Differentialgleichung der gedämpften Schwingung?

4. Nennen Sie die mathematische Beziehung für die Einhüllenden der abklingenden gedämpften Schwingung, und erläutern Sie den Begriff "logarithmisches Dekrement".

5. Wie hängt die Kreisfrequenz einer gedämpften Schwingung von der Dämpfung ab? Welche speziellen Fälle ergeben sich daraus für das Erscheinungsbild einer gedämpften Schwingung?

6. Welche Vorzüge hat der aperiodische Grenzfall für die Anwendung in Wissenschaft und Technik?

7. Leiten Sie die Differentialgleichung einer erzwungenen Schwingung eines Federpendels (Federkonstante k, Masse m) aus dem Kräfteansatz her, wenn die erregende Kraft periodisch (Kreisfrequenz ω) ist.

8. Diskutieren Sie die Abhängigkeit der Amplitude und der Phasenverschiebung zwischen Erregung und erzwungener Schwingung, und erklären Sie das Auftreten der Resonanz.

9. Die Resonanz wird am besten verständlich, wenn man die Phasenverschiebung zwischen erregender Kraft (Beschleunigung) und der Geschwindigkeit betrachtet. Stellen Sie diese Phasenverschiebung als Funktion der Erregerfrequenz dar, und zeigen Sie, daß diese für den Resonanzfall gegen Null geht.

10. Welche generellen Notwendigkeiten bzw. Möglichkeiten gibt es, um Resonanzen zu fördern, zu vermeiden bzw. die Resonanzamplitude zu reduzieren.

11. Erläutern Sie das Prinzip von Zungenfrequenzmessern.

Aufgaben

12. Die Amplitude einer gedämpften Schwingung hat nach 100 Perioden auf die Hälfte abgenommen.
(a) Wie groß ist das logarithmische Dekrement?
(b) Wie groß ist die Dämpfungskonstante bei einer Schwingungsfrequenz von 50 Hz?
(c) Nach welcher Zeit beträgt die Amplitude 70 % des Anfangswertes?

13. Eine Schwingung verringert ihre Amplitude in 5 s um 20 %. Wie muß man die Dämpfungskonstante ändern, damit in gleicher Zeit eine Reduktion um 40 % erreicht wird?

14. Ein PKW federt mit einer Schwingungsdauer von 0,8 s. Welche Dämpfungskonstante ist erforderlich, damit der PKW bei auftretenden Straßenunebenheiten möglichst ruhig fährt?

15. Das Massenträgheitsmoment eines Drehspulmeßwerkes beträgt $4,74 \cdot 10^{-7}$ kg $\cdot$ m². Die entsprechende Feder hat eine Winkelrichtgröße von $7,5 \cdot 10^{-5}$ N $\cdot$ m.
(a) Wie groß ist die Schwingungsdauer des ungedämpften Systems?
(b) Welche Dämpfungskonstante muß man einstellen, damit der aperiodische Grenzfall erreicht wird?

16. Eine an einer Feder mit $k = 100$ N $\cdot$ m^{-1} aufgehängte Eisenkugel ($m = 1,0$ kg, $r = 0,067$ m) schwingt in einer Flüssigkeit. Wegen der in der Flüssigkeit auftretenden inneren Reibung verringert sich die Schwingungsamplitude im Verlauf von 10 Schwingungen auf das $0,001$-fache.
(a) Wie groß ist die Schwingungsdauer im ungedämpften Fall?
(b) Wie groß ist die Viskosität der Flüssigkeit?
(Die Schwingungsdauer ist gegenüber dem ungedämpften Fall nur unwesentlich verändert.)

17. Ein Rütteltisch hat eine Masse von 3 kg und eine Dämpfungskonstante von 2 s^{-1}. Wie muß man die Federkonstante seiner Lagerung wählen, damit die Resonanzfrequenz bei 5 Hz liegt?

18. Eine stählerne Brücke biegt sich um 100 mm durch, wenn sie von einer Lokomotive mit einer Masse von 120 t befahren wird. Mit welcher Frequenz sollte die Brücke nicht zu Schwingungen angeregt werden, wenn ihre für die Schwingung effektive Masse $1,19 \cdot 10^{6}$ kg beträgt?

19. Eine Maschine wird wegen vorhandener erzwungener Schwingungen federnd aufgestellt. Ihre Masse beträgt 2 t, die resultierende Konstante der Federung 10^{5} N $\cdot$ m^{-1}. Die angebrachten Stoßdämpfer ergeben eine Dämpfungskonstante von 3 s^{-1}. Bei einer Drehzahl von 800 min^{-1} treten Schwingungen mit einer Amplitude von $1,5$ mm auf. Welchen Abstand muß die Maschine mindestens zur Wand haben, wenn sie im Drehzahlbereich von 500 ... 1500 min^{-1} betrieben werden soll?

20. Eine Maschine mit einer Masse von $0,5$ t hat eine Federung mit einer Konstanten von $3 \cdot 10^{4}$ N $\cdot$ m^{-1}. Bei einer Drehzahl des Antriebsmotors von 73 min^{-1} tritt die maximale Schwingungsamplitude auf. Wie groß ist die Dämpfungskonstante? Wie müßte man sie ändern, um die Amplitude bei dieser Drehzahl auf die Hälfte zu reduzieren?

1.16 Überlagerung harmonischer Schwingungen

Schwerpunkte

Prinzip der ungestörten Superposition, Überlagerung mit gleicher Schwingungsrichtung, Schwebung, Fourieranalyse, Überlagerung mit zueinander senkrechten Schwingungsrichtungen, lineare, elliptische und zirkulare Schwingungen, Lissajous-Figuren

Formeln

Überlagerung harmonischer Schwingungen gleicher Frequenz und Schwingungsrichtung

Einzelschwingungen
$$x_1(t) = x_{m1} \sin \omega t$$
$$x_2(t) = x_{m2} \sin (\omega t + \beta)$$

Resultat der Überlagerung
$$x(t) = x_m \sin (\omega t + \varphi)$$

Amplitude und Phasenwinkel der resultierenden Schwingung
$$x_m = \sqrt{x_{m1}^2 + x_{m2}^2 + 2 x_{m1} x_{m2} \cos \beta}$$

$$\tan \varphi = \frac{x_{m2} \sin \beta}{x_{m2} \cos \beta + x_{m1}}$$

Überlagerung harmonischer Schwingungen unterschiedlicher Frequenz, gleicher Amplitude und gleicher Schwingungsrichtung (Schwebung für $\omega_1 \approx \omega_2$)

Einzelschwingungen
$$x_1(t) = x_m \sin \omega_1 t$$
$$x_2(t) = x_m \sin \omega_2 t$$

Resultat der Überlagerung
$$x(t) = 2 x_m \cos \left(\frac{\omega_1 - \omega_2}{2} t\right) \times \sin \left(\frac{\omega_1 + \omega_2}{2} t\right)$$

Schwebungsfrequenz
$$f_s = f_1 - f_2$$

Schwebungsdauer
$$T_s = \frac{1}{f_1 - f_2} = \frac{T_1 T_2}{T_2 - T_1}$$

Überlagerung harmonischer Schwingungen mit zueinander senkrechten
Schwingungsrichtungen

Einzelschwingungen
$$x(t) = x_m \sin \omega_x t$$
$$y(t) = y_m \sin (\omega_y t + \beta)$$

Resultate der Überlagerung:
allgemeiner Fall   Lissajous-Schwingung

speziell für $\dfrac{\omega_x}{\omega_y}$ rational   geschlossene Lissajous-Figur

speziell für $\omega_x = \omega_y$ elliptische Schwingung

  Gleichung der Ellipse
$$x^2 y_m^2 + y^2 x_m^2 - 2xy x_m y_m \cos \beta -$$
$$x_m^2 y_m^2 \sin \beta = 0$$

  Winkel der Ellipsen-
  hauptachse zur
  x-Achse
$$\psi = \frac{1}{2} \arctan \frac{2 x_m y_m \cos \beta}{y_m^2 - x_m^2}$$

speziell für $\beta = n\pi$ lineare Schwingung

  Auslenkungsverhältnis
$$\left|\frac{y(t)}{x(t)}\right| = \frac{y_m}{x_m}$$

  Winkel gegen x-Achse
$$|\psi| = \arctan \left|\frac{y_m}{x_m}\right|$$

speziell für $x_m = y_m$ zirkulare Schwingung
und $\beta = (2n + 1)\dfrac{\pi}{2}$

  Auslenkung
$$x_m = \sqrt{(x(t))^2 + (y(t))^2}$$

Fragen

1. Erläutern Sie das Prinzip der ungestörten Superposition von Schwingungen.

2. Man leite aus der allgemeinen Beziehung für die Überlagerung von Schwingungen gleicher Richtung und Frequenz her, daß sich für $\beta = n \cdot 2\pi$ (n ganzzahlig) die resultierende Amplitude als die Summe und für $\beta = (2n + 1)\pi$ als die Differenz der Einzelamplituden ergibt.

3. Welche speziellen Fälle ergeben sich bei Frage 2. für den Fall, daß beide Amplituden gleich sind?

4. Welchen Phasenunterschied müssen drei frequenz- und amplitudengleiche Schwingungen haben, damit die Resultierende zu jedem Zeitpunkt gleich Null ist?

5. Welchen Vorteil hat der dreiphasige Drehstrom gegenüber drei voneinander unabhängigen einphasigen Wechselströmen?

6. Wie entsteht eine Schwebung aus zwei Schwingungen gleicher Amplitude? Nehmen Sie die Grundgedanken von Frage 3. zu Hilfe, um diese Erscheinung zu erklären, und errechnen Sie die maximale Amplitude der resultierenden Grundschwingung.

7. Wie sieht die resultierende Schwebung aus, wenn die Amplituden der Ausgangsschwingungen nicht gleich groß sind?

8. Was versteht man unter linearen, zirkularen und elliptischen Schwingungen?

9. Wie ändert sich eine aus zwei zueinander senkrecht schwingenden Vorgängen resultierende lineare Schwingung, wenn die Phase einer der Einzelschwingungen um $180°$ verschoben wird?

10. Wie muß man die Einzelschwingungen modifizieren, um bei einer elliptischen bzw. zirkularen Schwingung den Umlaufsinn zu ändern?

Aufgaben

11. Berechnen Sie die Auslenkung der resultierenden Schwingung zur Zeit $t = 3$ s für die Superposition von $x_1(t) = x_{m1} \sin (\omega_1 t + \beta_1)$ und $x_2(t) = x_{m2} \sin (\omega_2 t + \beta_2)$ mit $x_{m1} = 50$ mm, $x_{m2} = 60$ mm, $\omega_1 = 5,7$ s^{-1}, $\omega_2 = 6,3$ s^{-1}, $\beta_1 = 1,25$ und $\beta_2 = 0,85$.

12. Stellen Sie die Amplitude der resultierenden Schwingung als Funktion von β ($\beta = 0, \frac{\pi}{4}, \frac{\pi}{2}$) für folgende Einzelschwingungen dar:

(a) $x_1(t) = x_{m1} \sin \omega t$ $\qquad$ $x_2(t) = x_{m2} \sin (\omega t + \beta)$
($x_{m1} = 50$ mm, $x_{m2} = 100$ mm),

(b) $x_1(t) = x_{m1}\ \sin\ \omega t$ $\qquad\qquad\qquad$ $x_2(t) = x_{m2}\ \sin\ (\omega t + \beta)$
($x_{m1} = x_{m2} = 50$ mm).

13. Gegeben sind die Einzelschwingungen $x_1(t) = x_{m1}\ \sin\ (\omega t + \beta_1)$ und $x_2(t) = x_{m2}\ \sin\ (\omega t + \beta_2)$. Wie muß man x_{m1} für $x_{m2} = 50$ mm, $\beta_1 = 10^\circ$ und $\beta_2 = 30^\circ$ wählen, damit der Nullphasenwinkel der resultierenden Schwingung genau in der Mitte zwischen den beiden Einzelschwingungen liegt?

14. Zwei Schwingungen gleicher Amplitude mit den Frequenzen 900 Hz und 905 Hz werden überlagert. In welchem zeitlichen Abstand treten die Schwebungsmaxima auf?

15. Durch Überlagerung von zwei Einzelschwingungen soll eine Schwingung von 500 Hz mit einer Schwebung erzeugt werden. Welche Frequenzen müssen die Einzelschwingungen haben, damit die Schwebungsdauer 5 s beträgt?

16. Die Schwingungen $x(t) = x_m\ \cos\ \omega t$ und $y(t) = y_m\ \cos\ (\omega t + \pi)$ mit $\omega = 2\pi\ \text{s}^{-1}$, $x_m = 50$ mm und $y_m = 80$ mm überlagern sich. Berechnen Sie für die resultierende Schwingung die Amplitude und den Winkel der Schwingungsrichtung mit der x-Achse. Zu welchen Zeiten und in welcher Richtung durchläuft die Schwingung den Koordinatenursprung?

17. Gegeben sind die sich überlagernden Schwingungen $x(t) = x_m\ \cos\ \omega t$ und $y(t) = y_m\ \cos\ (\omega t + \beta)$. Die Amplituden der Schwingungen sind gleich. Zeichnen Sie die resultierenden Schwingungsformen für $\beta = 0,\ \dfrac{\pi}{4},\ \dfrac{\pi}{2}$, usw., und geben Sie den Umlaufsinn der Schwingung an. Für welche Differenzen des Nullphasenwinkels entstehen lineare und zirkulare Schwingungen?

18. Eine lineare Schwingung habe eine Amplitude von 20 mm und bilde mit der x-Achse einen Winkel von 35°. Wie groß sind die Amplituden der x- und y-Komponente?

19. Gegeben ist eine lineare Schwingung $x(t) = x_m\ \sin\ (\omega t + \beta)$ mit $x_m = 50$ mm, $\omega = 2\pi\ \text{s}^{-1}$ und $\beta = \dfrac{\pi}{6}$. Welche Schwingung muß man addieren, damit die Resultierende zirkular schwingt?

20. Erläutern Sie das Prinzip der Fourierzerlegung, berechnen Sie die Frequenzen der Einzelschwingungen, und zeichnen Sie das Spektrum folgender Schwingung auf:
$x(t) = x_{m0}\ \sin\ \omega_0 t + x_{m1}\ \sin\ \omega_1 t + x_{m3}\ \sin\ \omega_3 t + x_{m4}\ \sin\ \omega_4 t$ mit
$x_{m0} = 50$ mm, $x_{m1} = 30$ mm, $x_{m3} = 5$ mm, $x_{m4} = 5$ mm, $\omega_o = 5\ \text{s}^{-1}$,

$\omega_1 = 10 \text{ s}^{-1}$, $\omega_3 = 20 \text{ s}^{-1}$ und $\omega_4 = 25 \text{ s}^{-1}$.
Welche Amplituden haben die zweite und die dritte Oberschwingung?

1.17 Mechanische Wellen

Schwerpunkte

Wellengleichung und Lösungen, transversale und longitudinale Wellen,
Wellenlänge, Ausbreitungsgeschwindigkeit, Kohärenz, Interferenz von
Wellen, Gang- und Phasenunterschied, stehende Wellen, Schallwellen,
Reflexion, Brechung, Beugung

Formeln

Wellengleichung für
Ausbreitung in x-Richtung

$$\frac{\partial^2 w}{\partial x^2} = \frac{1}{c^2} \frac{\partial^2 w}{\partial t^2}$$

Lösung für ebene harmonische
Welle bei Ausbreitung in
positive $(-)$ und negative $(+)$
x-Richtung

$$w(x,t) = w_m \sin (\omega t \mp kx + \beta)$$
$$= w_m \sin \left[2\pi(\frac{t}{T} \mp \frac{x}{\lambda}) + \beta\right]$$

Kreisfrequenz

$$\omega = 2\pi f = \frac{2\pi}{T}$$

Frequenz

$$f = \frac{1}{T}$$

Wellenzahl, Kreiswellenzahl

$$\nu = \frac{1}{\lambda}, \ k = 2\pi\nu = \frac{2\pi}{\lambda}$$

Ausbreitungsgeschwindigkeit

$$c = \frac{\lambda}{T} = \lambda f = \frac{\omega}{k}$$

für longitudinale elastische
Wellen im Festkörper

$$c = \sqrt{\frac{E}{\varrho}}$$

für transversale elastische
Wellen im Festkörper

$$c = \sqrt{\frac{G}{\varrho}}$$

für Schall in Flüssigkeiten
$$c = \sqrt{\frac{K}{\varrho}}$$

für Schall in idealen Gasen
$$c = \sqrt{\frac{\kappa p}{\varrho}} = \sqrt{\frac{\kappa RT}{M}}$$

Interferenz zweier kohärenter Wellen

Einzelwellen
$$w_1(x,t) = w_{m1} \sin(\omega t - kx)$$
$$w_2(x,t) = w_{m2} \sin(\omega t - kx + \varphi)$$

Gangunterschied
$$\Delta = \lambda \cdot \frac{\varphi}{2\pi}$$

resultierende Welle
$$w_r(x,t) = w_{mr} \sin(\omega t - kx + \varphi_r)$$

Amplitude der resultierenden Welle
$$w_{mr} = \sqrt{w_{m1}^2 + w_{m2}^2 + 2\, w_{m1} w_{m2} \cos\varphi}$$

Interferenzmaxima
$$w_{max} = w_{m1} + w_{m2}$$
für $\varphi = n \cdot 2\pi$
bzw. $\Delta = n\lambda$ $\quad (n$ ganzzahlig$)$

Interferenzminima
$$w_{min} = |w_{m1} - w_{m2}|$$
für $\varphi = (2n + 1)\pi$ bzw.
$$\Delta = (2n + 1)\frac{\lambda}{2} \quad (n \text{ ganzzahlig})$$

Brechungsgesetz beim Übergang zwischen Medium 1 und 2
$$\frac{c_1}{c_2} = \frac{\lambda_1}{\lambda_2} = \frac{\sin\alpha_1}{\sin\alpha_2}$$

α_1 Ein- bzw. Ausfallswinkel in Medium 1

α_2 Ein- bzw. Ausfallswinkel in Medium 2

akustischer Dopplereffekt
Sender bewegt, Annäherung
(−), Entfernung (+),
Empfänger in Ruhe

$$f_e = \frac{f_s}{1 \pm \dfrac{v_s}{c}}$$

Sender in Ruhe, Empfänger
bewegt, Annäherung (+),
Entfernung (−)

$$f_e = f_s\left(1 \pm \frac{v_e}{c}\right)$$

Sender und Empfänger
bewegt, oberes Vorzeichen:
Annäherung, unteres Vor-
zeichen: Entfernung

$$f_e = f_s \frac{c \pm v_e}{c \mp v_s}$$

Fragen

1. Formulieren Sie die Wellengleichung, und geben Sie Lösungen für harmonische Wellen an.

2. Was versteht man unter Kreis-, Kugel-, Zylinder- und ebenen Wellen?

3. Wie ändern sich bei den in Frage 2. genannten Ausbreitungsformen Amplitude und Intensität in Abhängigkeit vom Abstand vom Sender?

4. Wodurch lassen sich Transversal- und Longitudinalwellen unterscheiden?

5. Was versteht man unter Reflexion, Brechung, Beugung und Interferenz von Wellen?

6. Beschreiben Sie das Huygens-Fresnelsche Prinzip, und erklären Sie, warum man Schallwellen z. B. auch hinter Gebäuden hören kann, obwohl sich die Schallquelle vor denselben befindet.

7. Was sind kohärente Wellen, und welche Bedeutung haben sie für die Ausbildung stabiler Interferenzfiguren?

8. Welche Rolle spielt der Gangunterschied von kohärenten Wellen für das Resultat ihrer Interferenz?

9. Interpretieren Sie stehende Wellen als eine spezielle Interferenzerscheinung.

10. Erklären Sie Erscheinungen des täglichen Lebens, die durch den Dopplereffekt hervorgerufen werden.

Aufgaben

11. Das Netzbrummen eines Transformators hat eine Frequenz von 100 Hz. Wie groß sind Schwingungsdauer, Kreisfrequenz, Wellenlänge und Kreiswellenzahl der sich mit 340 m · s^{-1} ausbreitenden Schallwelle?

12. Eine Wasserwelle wird durch die Funktion

$$w(x,t) = 30 \text{ mm} \cdot \sin\left[2\pi\left(\frac{t}{0,3 \text{ s}} - \frac{x}{0,1 \text{ m}}\right) + \frac{\pi}{6}\right] \text{ beschrieben.}$$

(a) Wie groß sind Wellenlänge, Schwingungsdauer, Geschwindigkeit?
(b) Zeichnen Sie ein Momentanbild der Welle zur Zeit $t = 1$ s für $0 \leq x \leq 0,5$ m.
(c) Stellen Sie den zeitlichen Verlauf der Schwingung der Wasserhöhe für $0 \leq t \leq 2$ s dar, die an einem bei $x = 0,5$ m senkrecht im Wasser stehenden Pfahl auftritt, wenn die Welle an ihm vorbeiläuft.

13. Die Laufzeit für transversalen bzw. longitudinalen Ultraschall in einem 20 m langen Stab mit einer Dichte von $7,9 \cdot 10^3$ kg · m^{-3} beträgt 4,08 ms bzw. 6,32 ms. Wie groß sind die entsprechenden elastischen Moduln des Materials?

14. Für Wasser wird eine Schallgeschwindigkeit von 1483 m · s^{-1} angegeben, für Ethanol 1168 m · s^{-1}. Man bestimme den Kompressionsmodul für beide Flüssigkeiten, wenn die Dichten 10^3 kg · m^{-3} bzw. 789 kg · m^{-3} betragen.

15. Die Schallgeschwindigkeit beträgt für 20 $^{\circ}$C in Luft 340 m · s^{-1}. Wie groß ist der daraus ableitbare Adiabatenexponent? Ein kmol Luft entspricht einer Masse von 28,964 kg.

16. Von einem Schiff werden Schallimpulse in einen See mit horizontalem Grund ausgesendet. Ein in 1 km Entfernung liegendes Schiff erreichen Impulse nach 0,67 s bzw. 0,70 s. Wie tief ist der See?

17. Zwei harmonische Wellen überlagern sich mit folgenden Phasenunterschieden: $0, \frac{\pi}{4}, \frac{\pi}{2}, \frac{3}{4}\pi, \pi, \frac{3}{2}\pi, 2\pi, 3\pi$
(a) Welchem Gangunterschied entsprechen diese Phasenunterschiede?
(b) Bestimmen Sie die Amplitude der resultierenden Wellen für den Fall, daß für beide Ausgangswellen die Amplitude w_m ist.

18. Ebene Wasserwellen der Wellenlänge $\lambda = 100$ mm treffen auf eine Wand mit zwei kleinen Öffnungen im Abstand von $d = 300$ mm. Bestimmen Sie die Gleichungen der Hyperbeln für die Interferenzmaxima 1. und 2. Ordnung ($\Delta = \lambda$ bzw. $\Delta = 2\lambda$) hinter der Wand. (Anmerkung: Die Öffnungen sind die Brennpunkte der Hyperbeln, die Interferenzmaxima die geometrischen Orte gleicher Differenz Δ der Entfernungen von den Öffnungen.)

19. Ein oben offenes Rohr ist teilweise mit Wasser gefüllt. Von oben gelangt Schall mit einer Frequenz von 1000 Hz in das Rohr.
(a) Wie groß ist die Wellenlänge?
(b) Wo befinden sich im Falle der Resonanz immer Schwingungsknoten bzw. Schwingungsbäuche der stehenden Welle?
(c) Das Rohr ist zunächst völlig mit Wasser gefüllt. Beim Ablassen des Wassers tritt siebenmal Resonanz auf, das siebente Mal genau dann, wenn das Rohr völlig geleert ist. Wie lang ist das Rohr?
(d) Zeichnen Sie die entsprechenden Schwingungsmoden im Rohr. Die Schallgeschwindigkeit in Luft beträgt 340 m $\cdot$ s^{-1}.

20. Das Signalhorn einer Lokomotive hat eine Frequenz von 500 Hz.
(a) Welche Frequenzen nimmt ein am Bahndamm stehender Beobachter wahr, wenn die Lokomotive mit 100 km $\cdot$ h^{-1} an ihm vorbeifährt?
(b) Welche Frequenzen hört der Beobachter in einem Zug, der mit 100 km $\cdot$ h^{-1} an der unbewegten Lokomotive vorbeifährt?
(c) Welche Frequenzen hören Beobachter in Zügen, die sich mit 100 km $\cdot$ h^{-1} begegnen?

1.18 Relativistische Mechanik

Schwerpunkte

Inertialsysteme, Lichtgeschwindigkeit, Galileitransformation, Lorentztransformation, Längenkontraktion, Zeitdilatation, relativistische Massenzunahme, Ruheenergie, Gesamtenergie, kinetische Energie, Masse-Energie-Äquivalenz, relativistische Geschwindigkeitsaddition, Masse, Impuls und Energie von Photonen, Rotverschiebung, relativistischer Dopplereffekt

Formeln

relativistischer Faktor

$$\gamma = \frac{1}{\sqrt{1 - (\dfrac{v}{c_o})^2}}$$

v Relativgeschwindigkeit eines zweiten Inertialsystems S' mit den Koordinaten x', y', z', t' bezüglich eines ersten Inertialsystems S mit den Koordinaten x, y, z, t in Richtung der x-Achse

Galileitransformation

$$x' = x - vt, \ y = y', \ z = z', \ t = t'$$

Lorentztransformation

$$x' = \gamma(x - vt), \ y' = y, \ z' = z,$$
$$t' = \gamma(t - \frac{v}{c_o^2}x)$$

$$x = \gamma(x' + vt'), \ y = y', \ z = z',$$
$$t = \gamma(t' + \frac{v}{c_o^2}x')$$

Längenkontraktion

$$\Delta l' = \frac{1}{\gamma}\Delta l$$
$$\Delta l = x_2 - x_1 \qquad \text{Länge in } S$$

$$\Delta l' = x_2' - x_1' \qquad \text{Länge in } S'$$

Zeitdilatation

$$\Delta t' = \gamma(\Delta t - \frac{v}{c_o^2}(x_2 - x_1))$$

$$\Delta t' = \gamma\Delta t \ \text{für } x_2 = x_1$$

$$\Delta t = t_2 - t_1 \qquad \text{Zeitintervall in } S$$

$$\Delta t' = t_2' - t_1' \qquad \text{Zeitintervall in } S'$$

relativistische
Geschwindigkeits-
addition

$$u' = \frac{u - v}{1 - \dfrac{uv}{c_o^2}},$$

$$u = \frac{u' + v}{1 - \dfrac{u'v}{c_o^2}}$$

u Geschwindigkeit in S
u' Geschwindigkeit in S', beide
in Richtung der x-Achse

relativistische Massenzunahme $m = \gamma m_o$
m_o Ruhemasse

relativistischer Impuls $p = mv = \gamma m_o v$

modifiziertes Newtonsches
Grundgesetz $F = \gamma^3 m_o a$

Masse-Energie-Äquivalenz $E = mc_o^2$

kinetische Energie $E_{kin} = (m - m_o)c_o^2$

Energie eines Photons $E = hf = mc_o^2$

Impuls des Photons $p = mc_o = \dfrac{hf}{c_o} = \dfrac{h}{\lambda}$

Masse des Photons $m = \dfrac{E}{c_o^2} = \dfrac{hf}{c_o^2} = \dfrac{h}{c_o \lambda}$

relativistische Dopplerverschie-
bung für Bewegung des Beobachters
in Richtung des Lichtstrahles

Annäherung

$$f' = f\sqrt{\frac{c_o + v}{c_o - v}}$$

Entfernung

$$f' = f\sqrt{\frac{c_o - v}{c_o + v}}$$

v Betrag der Relativgeschwindigkeit
zwischen Beobachter und Lichtquelle

Hubble-Effekt

$$v = H\ r$$

Fragen

1. Was versteht man unter einem Bezugssystem? Wodurch ist ein Inertialsystem gegenüber anderen Bezugssystemen ausgezeichnet?

2. Ein System 2 bewegt sich mit $v \ll c_o$ gegenüber einem System 1. Im System 1 befinde sich eine Masse m zunächst in Ruhe, danach werde sie so beschleunigt, daß sie sich relativ zum System 2 in Ruhe befindet. Im System 1 hat m dann eine Energie $\frac{m}{2}v^2$ erhalten, von System 2 aus betrachtet den gleichen Energiebetrag jedoch verloren. Steht diese Beobachtung im Widerspruch zum Energieerhaltungssatz?

3. Zeigen Sie, daß die Galileitransformation als Grenzfall der Lorentztransformation für $v \ll c_o$ bzw. $c_o \to \infty$ anzusehen ist.

4. Welches grundlegende Postulat bildet die Basis der speziellen Relativitätstheorie, und durch welches Experiment wird es gestützt?

5. Was ist die höchste Geschwindigkeit, mit der Informationen übertragen werden können?

Aufgaben

6. In einem Eisenbahnzug, der mit 80 km $\cdot$ h^{-1} gleichförmig fährt, wird ein Gegenstand mit einer Geschwindigkeit von 15 m $\cdot$ s^{-1} relativ zum

Zug horizontal nach vorn (hinten) geworfen. Welche Geschwindigkeiten stellt ein im Gegenzug (Geschwindigkeit 120 km $\cdot$ h^{-1}) sitzender Beobachter für die in beiden Richtungen geworfenen Gegenstände fest?

7. Ein Stern nähert sich einem ruhenden Beobachter mit einer Geschwindigkeit von $8 \cdot 10^7$ m $\cdot$ s^{-1}. Welche Geschwindigkeit stellt der Beobachter für das vom Stern auf ihn gerichtete Licht fest? Welches Resultat erhält der Beobachter, wenn sich der Stern von ihm entfernt?

8. Zwei Ereignisse A und B mögen im System 1 am gleichen Ort zu verschiedenen Zeiten stattfinden und durch die Weltpunkte $(x_A, \ y_A, \ z_A, \ t_A) = (5 \ \text{Ls}^{*)}, \ 0, \ 0, \ 0)$ bzw. $(x_B, \ y_B, \ z_B, \ t_B) = (5 \ \text{Ls}, \ 0, \ 0, \ 20 \ s)$ charakterisiert sein. Ein System 2 bewegt sich mit $v = 0,9 \ c_o$ in $+x$-Richtung. Zeigen Sie (mittels Lorentztransformation), daß ein Beobachter im System 2 beide Ereignisse nicht am gleichen Ort und mit anderem zeitlichen Abstand registriert. Geben Sie die Weltpunkte in Koordinaten des Systems 2 an.
$^{*)}$ 1 Ls = 1 Lichtsekunde $\approx 3 \cdot 10^8$ m.

9. Stellen Sie die relative relativistische Längenabnahme, Zeitdilatation und Massenzunahme in mit v gegeneinander bewegten Bezugssystemen als Funktion von v/c_o graphisch dar.

10. Wie lang erscheint ein 500 m langer Gegenstand einem Beobachter im Weltraum, der an ihm mit einer Geschwindigkeit von $2 \cdot 10^8$ m $\cdot$ s^{-1} vorbeifliegt?

11. Zwei Bezugssysteme bewegen sich gegeneinander mit einer Relativgeschwindigkeit von $0,95 \ c_o$. Zu einem bestimmten Zeitpunkt wird in jedem System eine Uhr auf Null gestellt (Ereignis A). In einem System trifft nach 1000 s am gleichen Ort wie A ein Ereignis B ein. Welcher Zeitpunkt wird dafür im zweiten System festgestellt? Wie ändert sich das Resultat, wenn die Beobachter die Systeme tauschen und das Ereignis B im zweiten System nach 1000 s am gleichen Ort wie A stattfindet?

12. Zwei Elektronen fliegen mit Geschwindigkeiten von $0,89 \ c_o$ bzw. $0,95 \ c_o$ aufeinander zu. Berechnen Sie die Relativgeschwindigkeit beider Teilchen, und diskutieren Sie einen Vergleich mit der klassischen Rechnung.

13. Berechnen Sie die Spannung, mit der ein Elektron beschleunigt werden muß, damit seine Masse doppelt so groß wie die Ruhemasse ist.

14. Ein Elektron wird in einem Elektronenmikroskop durch eine Spannung von 100 kV beschleunigt. Wie groß sind Gesamtenergie, Masse und Geschwindigkeit des Elektrons?

15. Ein Linearbeschleuniger von 20 m Länge beschleunigt Elektronen mit einer Spannung von 10 MV.
(a) Welche Geschwindigkeit erreichen die Elektronen?
(b) Wie groß sind Impuls und Beschleunigung am Anfang und Ende der Beschleunigungsstrecke, wenn man das elektrische Feld homogen annimmt?

16. Ein Elektron bewege sich mit einer Geschwindigkeit von $0,75\ c_o$. Gesucht sind seine Masse, Gesamt- und kinetische Energie. Gegen welche Potentialdifferenz muß das Elektron anlaufen, um auf die Geschwindigkeit Null abgebremst zu werden?

17. Warum erfolgt die Absorption der Gammastrahlung durch Paarbildung erst ab einer bestimmten Minimalwellenlänge, und wie groß ist diese für ein Elektron-Positron-Paar?

18. Ein Kernreaktor ist für eine Leistung von 500 MW ausgelegt. Welcher Massenverlust tritt in seinen Brennstäben in einem Jahr störungsfreien Betriebes auf?

19. Welche Energie würde freigesetzt, wenn 1 g Fett (Nährwert 39 kJ) völlig in Energie verwandelt werden könnte?

20. Im Spektrum einer Galaxis erscheint die gelbe Spektrallinie des Natriums (589 nm) mit einer Wellenlänge von 612 nm. Wie groß sind die daraus berechenbare Fluchtgeschwindigkeit und der Abstand der Galaxis von der Erde, wenn die Hubble-Konstante $H = 75\ \mathrm{km} \cdot \mathrm{s}^{-1} \cdot (\mathrm{Mpc})^{-1}$ [*] beträgt?
[*] 1 pc = 1 Parsec = $3,0856 \cdot 10^{13}$ km.

2   Thermodynamik

Symbole und Einheiten

Symbole

c	spezifische Wärmekapazität
c_p	spezifische Wärmekapazität bei konstantem Druck
c_v	spezifische Wärmekapazität bei konstantem Volumen
C	Wärmekapazität
C_m	molare Wärmekapazität
C_{mp}	molare Wärmekapazität bei konstantem Druck
C_{mv}	molare Wärmekapazität bei konstantem Volumen
f	Freiheitsgrad
H	Enthalpie
j_W	Wärmestromdichte
k	Boltzmann-Konstante, Wärmedurchgangskoeffizient
L	Lorenz-Zahl
$\bar{l}$	mittlere freie Weglänge
m_M	Molekülmasse
N	Teilchenzahl
n	Teilchenzahldichte
P	Wahrscheinlichkeit
p	Druck
Q	Wärmeenergie
q_D	spezifische Verdampfungswärme
q_S	spezifische Schmelzwärme
R	universelle Gaskonstante
R_i	individuelle Gaskonstante
R_λ	Wärmeleitwiderstand

S	Entropie
T	thermodynamische Temperatur
U	innere Energie
V	Volumen
$\bar{v}$	mittlere Geschwindigkeit
v_w	wahrscheinlichste Geschwindigkeit
W	Arbeit
$\bar{z}$	mittlere Stoßhäufigkeit
α	Längenausdehnungskoeffizient, Wärmeübergangskoeffizient
γ	Volumenausdehnungskoeffizient
ϑ	Celsius-Temperatur
ε	Leistungszahl, Emissionsgrad
η	Wirkungsgrad
ϕ	Wärmestrom
κ	Adiabatenexponent
λ	Wärmeleitfähigkeit
ν	Stoffmenge
σ	Stefan-Boltzmann-Konstante, elektrische Leitfähigkeit

SI-Einheiten

Größenart	Formel-zeichen	Name	Einheiten-zeichen	Beziehung zu Basiseinheiten
Temperatur	T	Kelvin	K	Basiseinheit
Wärmeenergie innere Energie Enthalpie	Q U H	Joule	J	$m^2 \cdot kg \cdot s^{-2}$
Wärmekapazität Entropie	C S	Joule je Kelvin	J/K	$m^2 \cdot kg \cdot s^{-2} \cdot K^{-1}$
spezifische Wärme-kapazität	c	Joule je Kilogramm mal Kelvin	J/(kg $\cdot$ K)	$m^2 \cdot s^{-2} \cdot K^{-1}$
Stoffmenge	ν	Mol	mol	Basiseinheit
molare Wärme-kapazität	C_m	Joule je Mol mal Kelvin	J/(mol $\cdot$ K)	$m^2 \cdot kg \cdot s^{-2} \cdot mol^{-1} \cdot K^{-1}$
Wärmestrom	ϕ	Watt	W	$m^2 \cdot kg \cdot s^{-3}$
Wärmestrom-dichte	j_W	Watt je Quadratmeter	W/m^2	$kg \cdot s^{-3}$
Wärmeleit-fähigkeit	λ	Watt je Meter mal Kelvin	W/(m $\cdot$ K)	$m \cdot kg \cdot s^{-3} \cdot K^{-1}$
Wärmeüber-gangskoeffizient	α	Watt je Quadrat-	W/(m$^2 \cdot$ K)	$kg \cdot s^{-3} \cdot K^{-1}$
Wärmedurch-gangskoeffizient	k	Meter mal Kelvin		$m \cdot K$

2.1 Temperatur und Wärme

Schwerpunkte

Temperatur, Verhalten der Körper bei Temperaturänderung, Wärmekapazität, spezifische Wärmekapazität, Kalorimetrie, Umwandlungswärmen, Mischungsregel

Formeln

Längenänderung fester Körper $\quad \Delta l = l_1 \, \alpha \, \Delta T$

Volumenänderung $\quad \Delta V = V_1 \, \gamma \, \Delta T$

Dichteänderung $\quad \rho(\vartheta) = \dfrac{\rho_o}{1 + \gamma \, \vartheta}$

spezifische Wärmekapazität eines Stoffes $\quad c = \dfrac{1}{m} \dfrac{dQ}{dT}$

Wärmekapazität eines Systems $\quad C = \dfrac{dQ}{dT}$

molare Wärmekapazität $\quad C_m = \dfrac{C}{\nu} = \dfrac{c \, m}{\nu}$

Mischungsregel $\quad m_1 \, c_1 \, (T_1 - T_m) = (m_2 \, c_2 + C)(T_m - T_2)$

spezifische Schmelzwärme (Erstarrungswärme) $\quad q_S = \dfrac{\Delta Q_S}{m}$

spezifische Verdampfungswärme (Kondensationswärme) $\quad q_D = \dfrac{\Delta Q_D}{m}$

Clausius-Clapeyronsche Gleichung $\quad q_D = T_D \left(\dfrac{dp_S}{dT}\right)\left(\dfrac{1}{\rho_D} - \dfrac{1}{\rho_F}\right)$

Fragen

1. Wie ist die Einheit der thermodynamischen Temperatur, das Kelvin (K), definiert? Welcher Zusammenhang besteht zwischen der Temperatur in Kelvin und der Temperatur in Grad Celsius ($^\circ$C)?

2. Erläutern Sie verschiedene Verfahren der Temperaturmessung.

3. Wie ist ein Kalorimeter aufgebaut, und welche Größen lassen sich damit messen?

4. Welche Beziehung besteht zwischen dem Längen- und dem Raumausdehnungskoeffizienten eines festen Körpers?

5. Was versteht man unter den Freiheitsgraden eines Moleküls, und welche Beziehung besteht zwischen diesen und der molaren Wärmekapazität?

6. Warum unterscheiden sich bei Gasen die bei konstantem Druck und konstantem Volumen gemessenen Wärmekapazitäten? Welche Beziehung besteht zwischen beiden Größen?

7. Was besagt die Dulong-Petitsche Regel?

8. Erläutern Sie die Begriffe Schmelz-, Erstarrungs-, Verdampfungs- und Kondensationswärme.

9. Skizzieren Sie die Temperaturabhängigkeit der molaren Wärmekapazität fester Körper bei Annäherung an den absoluten Nullpunkt.

10. Was besagt die Clausius-Clapeyronsche Gleichung?

Aufgaben

11. Es werden 150 l Wasser von 35 $^\circ$C benötigt. Wieviel Wasser von 75 $^\circ$C und wieviel Wasser von 10 $^\circ$C müssen gemischt werden?

12. Eine Leitung aus Kupferdraht hat bei 25 $^\circ$C eine Länge von 300 m. Wie groß ist die Längenänderung, wenn die Temperatur auf -25 $^\circ$C absinkt ($\alpha = 17 \cdot 10^{-6}$ K^{-1})?

13. Die Höhe der Niagara-Fälle beträgt 50 m. Berechnen Sie die Temperaturerhöhung des herabstürzenden Wassers, wenn 60 % der potentiellen Energie für die Erwärmung aufgewandt werden (spezifische Wärmekapazität von Wasser: 4187 J $\cdot$ kg$^{-1} \cdot$ K^{-1}).

14. Eine Luftgewehrkugel aus Blei (spezifische Wärmekapazität 130 J $\cdot$ kg$^{-1} \cdot$ K^{-1}) trifft mit der Geschwindigkeit 100 m $\cdot$ s^{-1} auf einen Erdwall und dringt in diesen ein. Um welchen Betrag erhöht sich die Temperatur des Geschosses, wenn für dessen Erwärmung 60 % der kinetischen Energie verbraucht werden?

15. Welche Energie ist nötig, um 10 kg Eis von $-20\ {}^{\circ}\text{C}$ zu schmelzen und das gebildete Wasser auf 50 ${}^{\circ}\text{C}$ zu erwärmen (spezifische Schmelzwärme: $334 \cdot 10^3$ J $\cdot$ kg^{-1}, spezifische Wärmekapazität: 4187 J $\cdot$ kg$^{-1} \cdot$ K^{-1})?

16. In einem Elektroschmelzofen mit dem Wirkungsgrad 60 % wird Eisen geschmolzen. Welche Energie wird je Tonne benötigt, wenn die Anfangstemperatur 20 ${}^{\circ}\text{C}$ beträgt (spezifische Schmelzwärme: $205 \cdot 10^3$ J $\cdot$ kg^{-1}, spezifische Wärmekapazität: 460 J $\cdot$ kg$^{-1} \cdot$ K^{-1}, Schmelztemperatur: 1300 ${}^{\circ}\text{C}$)?

17. Berechnen Sie die Dichteänderung von Quecksilber bei Erwärmung von 0 ${}^{\circ}\text{C}$ auf 200 ${}^{\circ}\text{C}$ (Dichte bei 0 ${}^{\circ}\text{C}$: $13,6 \cdot 10^3$ kg $\cdot$ m^{-3}, Volumenausdehnungskoeffizient: $1,85 \cdot 10^{-4}$ K^{-1})?

18. Berechnen Sie mit Hilfe der Dulong-Petitschen Regel die spezifische Wärmekapazität von Kupfer.

19. Leiten Sie für das ideale Gas den Zusammenhang zwischen den Molwärmen bei konstantem Druck und konstantem Volumen her.

20. Berechnen Sie die Verhältnisse der spezifischen Wärmekapazitäten bei konstantem Druck und konstantem Volumen für Helium, Wasserstoff und Kohlendioxid.

2.2 Kinetische Gastheorie

Schwerpunkte

Stoffmenge, relative Molekülmasse, Avogadro-Konstante, Gasdruck, Temperatur, Bewegungsenergie der Moleküle, Freiheitsgrade, Gleichverteilungssatz, Maxwellsche Geschwindigkeitsverteilung, mittlere freie Weglänge

Formeln

Gasdruck
$$p = \frac{1}{3}\frac{N}{V} m_M \overline{v^2}$$

$$p = \frac{1}{3}\rho\, \overline{v^2}$$

mittlere Energie je Freiheitsgrad $\overline{E_f} = \frac{1}{2} k\, T$

mittlere Energie eines Moleküls mit f Freiheitsgraden

$$\overline{E_{kin}} = \frac{f}{2}\,kT$$

Maxwellsche Geschwindig-
keitsverteilung

$$f(v)\mathrm{d}v = 4\,\pi\,v^2\,\left(\frac{m_M}{2\pi\,kT}\right)^{\frac{3}{2}} \times$$

$$\mathrm{e}^{-\frac{m_M v^2}{2kT}}\ \mathrm{d}v$$

wahrscheinlichste
Geschwindigkeit

$$v_w = \sqrt{\frac{2\,kT}{m_M}}$$

mittlere Geschwindigkeit

$$\bar{v} = \int\limits_0^\infty f(v)\,v\,\mathrm{d}v = \sqrt{\frac{8}{\pi}\,\frac{kT}{m_M}}$$

Wurzel aus dem mittleren
Geschwindigkeitsquadrat

$$\sqrt{\overline{v^2}} = \sqrt{\int\limits_0^\infty f(v)\,v^2\,\mathrm{d}v} = \sqrt{\frac{3\,kT}{m_M}}$$

mittlere freie Weglänge

$$\bar{l} = \frac{\bar{v}}{\bar{z}} = \frac{1}{\pi\sqrt{2}\,n\,d^2}$$

Fragen

1. Wie ist der Normzustand eines Gases festgelegt?

2. Was versteht man unter der inneren Energie eines Körpers?

3. Was besagt der Gleichverteilungssatz der klassischen Physik?

4. Welche Deutung des Temperaturbegriffes erlaubt die Einführung der mittleren kinetischen Energie eines Moleküls?

5. Wie kommt der Druck zustande, den ein Gas auf die Gefäßwand ausübt?

6. Was versteht man unter der Brownschen Molekularbewegung?

7. Was sagt die Maxwellsche Verteilungsfunktion über die Geschwindigkeitsverteilung in einem Gas aus. Zeichnen Sie einige Kurven für diese Funktion, welche die Geschwindigkeitsverteilungen von Gasmolekülen bei verschiedenen Temperaturen wiedergeben.

8. Was besagt das Daltonsche Gesetz?

9. Wie kann man die Geschwindigkeit von Gasmolekülen messen?

10. Wovon hängt die mittlere freie Weglänge eines Moleküls ab?

Aufgaben

11. Wie groß ist die Zahl der Freiheitsgrade für Heliumatome, Wasserstoff- und Wassermoleküle?

12. Wie groß ist die mittlere Energie eines Moleküls je Freiheitsgrad bei 0 °C. Welche thermische Gesamtenergie besitzt ein Wasserstoffmolekül bei dieser Temperatur?

13. Berechnen Sie die mittlere Geschwindigkeit, die wahrscheinlichste Geschwindigkeit und die Wurzel aus dem mittleren Geschwindigkeitsquadrat für Wasserstoffmoleküle bei 0 °C.

14. Welche kinetische Energie besitzt ein Sauerstoffmolekül bei 0 °C, das sich gemäß der Maxwellschen Verteilung mit der wahrscheinlichsten Geschwindigkeit bewegt?

15. Berechnen Sie die Zahl der Heliumatome in einem Gefäß mit dem Volumen 1 m^3, in dem bei 0 °C der Druck 0,1 MPa herrscht.

16. Berechnen Sie die Dichte von Stickstoff in einer Stahlflasche, in der das Gas bei 20 °C unter einem Druck von 15 MPa steht.

17. Bei welcher Temperatur ist die mittlere Geschwindigkeit von Stickstoffmolekülen gleich der mittleren Geschwindigkeit, die Wasserstoffmoleküle bei 18 °C besitzen?

18. Wie groß ist die mittlere freie Weglänge für ein CO_2-Molekül bei Normbedingungen, wenn die Anzahl der Zusammenstöße mit anderen Molekülen im Mittel $9 \cdot 10^9$ je Sekunde beträgt?

19. Die mittlere freie Weglänge eines Wasserstoffmoleküls beträgt bei Normbedingungen $\approx 0,2$ μm. Welcher Wert ergibt sich hieraus für den Moleküldurchmesser?

20. Reaktorneutronen werden durch flüssiges Helium ($T = 4,2$ K) abgekühlt. Mittels Blenden wird ein waagerecht austretendes Neutronenbündel erzeugt, das anschließend ein 200 m langes evakuiertes Rohr durchläuft. Wie groß ist die Wurzel aus dem mittleren Geschwindigkeitsquadrat. Wie groß sind Fallzeit und Fallhöhe der Neutronen unter dem Einfluß der Erdanziehung?

2.3   Zustandsänderung der Gase

Schwerpunkte

Ideales und reales Gas, isotherme, isobare, isochore und adiabatische
Zustandsänderung, Boyle-Mariottesches Gesetz, Gay-Lussacsche Gesetze, allgemeine Zustandsgleichung idealer Gase, Adiabatengesetze,
van der Waalssche Zustandsgleichung realer Gase, Gasverflüssigung

Formeln

Gesetz von Boyle-Mariotte $\qquad$ $pV = \text{const}$ $\qquad$ bei $T = \text{const}$

Gesetze von Gay-Lussac $\qquad$ $\dfrac{p}{V} = \text{const}$ $\qquad$ bei $V = \text{const}$

$\dfrac{V}{T} = \text{const}$ $\qquad$ bei $p = \text{const}$

Adiabatengleichungen von Poisson $\qquad$ $pV^{\kappa} = \text{const}$

$TV^{\kappa-1} = \text{const}$

$T^{\kappa}\,p^{1-\kappa} = \text{const}$

Allgemeine Zustandsgleichung idealer Gase $\qquad$ $pV = mR_iT$

$pV = \nu RT$

$pV = NkT$

Zustandsgleichung realer Gase von van der Waals $\qquad$ $\left(p + \dfrac{\nu^2 a}{V^2}\right) = (V - \nu b) = \nu RT$

Adiabatenexponent eines Gases $\qquad$ $\kappa = \dfrac{c_p}{c_v} = \dfrac{C_{mp}}{C_{mv}}$

spezifische und allgemeine
Gaskonstante

$$c_p - c_v = R_i$$

$$C_{mp} - C_{mv} = R$$

Fragen

1. Welche Eigenschaften kennzeichnen das ideale Gas?

2. Wie sind die Stoffmenge und ihre Einheit, das Mol, definiert?

3. Durch welche Gleichungen werden isotherme, isochore und isobare Zustandsänderungen idealer Gase beschrieben?

4. Skizzieren Sie die p-V-Isothermen des idealen Gases für verschiedene Temperaturen.

5. Nennen Sie verschiedene Formen der allgemeinen Zustandsgleichung idealer Gase. Welche Bedeutung haben die in ihr vorkommenden Größen?

6. Was versteht man unter adiabatischen Zustandsänderungen, und wie lassen sie sich näherungsweise verwirklichen?

7. Wie verlaufen Adiabate und Isotherme im p-V-Diagramm?

8. Wie lautet die van-der-Waalssche-Zustandsgleichung, und welche Bedeutung haben die in ihr vorkommenden Größen?

9. Zeichnen Sie einige typische Isothermen für ein reales Gas, und deuten Sie den Verlauf dieser Kurven.

10. Erläutern Sie den Joule-Thomson-Effekt.

Aufgaben

11. Wieviel Sauerstoffmoleküle befinden sich in einem Gefäß mit dem Volumen 1 m³, wenn bei einer Temperatur von 273 K der Druck $101,3$ kPa herrscht?

12. Bei 20 °C beträgt der Druck eines idealen Gases $101,3$ kPa. Wie groß wird der Druck, wenn es sich isochor um 300 K erwärmt?

13. Wie groß ist die Masse des Stickstoffs in einer 10 l-Stahlflasche bei 20 °C und dem Druck 10 MPa?

14. In einer Stahlflasche befindet sich bei der Temperatur 20 °C ein Gas unter dem Druck $3,5$ MPa. Durch Ablassen einer Teilmenge verringert sich die Masse des Gases auf die Hälfte. Wie verändert sich der Druck, wenn die Temperatur um 10 K abnimmt?

15. Die Dichte der Luft im Normzustand (T_n = 273,15 K; p_n = 101,3 kPa) beträgt ρ_n = 1,293 kg/m³. Wie groß ist die Luftdichte bei einem Druck von 202,6 kPa und der Temperatur 293,15 K?

16. Berechnen Sie die spezifische Gaskonstante der Luft. Die Luftdichte im Normzustand beträgt ρ_n = 1,293 kg/m³.

17. Ein Dieselmotor verdichtet Luft auf 4 MPa. Wie groß ist die Temperatur der komprimierten Luft (κ = 1,4), wenn sie bei 15 °C angesaugt wird und der Vorgang adiabatisch verläuft?

18. Ein mit Luft (κ = 1,4) gefüllter Ballon (Anfangstemperatur 20 °C) platzt bei einem Druck von 136 kPa. Wie groß ist die Temperaturabnahme (Luftdruck 101,3 kPa)?

19. Der Zylinder einer Kolbenluftpumpe hat das Volumen V_1. Mit ihr soll ein Gefäß mit dem größeren Volumen V_o evakuiert werden, in dem sich Luft unter dem Druck p_o befindet. Wie groß ist der Luftdruck im Gefäß nach dem n-ten Kolbenhub, wenn vorausgesetzt wird, daß die Temperatur während des Pumpvorganges konstant bleibt?

20. Drücken Sie die kritischen Daten eines Gases (T_k, p_k, V_k) mit Hilfe der van der Waalsschen Konstanten a und b aus.

2.4   Hauptsätze der Thermodynamik

Schwerpunkte

innere Energie, Enthalpie, erster Hauptsatz, Zustandsänderungen idealer Gase, reversible und irreversible Prozesse, Entropie, zweiter Hauptsatz, dritter Hauptsatz

Formeln

innere Energie

$$U = N\,\frac{f}{2}\,k\,T = \nu\frac{f}{2}\,R\,T$$

$$\mathrm{d}U = \nu\,C_{mv}\,\mathrm{d}T = m\,c_v\,\mathrm{d}T$$

Enthalpie

$$H = U + pV$$

$$\mathrm{d}H = \nu\,C_{mp}\,\mathrm{d}T = m\,c_p\,\mathrm{d}T$$

erster Hauptsatz $\qquad\qquad\qquad$ $\mathrm{d}Q = \mathrm{d}U - \mathrm{d}W$

Volumenänderungsarbeit $\qquad$ $\mathrm{d}W = -p\,\mathrm{d}V$

$$W_{12} = -\int\limits_{V_1}^{V_2} p\,\mathrm{d}V$$

Entropie $\qquad\qquad\qquad$ $\mathrm{d}S = \dfrac{\mathrm{d}Q_{rev}}{T}$

$$S = k\ln P_{th}$$

Fragen

1. Welche Größen charakterisieren den Zustand eines thermodynamischen Systems?

2. Formulieren Sie den ersten Hauptsatz der Thermodynamik.

3. Was ist ein Perpetuum mobile erster Art?

4. Erläutern Sie den Begriff Enthalpie.

5. Nennen Sie Beispiele für irreversible Prozesse.

6. Was sagt der zweite Hauptsatz der Thermodynamik aus?

7. Welche Eigenschaften besitzt ein Perpetuum mobile zweiter Art?

8. Wie ist die Entropie definiert. Wofür ist diese Größe ein Maß?

9. Erklären Sie den Begriff thermodynamische Wahrscheinlichkeit und den Unterschied zur Definition der mathematischen Wahrscheinlichkeit.

10. Was ist der Inhalt des dritten Hauptsatzes der Thermodynamik?

Aufgaben

11. Welche Arbeit verrichtet ein ideales Gas bei der isothermen Expansion (Volumenänderung von V_1 auf V_2)? Zeichnen Sie das Arbeitsdiagramm.

12. Berechnen Sie die Wärme, die bei der isochoren Druckerhöhung einem idealen Gas zugeführt werden muß. Stellen Sie diese Zustandsänderung im p-V-Diagramm dar.

13. Wie groß ist die von einem idealen Gas bei der isobaren Expansion (Volumenänderung von V_1 auf V_2) verrichtete Arbeit. Stellen Sie diese Zustandsänderung im p-V-Diagramm dar.

14. Berechnen Sie die bei der adiabatischen Kompression eines idealen Gases zugeführte Volumenänderungsarbeit.

15. Das Volumen eines einatomigen Gases vergrößert sich von $V_o = 1\,\text{dm}^3$ bei konstantem Druck $p_o = 101325\,\text{Pa}$ auf den doppelten Wert. Welche Wärmeenergie muß zugeführt werden?

16. Die Temperatur von 2 kmol Helium ($C_{mv} = 12,85 \cdot 10^3$ J $\cdot$ kmol$^{-1}\cdot$ K^{-1}) erhöht sich bei isobarer Expansion um 100 K. Berechnen Sie die zugeführte Wärme, die Änderung der inneren Energie und die Ausdehnungsarbeit.

17. Bei der isothermen Expansion von 1 m^3 eines Gases sinkt der Druck von $3 \cdot 10^5$ Pa auf $1,5 \cdot 10^5$ Pa. Berechnen Sie die Volumenänderungsarbeit.

18. Bei konstantem Druck von $2 \cdot 10^5$ Pa soll sich das Volumen einer Sauerstoffmenge ($\kappa = 1,40$) von 5 l auf 10 l vergrößern. Welche Wärme muß zugeführt werden?

19. Berechnen Sie die Änderung der Entropie bei der isochoren Erwärmung von 2 kmol Sauerstoff ($\kappa = 1,40$) von 0 °C auf 50 °C.

20. Berechnen Sie die Änderung der Entropie bei der Mischung von 100 g Wasser von 100 °C und 50 g Wasser von 10 °C ($c_{H_2O} = 4,2 \cdot 10^3$ J $\cdot$ kg$^{-1}\cdot$ K^{-1}).

2.5   Kreisprozesse

Schwerpunkte

irreversible und reversible Kreisprozesse, Carnotscher Kreisprozeß, thermischer Wirkungsgrad, Stirlingscher Kreisprozeß, Otto-Prozeß, Diesel-Prozeß, Wärmekraftmaschinen, Kältemaschine, Wärmepumpe, Leistungszahl, thermodynamische Temperatur

Formeln

erster Hauptsatz für einen Kreisprozeß

$$\oint \mathrm{d}U = 0 = \oint \mathrm{d}Q + \oint \mathrm{d}W$$

thermischer Wirkungsgrad
des Carnot-Prozesses

$$\eta_{th,C} = \frac{|W|}{Q_1} = \frac{T_1 - T_2}{T_1}, \quad T_1 > T_2$$

Entropieänderung für einen
reversiblen Kreisprozeß

$$\Delta S = 0$$

Entropieänderung für einen
irreversiblen Kreisprozeß

$$\Delta S > 0$$

Leistungszahl der Wärmepumpe

$$\varepsilon_W < \varepsilon_{W,C} = \frac{|Q_2|}{W} = \frac{T_1}{T_1 - T_2}$$

Leistungszahl der Kältemaschine

$$\varepsilon_K < \varepsilon_{K,C} = \frac{|Q_1|}{W} = \frac{T_2}{T_1 - T_2}$$

Fragen

1. Was versteht man unter einem Kreisprozeß?

2. Welche Zustandsänderungen durchläuft das Arbeitsmedium beim Carnotschen Kreisprozeß?

3. Wie groß ist die Änderung der inneren Energie beim einmaligen Durchlaufen des Carnot-Prozesses?

4. Begründen Sie, daß es keine Maschine gibt, die einen höheren Wirkungsgrad als die Carnot-Maschine hat.

5. Warum ist der Wirkungsgrad des Carnot-Prozesses unabhängig von der Wahl des Arbeitsmediums?

6. Definieren Sie die thermodynamische Temperatur mit Hilfe eines Kreisprozesses.

7. Was versteht man unter dem Stirlingschen Kreisprozeß?

8. Erläutern Sie an Hand des p-V-Diagramms den Otto- und den Diesel-Prozeß.

9. Erklären Sie die Funktionsweise von Kältemaschine und Wärmepumpe.

10. Beschreiben Sie beliebige reversible und irreversible Kreisprozesse mit Hilfe des Begriffes der reduzierten Wärme.

Aufgaben

11. Zeichnen Sie das p-V- und das T-S-Diagramm des Carnot-Prozesses.

12. Berechnen Sie die je Zyklus von der Carnot-Maschine verrichtete Nutzarbeit.

13. Begründen Sie, daß die Summe der auf den Adiabatenästen des Carnot-Prozesses verrichteten Arbeit gleich Null sein muß.

14. Ein Dieselmotor verdichtet Luft ($\kappa = 1,40$) im Verhältnis 20 : 1. Wie groß ist die Temperatur der komprimierten Luft, wenn sie bei 15 °C angesaugt wird und der Vorgang adiabatisch abläuft?

15. In einem Zylinder mit einem Kolben von 200 mm Durchmesser herrscht der Druck 10^5 Pa. Welche Kraft wirkt auf den Kolben? Welche Arbeit leistet das Gas, wenn sich der Kolben bei konstantem Druck um 200 mm nach außen verschiebt?

16. Der thermische Wirkungsgrad einer Carnot-Maschine beträgt 40 %. Die Temperatur des kälteren Wärmereservoirs wird konstant auf 30 °C gehalten. Um welchen Betrag muß die Temperatur der Wärmequelle gesteigert werden, damit sich der Wirkungsgrad auf 60 % erhöht?

17. Eine nach dem Carnot-Prozeß arbeitende ideale Wärmekraftmaschine verrichtet in einem Zyklus die Arbeit 10^5 J. Die Temperatur der Wärmequelle beträgt 100 °C, die Temperatur des unteren Wärmespeichers 20 °C. Berechnen Sie den thermischen Wirkungsgrad. Welche Wärme wird von der Wärmequelle der Maschine zugeführt und welche Wärme an das Kühlsystem abgegeben?

18. In einem Haushaltskühlschrank soll bei einer Außentemperatur von 22 °C die Temperatur 5 °C erreicht werden. Berechnen Sie die Leistungszahl.

19. Welche Antriebskraft erfordert eine Wärmepumpe, die zwischen den Temperaturen 8 °C und 70 °C arbeitet und eine Heizleistung von 1,5 MW abgeben soll?

20. Mit einer Wärmepumpe, die 50 % der idealen Leistungszahl erreicht, wird bei einer Heizleistung von 20 kW ein Haus aus einem See mit der Wassertemperatur von 4°C auf 20 ° C aufgeheizt. Gesucht sind die Leistungszahl, die Leistung zum Betrieb der Pumpe sowie das Verhältnis zur Heizleistung.

2.6 Wärmeübertragung

Schwerpunkte

Wärmeleitung, Wärmeleitfähigkeit, Wärmestrom, Wärmestromdichte, Wärmeleitwiderstand, Ohmsches Gesetz der Wärmeleitung, Wiedemann-Franzsches Gesetz, Wärmeübergang, Wärmedurchgang, Konvektion, Wärmestrahlung, Stefan-Boltzmannsches Gesetz

Formeln

Wärmeleitung durch eine Wand

Wärmeenergie
$$Q = \lambda \frac{A\,t\,\Delta T}{l}$$

Wärmestrom
$$\phi = \frac{\mathrm{d}Q}{\mathrm{d}t} = \lambda \frac{A\,\Delta T}{l}$$

$$\phi = -\lambda\,A\,\frac{\mathrm{d}T}{\mathrm{d}x}$$

Wärmestromdichte
$$j_W = \frac{\mathrm{d}\phi}{\mathrm{d}A} = \lambda \frac{\Delta T}{l}$$

$$j_W = -\lambda\,\mathrm{grad}\,T$$

Wärmeleitwiderstand
$$R_\lambda = \frac{1}{\lambda}\frac{l}{A}$$

Ohmsches Gesetz der Wärmeleitung
$$\Delta T = R_\lambda\,\phi$$

Wärmeübergang
Wärmestrom
$$\phi = \alpha\,A\,\Delta T$$

Wärmedurchgang
Wärmestrom
$$\phi = k\,A\,\Delta T$$

Wärmedurchgangskoeffizient
$$\frac{1}{k} = \frac{1}{\alpha_1} + \frac{l}{\lambda} + \frac{1}{\alpha_2}$$

Wiedemann-Franzsches Gesetz $\lambda = L T \sigma$

Stefan-Boltzmannsches Gesetz
   schwarzer Strahler $P = \sigma A T^4$
   grauer Strahler $P = \varepsilon \sigma A T^4$

Heiz- bzw. Kühlleistung bei
Konvektion $P = \dfrac{dm}{dt} c \Delta T$

Fragen

1. Auf welchen Mechanismen beruht die Wärmeleitfähigkeit fester Körper?

2. Warum ist die Wärmeleitfähigkeit von Metallen größer als die von Isolatoren?

3. Erläutern Sie die Begriffe freie und erzwungene Konvektion.

4. Nennen Sie Beispiele für den konvektiven Wärmetransport in Natur und Technik.

5. Was versteht man unter Wärmeübergang und Wärmedurchgang?

6. Wie erreicht man bei einem Dewargefäß (Thermosflasche) die hervorragende Wärmeisolation?

7. Warum tanzt ein Wassertropfen selbst auf einer sehr heißen Herdplatte längere Zeit herum, ohne zu verdampfen (Leidenfrostsches Phänomen)?

8. Wovon hängt die Emission von Wärmestrahlung ab, und in welchem Spektralbereich erfolgt sie vorwiegend?

9. Worauf beruht die Wirksamkeit eines Glashauses?

10. Erläutern Sie das Prinzip des Pirani-Vakuummeters.

Aufgaben

11. Um welchen Faktor vergrößert sich die Strahlungsleistung eines Körpers, wenn sich seine Temperatur verdreifacht?

12. Die Strahlungsleistung eines schwarzen Körpers mit der Oberfläche $0,5 \, m^2$ beträgt 50 kW. Wie groß ist seine Temperatur?

13. Welche Heizleistung ist erforderlich, um in einem Gewächshaus mit 500 m² Glasoberfläche eine Temperatur von 25 °C aufrechtzuerhalten, wenn die Außentemperatur 5 °C beträgt? Daten: Glasdicke: 2 mm, Wärmeleitfähigkeit von Glas: $\lambda = 1$ W $\cdot$ m$^{-1}\cdot$ K^{-1}, Wärmeübergangskoeffizienten: $\alpha_1 = \alpha_2 = 15$ W $\cdot$ m$^{-2}\cdot$ K^{-1}.

14. Zwischen den Enden eines am Umfang wärmeisolierten Eisenstabes von 1 m Länge und 50 mm Durchmesser herrscht eine Temperaturdifferenz von 50 K. Wie groß sind der Wärmeleitwiderstand und die stündlich übertragene Wärmeenergie ($\lambda = 75$ W $\cdot$ m$^{-1}\cdot$ K^{-1})?

15. Berechnen Sie für eine 10 m lange und 8 m hohe Hauswand den Wärmedurchgangskoeffizienten und die täglich hindurchtretende Wärmeenergie. Die Außentemperatur soll -5 °C und die konstante Innentemperatur 20 °C betragen (s. Abb. 2.6.15). Daten: Ziegel: $l_2 = 380$ mm, $\lambda_2 = 0,65$ W $\cdot$ m$^{-1}\cdot$ K^{-1}; Innenputz: $l_1 = 15$ mm, $\lambda_1 = 0,70$ W $\cdot$ m$^{-1}\cdot$ K^{-1}; Außenputz: $l_3 = 20$ mm, $\lambda_3 = 0,80$ W $\cdot$ m$^{-1}\cdot$ K^{-1}; Wärmeübergangskoeffizienten: $\alpha_1 = 10$ W $\cdot$ m$^{-1} \cdot$ K^{-1}, $\alpha_2 = 20$ W $\cdot$ m$^{-1} \cdot$ K^{-1}.

16. Mit einem Elektroofen soll ein Zimmer bei -5 °C Außentemperatur auf der konstanten Innentemperatur von 22 °C gehalten werden. Die Fläche der Außenwände beträgt 30 m² und die Dicke der Ziegelmauer 380 mm ($\lambda_2 = 0,65$ W $\cdot$ m$^{-1}\cdot$ K^{-1}). Welche Heizleistung ist erforderlich?

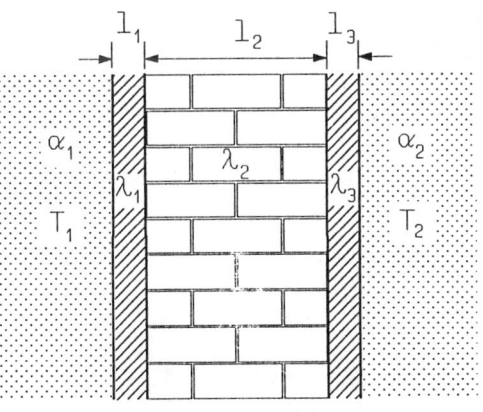

Abb. 2.6.15
Wärmedurchgang
durch eine Hauswand

17. Die Wärmeleitfähigkeit von Silber beträgt 421 W $\cdot$ m^{-1} $\cdot$ K^{-1} und der spezifische elektrische Widerstand bei Zimmertemperatur 0,016 $\mu\Omega\cdot$m. Wie groß ist die Lorenz-Zahl?

18. Die normalerweise benötigte Heizleistung für ein Wohnhaus wird durch den Wärmeaustauscher der Fernheizung abgegeben, wenn die

Vorlauftemperatur 105 °C und die Rücklauftemperatur 60 °C beträgt. Auf welchen Wert muß die Vorlauftemperatur bei gleicher Wasserdurchlaufmenge erhöht werden, wenn die Heizleistung bei großer Kälte auf das 1, 4-fache ansteigen soll?

19. Ein Verbrennungsmotor hat eine Nutzleistung von 75 kW bei einem Wirkungsgrad von 68 %. Die Eintrittstemperatur des Kühlwassers in den Motor beträgt 75 °C . Welche Förderleistung muß die Kühlwasserpumpe besitzen, um die optimale Betriebstemperatur des Motors von 90 °C zu gewährleisten?

20. Durch Beimengen von Frostschutzmitteln wird die Betriebssicherheit von Kraftfahrzeugen im Winter gewährleistet. Die spezifische Wärmekapazität eines Frostschutzmittels beträgt $2, 86$ kJ $\cdot$ kg$^{-1} \cdot$ K^{-1}, die von reinem Wasser $4, 18$ kJ $\cdot$ kg$^{-1} \cdot$ K^{-1}. Wie verändert sich die Kühlleistung, wenn sich im Kühler anstelle reinen Wassers eine Mischung mit 38 Masse-% Frostschutzmittel befindet?

3 Elektrizität und Magnetismus

Symbole und Einheiten

Symbole

B	magnetische Flußdichte
C	elektrische Kapazität
D	elektrische Flußdichte, elektrische Verschiebung
E	elektrische Feldstärke
E_m	magnetische Feldenergie
G	elektrischer Leitwert
H	magnetische Feldstärke
I	elektrische Stromstärke
J	magnetische Polarisation
j	elektrische Stromdichte
L	Induktivität
M	Magnetisierung
m_A	magnetisches Moment nach Ampere
m_C	magnetisches Moment nach Coulomb
N	Windungszahl
P	elektrische Polarisation
P	elektrische Leistung
p	elektrisches Dipolmoment
Q	elektrische Ladung, Blindleistung
R	elektrischer Widerstand
S	Energiestromdichte
U	elektrische Spannung
U_m	magnetische Spannung
w	Energiedichte

X, X_C, X_L	Blindwiderstand, kapazitiver Widerstand, induktiver Widerstand
Z	Scheinwiderstand, Wellenwiderstand
α	Temperaturkoeffizient des elektrischen Widerstandes
ε_r	Dielektrizitätszahl
μ_r	Permeabilitätszahl
ϱ	spezifischer elektrischer Widerstand
σ	elektrische Leitfähigkeit
σ_A	Flächenladungsdichte
Φ_m	magnetischer Fluß
φ	elektrisches Potential
Ψ	elektrischer Verschiebungsfluß
χ_e	elektrische Suszeptibilität
χ_m	magnetische Suszeptibilität

SI-Einheiten

Größenart	Formel-zeichen	Name	Einheiten-zeichen	Beziehung zu Basiseinheiten
Elektrische Stromstärke	I	Ampere	A	Basiseinheit
Elektrische Stromdichte	j	Ampere je Quadratmeter	A/m^2	m$^{-2}\cdot$ A
Elektrische Ladung	Q	Coulomb	C	s $\cdot$ A
Elektrische Spannung	U	Volt	V	m$^2\cdot$ kg $\cdot$ s$^{-3}\cdot$ A^{-1}
Elektrische Kapazität	C	Farad	F	m$^{-2}\cdot$ kg$^{-1}\cdot$ s$^4\cdot$ A^2
Elektrischer Widerstand	R	Ohm	Ω	m$^2\cdot$ kg $\cdot$ s$^{-3}\cdot$ A^{-2}
Elektrischer Leitwert	G	Siemens	S	m$^{-2}\cdot$ kg$^{-1}\cdot$ s$^3\cdot$ A^2
Magnetischer Fluß	Φ_m	Weber	Wb	m$^2\cdot$ kg $\cdot$ s$^{-2}\cdot$ A^{-1}
Magnetische Flußdichte	B	Tesla	T	kg $\cdot$ s$^{-2}\cdot$ A^{-1}
Induktivität	L	Henry	H	m$^2\cdot$ kg $\cdot$ s$^{-2}\cdot$ A^{-2}

3.1 Elektrisches Feld im Vakuum

Schwerpunkte

Elektrische Ladung, Kräfte auf Ladungen, elektrisches Feld, elektrische Feldstärke, Coulombsches Gesetz, Felder von Punktladungen, Dipolfelder, Arbeit und Energie im elektrischen Feld, elektrisches Potential, elektrische Spannung, elektrisches Feld im Plattenkondensator

Formeln

Kraft auf elektrische Ladung $\qquad \boldsymbol{F} = Q\,\boldsymbol{E}$

Coulombsches Gesetz
$$\boldsymbol{F} = \frac{1}{4\pi\varepsilon_0}\frac{Q_1 Q_2}{r^2}\frac{\boldsymbol{r}}{r}$$

elektrische Feldstärke einer
Punktladung im Abstand r
$$\boldsymbol{E}\,(\boldsymbol{r}) = \frac{1}{4\pi\varepsilon_0}\frac{Q}{r^2}\frac{\boldsymbol{r}}{r}$$

elektrisches Potential
$$\varphi(P) = -\int_{\infty}^{P} \boldsymbol{E}(\boldsymbol{s})\,\mathrm{d}\boldsymbol{s}$$

elektrische Spannung
$$U = \varphi(P_2) - \varphi(P_1)$$

elektrische Feldstärke
$$\boldsymbol{E} = -\,\mathrm{grad}\,\varphi$$

potentielle Energie einer
Punktladung q im elektrischen
Potentialfeld
$$E_{pot}(P) = q\,\varphi(P) = -\int_{\infty}^{P} \boldsymbol{F}(\boldsymbol{s})\,\mathrm{d}\boldsymbol{s}$$

elektrisches Potential einer
Punktladung Q im Abstand $\boldsymbol{r}$
$$\varphi(r) = \frac{1}{4\pi\varepsilon_0}\frac{Q}{r}$$

Feldstärke im Plattenkondensator
$$E = \frac{U}{d}$$

elektrisches Dipolmoment
$$\boldsymbol{p} = Q\,\boldsymbol{l}$$

Drehmoment auf
elektrischen Dipol
$$\boldsymbol{M} = \boldsymbol{p} \times \boldsymbol{E}$$

Fragen

1. Welche Arten von elektrischer Ladung gibt es, und welche Wechsel-wirkung zeigen sie?

2. Welche Eigenschaft des Raumes wird durch ein elektrisches Feld beschrieben?

3. Welcher Zusammenhang besteht zwischen elektrischer Feldkraft und Probeladung?

4. Welches Verhalten zeigen Dipole in homogenen und inhomogenen Feldern?

5. Welcher Zusammenhang besteht zwischen Feldkraft, potentieller Energie einer Probeladung und elektrischem Potential? Wie läßt sich aus dem Potentialverlauf die Feldstärke bestimmen?

6. Leiten Sie aus dem Coulombschen Gesetz die Ortsabhängigkeit der elektrischen Feldstärke einer Punktladung im Vakuum her. Berechnen Sie das Potentialfeld einer Punktladung Q im Vakuum.

7. Warum wählt man als Bezugspunkt ($\varphi = 0$) des Potentials einer Punktladung nicht $r = 0$ sondern $r \to \infty$?

8. Überlegen Sie sich, warum die Bedingung $E = \text{const} \neq 0$ für homogene Felder der Parallelität der Feldlinien äquivalent ist.

9. Unter welchen Bedingungen kann das Feld eines Plattenkondensators als homogen angenommen werden? Welche Symmetrie weist das Feld einer Punktladung auf, ist es ein homogenes Feld?

10. Welche Form und welchen Abstand haben Äquipotentialflächen mit gleicher Potentialdifferenz für homogene Felder bzw. das Feld einer Punktladung?

Aufgaben

11. Zwei mit isolierenden Fäden von 100 mm Länge am gleichen Punkt aufgehängte Kugeln mit einer Masse von jeweils 0, 5 g werden elektrisch aufgeladen. Danach bilden die Fäden der auseinanderspreizenden Kugeln einen Winkel von 75° miteinander. Wie groß sind die Ladungen der Kugeln?

12. Auf einen elektrischen Dipol wirkt in einem Feld mit einer Feldstärke von 10^5 V $\cdot$ m^{-1}, zu der er unter einem Winkel von 35° steht, ein Drehmoment von $5 \cdot 10^{-21}$ N $\cdot$ m. Welchen Abstand haben die Ladungen des Dipols, wenn es sich dabei um einfache Elementarladungen handelt?

13. An den Ecken eines gleichseitigen Dreiecks mit 5 mm Kantenlänge befinden sich drei positive Ladungen von $5 \cdot 10^{-8}$ C.
(a) Berechnen Sie Betrag und Richtung der Kräfte, die auf die Ladungen wirken.
(b) Wie groß muß eine in der Mitte des Dreiecks angebrachte Ladung sein, damit die Ladungen an den Ecken kräftefrei werden?

14. In Abb.3.1.14 sind vier verschiedene Potentialverläufe angegeben.
(a) Bestimmen Sie die Feldstärke als Funktion von x für

(1) $\varphi(x) = kx$, $k = 1,5$ V $\cdot$ m^{-1},

(2) $\varphi(x) = kx^2 + \varphi_0$, $k = 0,2$ V $\cdot$ m^{-2}, $\varphi_0 = 5$ V,

(3) $\varphi(x) = kx^2 + \varphi_0$, $k = 0,2$ V $\cdot$ m^{-2}, $\varphi_0 = 2$ V,

(4) $\varphi(x) = \dfrac{k}{x}$, $k = 5$ V $\cdot$ m.

(b) Welchen Einfluß hat die Konstante φ_0 auf die Feldstärke?

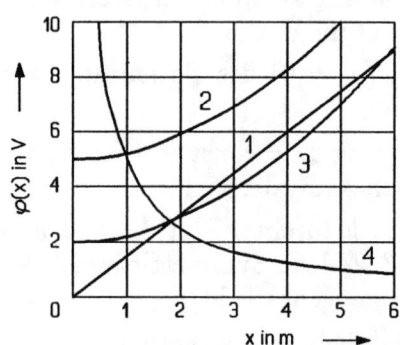
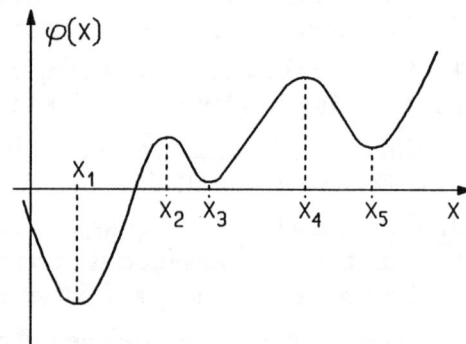

Abb. 3.1.14   Zu Aufgabe 14.   Abb. 3.1.15   Zu Aufgabe 15.

15. Gegeben ist ein Potentialverlauf gemäß Abb. 3.1.15. An welchen Stellen befinden sich positive bzw. negative Ladungen im stabilen (oder labilen) Gleichgewicht?

16. Berechnen und zeichnen Sie das resultierende Potential zweier gleichgroßer negativer (positiver) Punktladungen von 10^{-8} C im Abstand von $l = 80$ mm auf der Verbindungslinie zwischen beiden Ladungen.

17. In einem Abstand von $l = 80$ mm befinden sich zwei elektrische Punktladungen mit $Q_1 = 2$ μC und $Q_2 = -4$ μC.

(a) Wie groß sind Feldstärke und Potential auf der Verbindungslinie beider Ladungen? (Graphische Darstellung als Funktion des Abstandes von Q_1)

(b) An welcher Stelle wirkt in diesem System auf eine dritte Ladung keine Kraft?

18. Welche Spannung herrscht zwischen den Punkten A und B (Abb. 3.1.18) im Feld einer Punktladung $Q = 10$ μC?

19. An einem Plattenkondensator mit einem Plattenabstand von 3 mm liegt eine Spannung von 1 kV.

(a) Wie groß ist die Feldstärke im Kondensator?

(b) Welche Kraft und Beschleunigung wirken auf ein Proton im Feld?

(c) Welche Arbeit ist notwendig, um ein Elektron von der positiven zur negativen Platte zu transportieren?
(d) Welche Geschwindigkeit müßte das Elektron besitzen, wenn es parallel zum Feld durch ein Loch in der positiven Platte eingeschossen wird, so daß seine Geschwindigkeit genau in der Mitte zwischen den Platten Null wird?

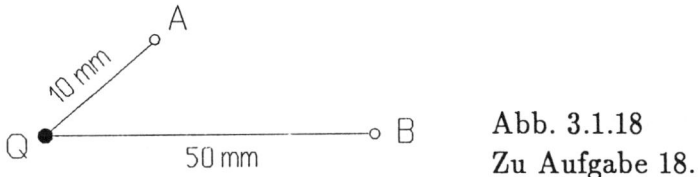

Abb. 3.1.18
Zu Aufgabe 18.

20. Berechnen Sie das Verhältnis von Coulombkraft und Gravitationskraft zwischen Elektron und Proton im Wasserstoffatom.

3.2   Leiter und Nichtleiter im elektrischen Feld

Schwerpunkte

Influenz, Flächenladungsdichte, elektrische Flußdichte, elektrischer Fluß, Kondensatoren, Kapazität, Dielektrizitätszahl, Polarisation, elektrische Feldenergie

Formeln

Flächenladungsdichte
$$\sigma_A = \frac{Q}{A}$$

elektrische Flußdichte
$$\boldsymbol{D} = \varepsilon_o \varepsilon_r \, \boldsymbol{E}, \qquad D = \sigma_A$$

elektrischer Fluß
$$\Phi_{el} = \int_A \boldsymbol{D} \, \mathrm{d}\boldsymbol{A}$$

elektrischer Fluß durch eine
geschlossene Fläche um
Ladungen
$$\Phi_{el} = \oint_A \boldsymbol{D} \, \mathrm{d}\boldsymbol{A} = \sum_i Q_i$$

elektrische Kapazität
$$C = \frac{Q}{U}$$

Kapazität des Plattenkondensators $\quad C = \varepsilon_o \, \varepsilon_r \dfrac{A}{d}$

Kapazität des Kugelkondensators $\quad C = 4\pi \, \varepsilon_o \, \varepsilon_r \dfrac{r_i r_a}{r_a - r_i}$

Kapazität einer isoliert im
Raum aufgestellten Kugel
$$C = 4\pi \, \varepsilon_o \, \varepsilon_r r$$

Parallelschaltung von
Kondensatoren
$$C = C_1 + C_2 + \ldots C_n$$

Reihenschaltung von
Kondensatoren
$$\frac{1}{C} = \frac{1}{C_1} + \frac{1}{C_2} + \ldots + \frac{1}{C_n}$$

elektrische Polarisation
$$\boldsymbol{P} = \frac{\mathrm{d}\boldsymbol{p}}{\mathrm{d}V}$$
$$\boldsymbol{D} = \varepsilon_o \, \boldsymbol{E} + \boldsymbol{P}$$
$$\boldsymbol{P} = (\varepsilon_r - 1)\varepsilon_o \, \boldsymbol{E} = \chi_e \varepsilon_o \boldsymbol{E}$$

elektrische Suszeptibilität $\qquad \chi_e = \varepsilon_r - 1$

Energiedichte im elektrischen Feld $\quad w_e = \dfrac{1}{2} \, \boldsymbol{D} \, \boldsymbol{E} = \dfrac{1}{2}\varepsilon_o\varepsilon_r E^2$

Fragen

1. Auf welche Eigenschaft metallischer Festkörper ist die Influenz zurückzuführen? Welche Konsequenz ergibt sich daraus für das Innere und die Oberfläche leitender Körper im elektrischen Feld? Welche technischen Anwendungen sind damit möglich?

2. Unter welchem Winkel stehen die elektrischen Feldlinien auf einer Leiteroberfläche?

3. Welche Beziehung besteht zwischen elektrischer Feldstärke und elektrischer Verschiebung?

4. Welche Erscheinungen können auftreten, wenn sich nichtleitende Körper in elektrischen Feldern befinden? Was versteht man unter Elektrostriktion?

5. Wie hängen die elektrische Polarisation und die elektrische Feldstärke zusammen?

6. Wodurch ist die Kapazität einer Leiteranordnung bestimmt?

7. Was muß bei einem Plattenkondensator beachtet werden, damit er eine möglichst hohe Kapazität bei kleinem Raumbedarf besitzt?

8. Leiten Sie aus der Ladungs-Spannungs-Beziehung für Kondensatoren die Gesamtkapazität bei Parallel- und Reihenschaltung her.

9. Welche Arbeit ist notwendig,
(a) um eine Ladung Q von der negativen Platte eines an der Spannung U liegenden Kondensators (Plattenabstand d) zur positiven Platte zu bewegen,
(b) um einem Kondensator der Kapazität C mit der Ladung Q auf eine Spannung U aufzuladen?

10. Wo ist nach Aufladen eines (Platten)-Kondensators die dazu erforderliche Energie lokalisiert? Wie kann sie aus den entsprechenden Feldgrößen im aufgeladenen Zustand berechnet werden?

Aufgaben

11. Eine metallische Kugel mit dem Radius $r = 10$ mm befindet sich in sehr großer Entfernung von anderen leitenden Körpern in (nichtleitendem) Wasser ($\varepsilon_r = 81$). Sie wird auf eine Spannung von 10 V aufgeladen.
(a) Welche Ladung trägt die Kugel?
(b) Wie groß sind Flächenladungsdichte, elektrische Flußdichte und elektrische Feldstärke an der Kugeloberfläche?
(c) Wie groß sind elektrische Flußdichte und elektrische Feldstärke im Abstand von 100 mm vom Kugelmittelpunkt?
(d) Welcher elektrische Fluß fließt durch die Oberfläche einer zur geladenen Kugel konzentrischen Kugel mit dem Radius von 100 mm?
(e) Wie groß ist der elektrische Fluß durch die Oberfläche eines Würfels mit der Kantenlänge von 100 mm, in dessen Innerem sich die geladene Kugel befindet?

12. An der Erdoberfläche herrscht eine durchschnittliche elektrische Feldstärke von 130 V $\cdot$ m^{-1}. Wie groß ist die daraus resultierende Ladung der Erdkugel?

13. Die Durchbruchfeldstärke beträgt für trockene Luft ca. $4 \cdot 10^6$ V $\cdot$ m^{-1}. Auf welche Spannung ist eine Kugel mit einem Radius von 10 mm in Luft maximal aufladbar, ohne daß eine Entladung eintritt?

14. Ein Plattenkondensator mit einem Plattenabstand von 5 mm wird auf eine Spannung von 1000 V aufgeladen und dann von der Spannungsquelle getrennt. Welche Spannung stellt sich ein, wenn der Plattenabstand bei sonst unveränderten Bedingungen
(a) auf 8 mm vergrößert,
(b) um die Hälfte verkleinert wird?

15. An eine Kondensatorkombination (Abb. 3.2.15) wird die Spannung $U = 300$ V gelegt. Welche Ladungen befinden sich auf, und welche Spannungen liegen an den Kondensatoren C_1 bis C_5? ($C_1 = 1\ \mu$F, $C_2 = 2\ \mu$F, $C_3 = 3\ \mu$F, $C_4 = 4\ \mu$F, $C_5 = 5\ \mu$F.)

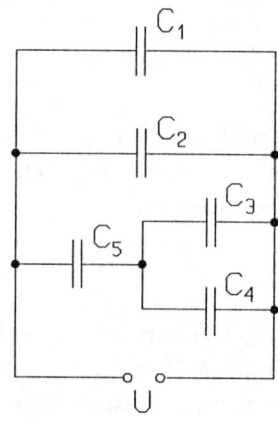

Abb. 3.2.15
Zu Aufgabe 15.

16. Ein Kondensator, zwischen dessen Platten sich Eis befindet, wird auf eine Spannung von 500 V aufgeladen, danach wird die Spannungsquelle vom Kondensator getrennt. Nach Schmelzen des Eises stellt sich infolge des im Kondensator befindlichen Wassers eine Spannung von $19,6$ V ein. Wie groß ist die Dielektrizitätszahl des Eises, wenn die des Wassers 81 beträgt? (Verluste durch Leitfähigkeit sind vernachlässigbar.)

17. Ein Plattenkondensator mit einem Plattenabstand von 20 mm und einer Plattenfläche von 10^4 mm^2 wird auf eine Spannung von 500 V aufgeladen. Zwischen den Kondensatorplatten befindet sich mittig eine 10 mm dicke Paraffinplatte mit einer Dielektrizitätszahl 2.
(a) Um welchen Faktor verändern sich E und D im Paraffin im Vergleich zur Luft zu beiden Seiten der Paraffinplatte?
(b) Wie groß ist die elektrische Feldstärke innerhalb des Kondensators in der Luft und im Paraffin?
(c) Welchen Wert hat die elektrische Flußdichte?
(d) Wie groß sind Ladung und Kapazität des Kondensators?

(e) Welcher Teil der Feldenergie entfällt auf die Paraffinplatte?
(f) Wie groß ist die gesamte Feldenergie?

18. In Bernstein wird bei Anliegen eines homogenen elektrischen Flußdichtefeldes von 10^{-6} A $\cdot$ s $\cdot$ m^{-2} eine elektrische Feldstärke von $4 \cdot 10^4$ V $\cdot$ m^{-1} gemessen. Wie groß sind
(a) die elektrische Polarisation,
(b) elektrische Suszeptibilität und Dielektrizitätszahl,
(c) das resultierende Dipolmoment eines Würfels von $2,7$ mm Kantenlänge im Dielektrikum?

19. Eine Metallkugel mit einem Radius von 10 mm trägt eine Ladung von 20 μC. Sie ist von Alkohol ($\varepsilon_r = 26$) umgeben.
(a) Man berechne die Energiedichte außerhalb der Kugel allgemein als Funktion des Abstands vom Kugelmittelpunkt.
(b) Wie groß ist die Feldenergie innerhalb einer zur geladenen Kugel konzentrischen Kugel mit einem Radius von 20 mm?

20. Wie verändern sich die elektrischen Feldkräfte, wenn eine Ladungskonfiguration ohne Geometrieveränderung aus dem Vakuum in ein Medium mit der elektrischen Suszeptibilität $1,5$ (Trafoöl) gebracht wird?

3.3 Geladene Teilchen im elektrischen Feld

Schwerpunkte

Beschleunigung und Geschwindigkeit freier Ladungsträger in elektrischen Feldern, spezifische Ladung, Impuls und Energie, Ablenkung bewegter Ladungsträger im homogenen elektrischen Feld, Braunsche Röhre, Elektronenstrahloszilloskop

Formeln

elektrische Feldkraft $\qquad\qquad \boldsymbol{F} = Q\,\boldsymbol{E}$

Beschleunigung geladener
Teilchen im elektrischen Feld $\qquad \boldsymbol{a} = \dfrac{Q\boldsymbol{E}}{m}$

homogenes Feld eines
Plattenkondensators $\qquad\qquad E = \dfrac{U}{d}$

Energieerhaltung bei
Beschleunigung durch
elektrische Felder

$$\frac{1}{2} \, m \, v^2 = \ |\Delta E_{kin}| \ = \ |\Delta E_{pot}|$$

$$= \ Q \int_{P_1}^{P_2} E(s) \ \mathrm{d}s = QU_{21}$$

Fragen

1. Welche der angegebenen Teilchen können durch elektrische Felder beschleunigt werden: Proton, Neutron, Elektron, Positron, γ-Quant, α-Teilchen, Neutrino, Deuteron?

2. Beschreiben Sie den Millikanversuch zur Bestimmung der elektrischen Ladung von Teilchen. Welche experimentelle Tatsache wies auf die Existenz einer Elementarladung hin?

3. Wie groß sind die spezifischen Ladungen der in Aufgabe 1. genannten Teilchen?

4. Wieviel Joule beträgt 1 eV, und wo erweist sich diese Energieeinheit als zweckmäßig?

5. Beschreiben Sie die Gegenfeldmethode zur Ermittlung der kinetischen Energie geladener Teilchen.

6. Welche Bahnkurve entsteht, wenn einer gleichförmigen eine dazu senkrechte gleichförmig beschleunigte Bewegung überlagert wird? Gilt dieser Fall für Elektronen, die mit einer bestimmten Geschwindigkeit senkrecht zu den Feldlinien in das homogene elektrische Feld eines Plattenkondensators eintreten?

7. Beschreiben Sie die Wirkungsweise einer Braunschen Röhre und ihre Anwendung im Elektronenstrahloszilloskop.

8. Nennen Sie weitere Anwendungen des Prinzips der Braunschen Röhre. Welche Alternative zum elektrischen Feld existiert für die Ablenkung der Elektronen? Wie nennt man die dabei auftretende Kraft?

9. Erläutern Sie das Prinzip einer als Verstärkerröhre arbeitenden Triode.

10. Auf welchen relativistischen Effekt muß man achten, wenn geladene Teilchen auf sehr große Geschwindigkeiten gebracht werden?

Aufgaben

11. Welche Beschleunigung erfahren die in den Fragen 1. und 3. genannten Teilchen, wenn sie sich in einem Plattenkondensator mit einem Plattenabstand von 3 mm befinden, an dem eine Spannung von 50 V liegt?

12. Beim Millikanversuch wird im ungeladenen Kondensator für ein Öltröpfchen eine Sinkgeschwindigkeit $v_1 = 0,052$ mm $\cdot$ s^{-1} festgestellt. Bei Anlegen einer Spannung $U = 430$ V steigt das Tröpfchen mit einer Geschwindigkeit $v_2 = 0,18$ mm $\cdot$ s^{-1}. Der Abstand d der Kondensatorplatten beträgt 5 mm, die Dichte ϱ des verwendeten Öls 890 kg $\cdot$ m^{-3}, die Viskosität η der Luft $1,8 \cdot 10^{-5}$ kg $\cdot$ m^{-1}·s^{-1}.
(a) Berechnen Sie allgemein die in beiden Fällen auftretenden Geschwindigkeiten aus der Summe der angreifenden Kräfte: Gewicht, Feldkraft, Reibungskraft nach Stokes (der Auftrieb werde vernachlässigt).
(b) Welche allgemeine Beziehung ergibt sich daraus für Radius und Ladung des Öltröpfchens in Abhängigkeit von den in der Aufgabenstellung aufgeführten Größen?
(c) Wieviel Elementarladungen trägt das Öltröpfchen?

13. Wie groß sind die Geschwindigkeiten von Elektronen, Protonen und α-Teilchen, wenn sie eine kinetische Energie von 10 keV besitzen (klassische Rechnung)? Durch welche Spannung wurden sie beschleunigt?

14. Berechnen Sie die Geschwindigkeit von Elektronen, wenn sie durch Spannungen von 1 V, 10 V, 10^2 V, 10^3 V, 10^4 V, 10^5 V, 10^6 V und 10^7 V beschleunigt wurden,
(a) nach der klassischen Methode,
(b) unter Beachtung der relativistischen Massenzunahme.
(c) Oberhalb welcher Spannung liefert die klassische Rechnung ein physikalisch unmögliches Resultat?

15. Die kinetische Energie von Protonen beträgt 20 keV. Durch welche Spannung müssen Deuteronen beschleunigt werden, damit sie
(a) die gleiche kinetische Energie,
(b) die gleiche Geschwindigkeit erhalten?

16. Ein α-Teilchen durchfliegt gemäß Abb. 3.3.16 einen Plattenkondensator parallel zu den Platten. (a) In welcher Zeit durchfliegt es den Kondensator, wenn die Plattenlänge $l = 50$ mm und die Geschwindigkeit $v_o = 10^4$ m $\cdot$ s^{-1} betragen?

(b) Um welche Wegstrecke wird das α-Teilchen bei einer Feldstärke $E = 10$ V $\cdot$ m^{-1} senkrecht zur Bewegungsrichtung abgelenkt?

(c) Wie lautet allgemein die Bahngleichung $y(x)$ für das α-Teilchen im Kondensator?

(d) Wie groß sind Betrag v und Winkel α für die resultierende Geschwindigkeit nach Verlassen des Kondensators?

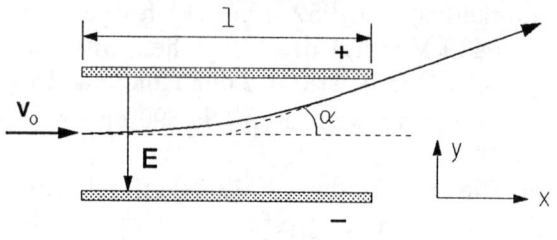

Abb. 3.3.16
Bewegung eines
geladenen Teilchens
im homogenen
elektrischen Querfeld

17. Ein Elektron hat die Anfangsgeschwindigkeit $1,5 \cdot 10^7$ m $\cdot$ s^{-1} und wird zusätzlich durch eine Spannung von 600 V beschleunigt. Wie groß ist seine Endgeschwindigkeit?

18. In Abb. 3.3.18 sind die wichtigsten Maße eines Elektronenstrahloszilloskops in mm angegeben. Wie groß ist die Auslenkung y des Elektronenstrahls auf dem Schirm, wenn die Anodenspannung $U_a = 500$ V beträgt und an den y-Platten eine Spannung $U_y = 8$ V anliegt?

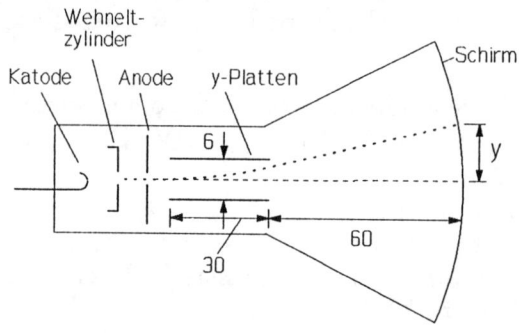

Abb. 3.3.18
Elektronenstrahl-
oszilloskop

19. Mit einem Elektronenstrahloszilloskop soll der Verlauf der normalen Netzspannung ($f = 50$ Hz) so dargestellt werden, daß genau zwei volle Schwingungen auf dem Bildschirm sichtbar werden. Welche Anstiegszeit ist in diesem Fall für die Sägezahnspannung an den x-Platten erforderlich?

20. In einer Elektronenstrahlschmelzanlage sollen 100 kg Stahl innerhalb von 10 min von 20 °C zum Schmelzpunkt von 1400 °C erwärmt werden. Welche Stromstärke ist bei einer Beschleunigungsspannung von 35 kV erforderlich? Die spezifische Wärmekapazität des Materials beträgt $0,436$ kJ $\cdot$ kg$^{-1}\cdot$K^{-1}.

3.4 Ohmsches Gesetz, elektrischer Widerstand

Schwerpunkte

Elektrische Stromstärke, Gleichstrom, elektrische Stromdichte, Spannung, Widerstand, spezifischer Widerstand, spezifische Leitfähigkeit, Leitwert, Temperaturabhängigkeit von Widerständen, Reihen- und Parallelschaltung, Widerstandsmessung, Wheatstonesche Brückenschaltung

Formeln

elektrische Stromstärke	$I = \dfrac{dQ}{dt}$
elektrische Stromdichte	$j = \dfrac{I}{A}$
Ohmsches Gesetz	$U = R\,I$ $j = \sigma\,\boldsymbol{E}$
elektrischer Widerstand	$R = \varrho\dfrac{l}{A}$
elektrischer Leitwert	$G = \dfrac{I}{U} = \dfrac{1}{R} = \sigma\dfrac{A}{l}$
spezifische elektrische Leitfähigkeit	$\sigma = \dfrac{1}{\varrho}$
Reihenschaltung von Widerständen	$R_{ges} = R_1 + R_2 + \cdots + R_n$
Parallelschaltung von Widerständen	$\dfrac{1}{R_{ges}} = \dfrac{1}{R_1} + \dfrac{1}{R_2} + \cdots + \dfrac{1}{R_n}$

Temperaturabhängigkeit des
spezifischen elektrischen
Widerstandes von Metallen in
Nähe der Raumtemperatur

$$\varrho(T_2) = \varrho(T_1)\,(1 + \alpha\Delta T + \beta(\Delta T)^2),$$
$$\Delta T = T_2 - T_1$$

Fragen

1. Wie ist die elektrische Stromstärke definiert, und was bedeuten die Begriffe Gleich- und Wechselstrom?

2. Durch welche Wirkungen lassen sich elektrische Ströme nachweisen?

3. Wie ist die Einheit der elektrischen Stromstärke festgelegt?

4. Welche Ladungsträger sorgen für die Leitfähigkeit der Metalle, und wie bewegen sie sich in Bezug auf die technisch festgelegte Stromrichtung?

5. Charakterisieren Sie folgende bei Festkörpern möglichen Leitungstypen: Ionenleiter, metallischer Leiter, Halbleiter, Isolator.

6. Beschreiben Sie den Ladungstransport in Flüssigkeiten und Gasen.

7. Durch welche Größe gehen die Materialeigenschaften in den elektrischen Widerstand eines Leiterstückes ein, und wie wird die Geometrie des Leiters berücksichtigt?

8. Erläutern Sie das Ohmsche Gesetz für Gleichstrom, und beschreiben Sie die Bedeutung der darin auftretenden Größen.

9. Nach welchem Prinzip arbeitet ein aus Ohmschen Widerständen bestehender Spannungsteiler?

10. Erläutern Sie das Prinzip einer Wheatstoneschen Brückenschaltung, und leiten Sie die Widerstandsbedingung für eine stromfreie Brücke ab.

Aufgaben

11. Auf dem Typenschild eines Tauchsieders findet sich die Bezeichnung 220 V/1000 W. Was bedeutet diese Aufschrift? Wie groß sind der Widerstand und der Strom bei Anschluß an 220 V bzw. 110 V Netzspannung?

12. Ein Widerstand von 20 Ω wird von einem Strom der Stromstärke 0,4 A durchflossen. Wie groß ist der Spannungsabfall am Widerstand?

13. Vier Widerstände von je 15 Ω sind parallel geschaltet und liegen an einer Spannung von 4 V. Wie groß sind Gesamtwiderstand, Gesamtstrom und die Teilströme?

14. Gegeben sind zwei Drähte aus Kupfer bzw. Eisen mit $0,5\ \text{mm}^2$ Querschnitt und 3 m Länge.
(a) Wie groß ist ihr Widerstand bei 20 $^\circ$C?
($\sigma_{20,Cu} = 5,59 \cdot 10^7\ \Omega^{-1} \cdot \text{m}^{-1}$, $\sigma_{20,Fe} = 1,02 \cdot 10^7\ \Omega^{-1} \cdot \text{m}^{-1}$)
(b) Welche Widerstände besitzen beide Drähte bei 100 $^\circ$C?
($\alpha_{Cu} = 3,9 \cdot 10^{-3}\ \text{K}^{-1}$, $\alpha_{Fe} = 6,6 \cdot 10^{-3}\ \text{K}^{-1}$)
(c) Wie groß ist der Gesamtwiderstand für Aufgabe (a), wenn beide Drähte in Reihe und
(d) parallel geschaltet werden?

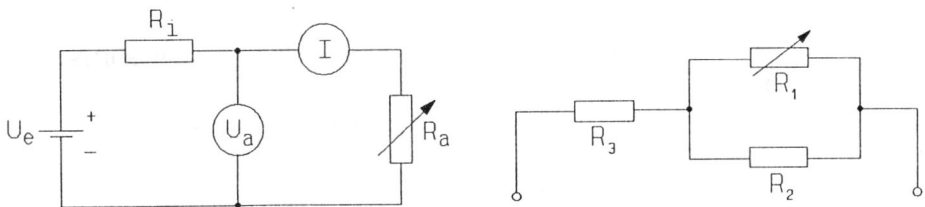

Abb. 3.4.15   Zu Aufgabe 15.   Abb. 3.4.15.c   Zu Aufgabe 15.c

15. Eine Spannungsquelle (Abb. 3.4.15.) besitzt die Urspannung $U_e = 6$ V und den Innenwiderstand $R_i = 10\ \Omega$. An den Klemmen wird ein veränderlicher Widerstand R_a angeschlossen.
(a) Berechnen Sie in Abhängigkeit vom äußeren Widerstand R_a folgende Größen, und stellen Sie diese als Funktion von R_a/R_i graphisch dar: Stromstärke I, Klemmenspannung U_a, im äußeren Widerstand abgegebene Leistung P_a.
(b) Für welchen Wert von R_a erreicht P_a ein Maximum?
(c) Wie muß man R_1 wählen, um das in Aufgabe b) erwähnte Leistungsmaximum zu erreichen, wenn R_a durch die Widerstandskombination ersetzt wird? ($R_2 = 20\ \Omega$, $R_3 = 5\ \Omega$)
(d) Welcher Strom fließt im Falle (c) durch die Widerstände R_1, R_2 und R_3?

16. Ein Strommesser hat einen inneren Widerstand von $0,8\ \Omega$ und einen Vollausschlag von 100 μA. Welche Schaltung muß man vornehmen, um den Meßbereich des Gerätes auf 1 mA bzw. 10 mA zu erweitern?

17. Ein Widerstand von 10 Ω soll durch eine Strom-Spannungsmessung mit nebenstehender Schaltung (Abb. 3.4.17.) ermittelt werden.

(a) Wird der Widerstand zu groß oder zu klein gemessen?
(b) Wie groß darf der Innenwiderstand des Strommessers höchstens sein, damit der relative Fehler der Widerstandsmessung kleiner als 1 % ist?

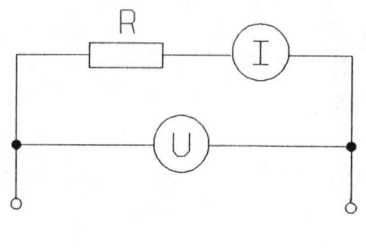

Abb. 3.4.17   Zu Aufgabe 17.

Abb. 3.4.18   Zu Aufgabe 18.

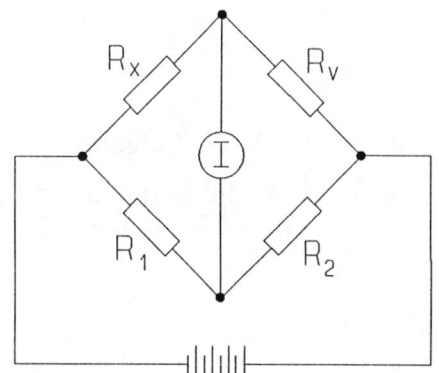

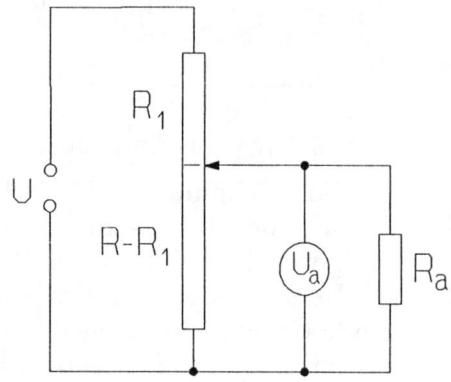

Abb. 3.4.19   Wheatstonesche Brücke   Abb. 3.4.20 Zu Aufgabe 20.

18. Diskutieren Sie die Widerstandsmessung gemäß der Schaltung in Abb. 3.4.18 bezüglich des Innenwiderstandes des Spannungsmessers.

19. Bei einer Wheatstoneschen Brückenschaltung (Abb. 3.4.19) ist das Widerstandsverhältnis $R_1 : R_2 = 7 : 4$. Der Brückenstrom verschwindet für $R_v = 20$ kΩ. Wie groß ist der unbekannte Widerstand R_x?

20. Für die Potentiometerschaltung in Abb. 3.4.20 ist das Spannungsverhältnis U_a/U zu ermitteln.
(a) Führen Sie eine allgemeine Rechnung durch.
(b) Welchen Wert erhält man als Grenzwert für $R_a \gg R - R_1$?

3.5   Kirchhoffsche Gesetze

Schwerpunkte

Knotensatz, Maschensatz, einfache Gleichstromnetzwerke

Formeln

1. Kirchhoffsches Gesetz
(Knotensatz)

$$\sum_{j=1}^{k} I_j = 0$$

2. Kirchhoffsches Gesetz
(Maschensatz)

$$\sum_{i=1}^{n} U_{ei} = \sum_{j=1}^{m} I_j R_j$$

Fragen

1. Wieviel Knoten und Maschen hat das in Abb. 3.5.1 dargestellte Netzwerk? Welche Knoten ergeben äquivalente Resultate? Wieviel unabhängige Gleichungen lassen sich über die Knoten- und Maschensätze für das Netzwerk gewinnen?

2. Wie berechnet man den Spannungsabfall an einem Ohmschen Widerstand?

3. Müssen die inneren Widerstände von Spannungsquellen bei Aufstellung der Maschensätze beachtet werden?

4. In welcher Richtung fließen die Elektronen in einem Draht, wenn die Stromstärke einen positiven Wert hat?

5. Welcher Erhaltungssatz liegt dem Knotensatz zugrunde?

6. Welche Energie wird frei, wenn ein Widerstand R von einem Strom der Stromstärke I durchflossen wird?

7. Zeigen Sie den Zusammenhang von Energieerhaltung und Maschensatz.

8. Überzeugen Sie sich davon, daß die Änderung des Umlaufsinnes innerhalb einer Masche keine Konsequenz auf die aus dem Maschensatz folgende Gleichung hat.

9. Leiten Sie aus dem Ohmschen Gesetz und dem Knotensatz die Vorschrift zur Berechnung des Gesamtwiderstandes bei Parallelschaltung von Widerständen her.

10. In Reihe geschaltete Widerstände bilden gemeinsam mit einer Spannungsquelle eine Masche. Zeigen Sie über den Maschensatz, daß der Gesamtwiderstand bei Reihenschaltung gleich der Summe der Einzelwiderstände ist.

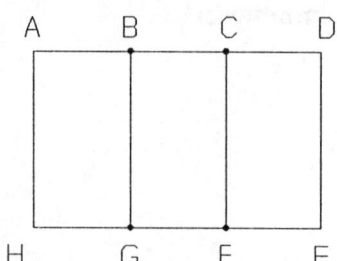

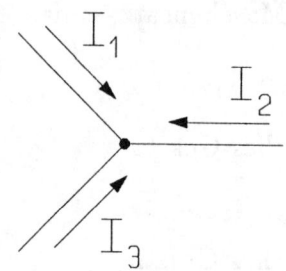

Abb. 3.5.1   Zu Frage 1.   Abb. 3.5.11   Zu Aufgabe 11.

Aufgaben

11. Wie groß ist in Abb. 3.5.11 I_3 für $I_1 = 10$ A und $I_2 = -8$ A? Beachten Sie die vorgegebenen Stromrichtungen und Vorzeichen.

12. (a) Wie groß ist I_4 in der in Abb. 3.5.12 dargestellten Schaltung mit $U_e = 10$ V, $R_1 = R_2 = 3\ \Omega$, $R_3 = R_4 = 5\ \Omega$, $I_1 = I_2 = 5$ A, $I_3 = 2$ A?
(b) Wie groß sind die Ströme in den Zuleitungen a, b, c und d in Pfeilrichtung?

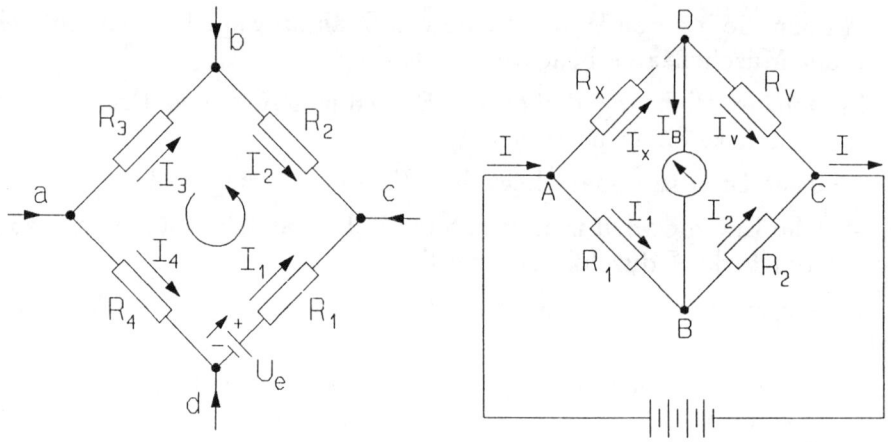

Abb. 3.5.12   Zu Aufgabe 12.   Abb. 3.5.13   Wheatstonesche Brücke

13. In der Wheatstoneschen Brückenschaltung (Abb. 3.5.13) finden Sie die Maschen ABD und BCD. Stellen Sie die Maschen- und Knotensätze auf und zeigen Sie, daß für den abgeglichenen Fall ($I_B = 0$) der unbekannte Widerstand nach $R_x = R_v \cdot \dfrac{R_1}{R_2}$ berechnet werden kann.

14. Ermitteln Sie mit dem Maschensatz den Kurzschlußstrom der Spannungsquelle (Abb. 3.5.14) für $R_a \to 0$
(a) durch eine allgemeine Rechnung,
(b) mit den Werten $U_e = 12$ V, $R_i = 0,1\ \Omega$.

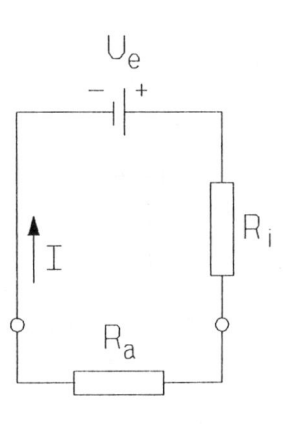

Abb. 3.5.14   Zu Aufgabe 14.

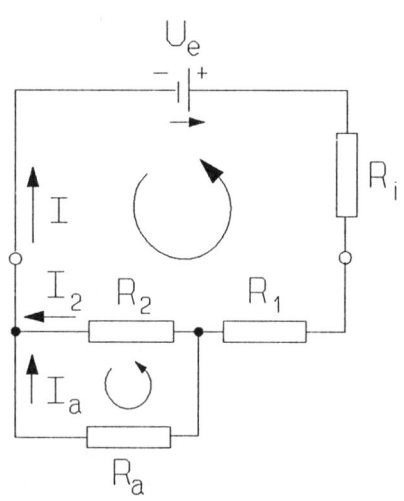

Abb. 3.5.15   Zu Aufgabe 15.

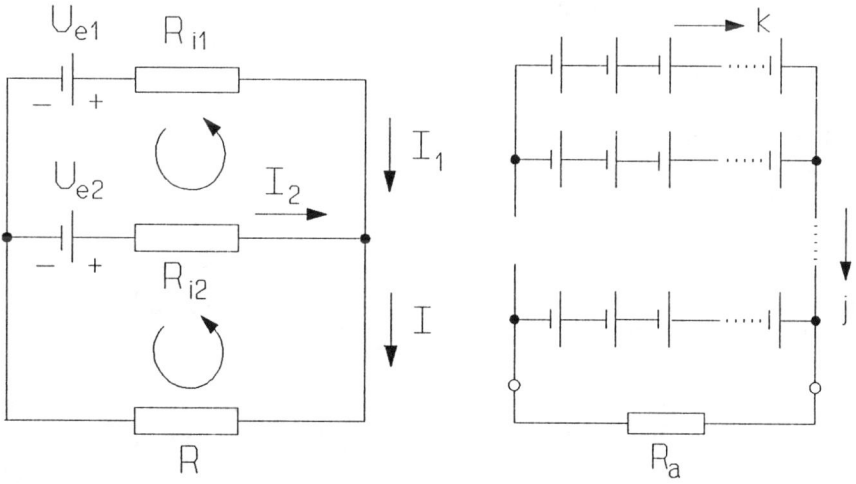

Abb. 3.5.16   Zu Aufgabe 16.   Abb. 3.5.17   Zu Aufgabe 17.

15. Gegeben ist die Spannungsteilerschaltung in Abb. 3.5.15 mit $U_e = 12$ V, $R_i = 1\ \Omega$, $R_1 = 50\ \Omega$, $R_2 = 20\ \Omega$, $R_a = 10\ \Omega$.
(a) Welcher Strom fließt durch den Lastwiderstand R_a ?
(b) Welche Spannung liegt an R_a?

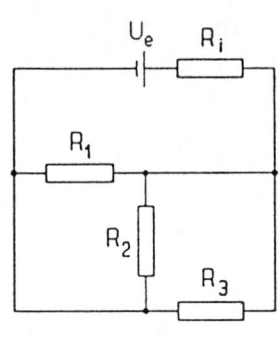 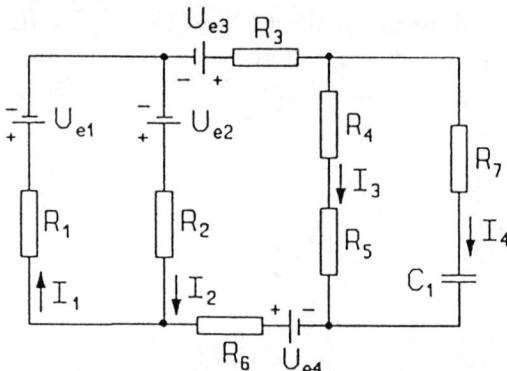

Abb. 3.5.18   Zu Aufgabe 18.   Abb. 3.5.19   Zu Aufgabe 19.

16. Welcher Strom fließt durch R in der Schaltung von Abb. 3.5.16? ($U_{e1} = 10,5$ V, $U_{e2} = 6$ V, $R_{i1} = 7$ kΩ, $R_{i2} = 4$ kΩ, $R = 5$ kΩ)

17. Gegeben sind n gleichartige Spannungsquellen mit einer Urspannung von $1,5$ V und einem Innenwiderstand von 2 kΩ. Sie sollen durch eine Gruppenschaltung (gemäß Abb. 3.5.17 je k Elemente in j Reihen) so angeordnet werden, daß durch einen Außenwiderstand R_a ein möglichst großer Strom fließt.
(a) Wie muß man k und j für $n = 50$ bei $R_a = 4$ kΩ wählen?
(b) Wie groß ist dieser Strom?

18. Wie groß sind (Abb. 3.5.18) Ströme und Spannungsabfälle für die Widerstände R_1, R_2, R_3? ($R_1 = R_3 = 3\ \Omega$, $R_2 = 2\ \Omega$, $U_e = 12$ V, $R_4 = 5\ \Omega$.)

19. Bestimmen Sie die Ströme $I_1, \cdots, I_4$ im skizzierten Gleichstromnetzwerk (Abb. 3.5.19) mit $U_{e1} = 1$ V, $U_{e2} = 2$ V, $U_{e3} = 3$ V, $U_{e4} = 4$ V, $R_1 = 1\ \Omega$, $R_2 = 2\ \Omega$, usw., $R_7 = 7\ \Omega$, $C_1 = 10\ \mu$F.

20. Zwölf Widerstände von je 10 Ω werden so zusammengelötet, daß jeder von ihnen die Kante eines Würfels bildet. An zwei räumlich diagonal gegenüberliegenden Punkten des Würfels wird eine Spannung von 5 V angelegt. Welcher Spannungsabfall erfolgt an jedem einzelnen Widerstand?

3.6 Arbeit und Leistung elektrischer Ströme

Schwerpunkte

Arbeit und Leistung elektrischer Ströme, Wärmeenergie und Heizleistung, mechanische Arbeit und Leistung, Wirkungsgrad, Gleich- und Wechselstromleistung

Formeln

Leistung elektrischer Ströme

$$P(t) = I(t)U(t) = [I(t)]^2 \cdot R = \frac{[U(t)]^2}{R}$$

für Gleichstrom

$$P = UI = I^2 R = \frac{U^2}{R}$$

Arbeit in Stromkreisen

$$\Delta W = \int_{t_2}^{t_1} P(t)\, \mathrm{d}t$$

für Gleichstrom

$$\Delta W = Pt = UI\,t = I^2 R\,t = \frac{U^2}{R}t$$

Fragen

1. Wie werden Stromarbeit und Leistung bei zeitlich veränderlichen Strömen bestimmt? Wie berechnen sich Stromarbeit und Leistung für zeitlich konstante Ströme?

2. Welche wesentlichen Energieformen entstehen durch Stromarbeit in Ohmschen Widerständen, Elektromotoren, Elektromagneten?

3. Formulieren Sie den Energieerhaltungssatz für einen Elektromotor. Welche physikalischen Prozesse tragen zur Entstehung von Wärmeenergie bei?

4. Wie berechnet sich der Wirkungsgrad
(a) einer elektrischen Maschine,
(b) eines elektrischen Heizgerätes?

5. Welche mikrophysikalischen Vorgänge sind die Ursache für die Energieumwandlung bei elektrischen Heizgeräten?

6. Nach welchem Prinzip arbeiten Schmelzsicherungen in elektrischen Stromkreisen, und was sollen sie bewirken?

7. Wie kann man Bimetallstreifen
(a) als Sicherungsautomaten,
(b) als Steuerelemente für elektrische Heizungen einsetzen?

8. Warum erfolgt der Transport von Elektroenergie über große Entfernungen bei möglichst hohen Spannungen?

9. Wenn in einem Raum ein starker elektrischer Verbraucher eingeschaltet wird, nimmt im allgemeinen die Helligkeit eingeschalteter Glühlampen ab. Was ist die Ursache?

10. Erläutern Sie die Funktionsweise eines Hitzdrahtamperemeters. Welche Konsequenzen ergeben sich aus dem Wirkungsprinzip für die Schnelligkeit der Anzeige und den Zusammenhang von Stromstärke und Zeigerausschlag des Gerätes?

Aufgaben

11. Ein Tauchsieder mit der Aufschrift 220 V/1000 W soll mit einer Leistung von 800 W betrieben werden. Welche Spannung ist anzulegen?

12. Zwei Glühlampen mit der Aufschrift 220 V/100 W werden
(a) parallel,
(b) in Reihe an das Netz geschaltet.
Wie groß sind Stromstärke und verbrauchte Leistung in beiden Fällen?
(c) Welche Stromarbeit verbrauchen beide Schaltungen in 10 h?

13. 5 l Wasser sollen in 10 Minuten von 20 °C auf Siedetemperatur erwärmt werden. Der Wirkungsgrad sei 0,8. Welchen Widerstand muß das Heizgerät bei einer Netzspannung von 220 V besitzen? ($c_{H_2O} = 4,18 \cdot 10^3$ J $\cdot$ kg^{-1}·K^{-1}).

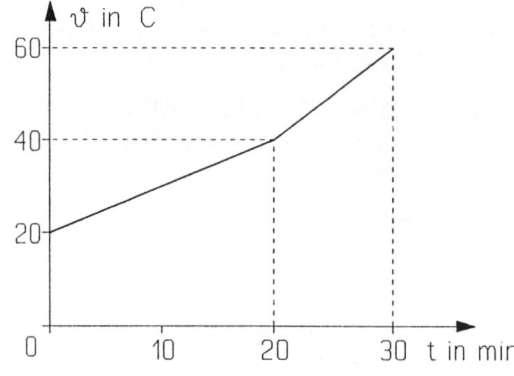

Abb. 3.6.14
Zu Aufgabe 14.

14. Die Erwärmung eines Kalorimeters erfolgt durch eine zunächst mit 10 V betriebene Heizvorrichtung. Nach 20 min wird die Heizspannung erhöht. Es ergibt sich die Temperaturabhängigkeit gemäß Abb. 3.6.14. Auf welchen Wert wurde die Spannung erhöht?

15. Um eine Heizplatte mit unterschiedlichen Leistungen betreiben zu können, wird diese mit zwei Heizelementen mit unterschiedlichem Widerstand (R_1 bzw. R_2) ausgerüstet. Durch Einzelbetrieb, Reihen- und Parallelschaltung ergeben sich vier unterschiedliche Heizleistungen.
(a) In welchem Verhältnis muß man die Widerstände R_1 und R_2 wählen, daß sich die unterschiedlichen Heizleistungen jeweils um den gleichen Faktor unterscheiden?
(b) Wie groß muß man die Widerstände wählen, damit bei 220 V Spannung die niedrigste Heizstufe einer Leistung von 1 kW entspricht?
(c) Welchen Leistungen entsprechen die weiteren Heizstufen?

16. Chromnickel hat bei 20 °C einen spezifischen Widerstand von $1,1 \cdot 10^{-6}$ $\Omega \cdot$ m und einen Temperaturkoeffizienten von $2 \cdot 10^{-4}$ K^{-1}. Wie lang muß Draht mit 1 mm² Querschnitt für einen Widerstand gewählt werden, der mit einer Heizspannung von 300 V bei 800 °C eine Heizleistung von 5 kW abgeben soll?

17. Ein Elektromotor von 5 kW Nennleistung wird über ein 50 m langes Kupferkabel ($\varrho = 1,79 \cdot 10^{-8}$ $\Omega \cdot$ m), dessen beide Adern je einen Querschnitt von 2,5 mm² besitzen, an 220 V angeschlossen. Welche mechanische Leistung kann dem Motor unter diesen Bedingungen bei einem Wirkungsgrad von 0,85 maximal entnommen werden?

18. Eine Röntgenröhre wird bei 100 kV mit einem Strom von 80 mA betrieben. Der Wirkungsgrad betrage 0,5 %. Um wieviel Kelvin erwärmt sich das Kühlwasser bei einem Durchfluß von 5 l · min^{-1}? ($c_{H_2O} = 4,18 \cdot 10^3$ J · kg^{-1} · K^{-1})

19. Ein Aufzug mit einer Gesamtmasse von 2,5 t bewegt sich mit einer Geschwindigkeit von 5 m · s^{-1} gleichförmig nach oben.
(a) Welche Leistung verbraucht der Motor bei einem Wirkungsgrad von 80 %?
(b) Wieviel Kilowattstunden sind erforderlich, um den Aufzug um 100 m zu heben?
(c) Ändert sich das Resultat, wenn sich der Aufzug mit gleicher Geschwindigkeit gleichförmig nach unten bewegt?

20. Das Massenträgheitsmoment der rotierenden Teile einer Maschine beträgt 120 kg · m². 30 s nach dem Einschalten erreicht die Maschine eine Drehzahl von 92 min^{-1}, wenn der Motor mit einer Spannung von 220 V und einer Stromstärke von 1,3 A betrieben wird. Wie groß ist der Wirkungsgrad des Motors?

3.7　Magnetisches Feld im Vakuum

Schwerpunkte

Magnetischer Fluß, Flußdichte, Feldstärke, magnetisches Moment, Dipol, Felder von geraden Leitern und Spulen, Durchflutungsgesetz, Biot-Savartsches Gesetz

Formeln

magnetischer Fluß
$$\Phi_m = \int_A \boldsymbol{B}\, \mathrm{d}\boldsymbol{A}$$

magnetische Flußdichte, Induktion
$$B = \frac{\mathrm{d}\Phi_m}{\mathrm{d}A}$$

magnetische Flußdichte für homogenes Feld
$$B = \frac{\Phi_m}{A}$$

magnetische Flußdichte im Vakuum
$$\boldsymbol{B} = \mu_o\, \boldsymbol{H}$$

magnetische Spannung
$$U_m = \int_S \boldsymbol{H}\, \mathrm{d}\boldsymbol{s}$$

Durchflutungsgesetz
$$\oint_S \boldsymbol{H}\, \mathrm{d}\boldsymbol{s} = \int_A \boldsymbol{j}\, \mathrm{d}\boldsymbol{A} = \sum_{i=1}^{n} I_i$$

Gesetz von Biot-Savart
$$\mathrm{d}\boldsymbol{H} = \frac{I}{4\pi r^3}\, \mathrm{d}\boldsymbol{s} \times \boldsymbol{r}$$

magnetische Feldstärke in der Umgebung eines unendlich langen geraden Leiters
$$H = \frac{I}{2\pi r}$$

magnetische Feldstärke im Inneren einer langen Spule (Durchmesser $\ll l$)
$$H = \frac{NI}{l}$$

magnetische Feldstärke im Inneren einer Ringspule	$H = \dfrac{NI}{2\pi r}$
Coulombsches magnetisches Moment (Dipolmoment)	$m_C = \Phi_m \, l$
Drehmoment auf magnetischen Dipol im Feld	$M_D = m_C \times H$

Fragen

1. Ein magnetisches Flußdichtefeld hat im Gegensatz zu den statischen elektrischen Feldern und Gravitationsfeldern keine Quellen und keine Senken. Welche Konsequenz hat dies für den Verlauf der Feldlinien?

2. Was sind die Ursachen magnetischer Felder? Was versteht man unter einem magnetischen Dipol?

3. Wie ist die Richtung der magnetischen Feldstärke (Feldlinien) festgelegt?

4. Beschreiben Sie das Magnetfeld eines geraden stromdurchflossenen Leiters.

5. Wie groß ist die magnetische Spannung, wenn über die in Abb. 3.7.5 dargestellten geschlossenen Wege integriert wird?

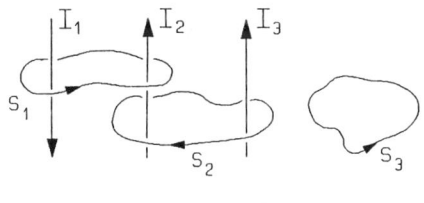

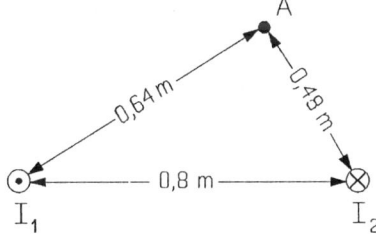

Abb. 3.7.5   Zu Frage 5.   Abb. 3.7.15   Zu Aufgabe 15.

6. Wie kann man magnetische Felder nachweisen?

7. Beschreiben Sie das Magnetfeld der Erde. Wo befinden sich magnetischer Nord- bzw. Südpol auf der Erde bzw. Kompaßnadel?

8. Was versteht man unter Deklination und Inklination?

9. Welcher räumliche Zusammenhang besteht beim Biot-Savartschen Gesetz zwischen den Vektoren ds, r und dH (Darstellung durch Skizze)?

10. Eine Magnetnadel mit dem Dipolmoment m_C und dem Massenträgheitsmoment J sei drehbar in einem homogenen Magnetfeld der Stärke H gelagert.
(a) Wie lautet die Schwingungsgleichung für dieses System?
(b) Unter welcher Näherungsbedingung kann die Schwingung als harmonisch angesehen werden?
(c) Wie groß ist die Schwingungsdauer für den harmonischen Grenzfall?

Aufgaben

11. Eine Magnetnadel habe ein Dipolmoment von 10^{-8} V · s · m. Wie groß ist das Drehmoment infolge der horizontalen Komponente des Erdmagnetfeldes am Äquator ($B_H = 4 \cdot 10^{-5}$ V · s · m^{-2}), wenn die Nadel mit dem magnetischen Nordpol nach NO zeigt? (Deklination werde nicht beachtet.)

12. Die Horizontalkomponente der magnetischen Feldstärke des Erdfeldes betrage 15 A · m^{-1}. Welche Schwingungsdauer hat eine in der Mitte gelagerte Magnetnadel aus Eisen von 3 mm^2 Querschnitt und 40 mm Länge, die ein magnetisches Moment von $6 \cdot 10^{-8}$ V · s · m besitzt?

13. Ein langer gerader Kupferstab mit kreisförmigem Querschnitt (Durchmesser 10 mm) wird von einem Strom von 120 A durchflossen.
(a) Wie groß ist die magnetische Feldstärke im Abstand 5 mm, 10 mm, 100 mm von der Stabachse?
(b) Wie groß ist die magnetische Feldstärke innerhalb des Stabes am Ort der Stabachse und in 1 mm und 3 mm Abstand davon?
(c) Überlegen Sie sich, daß die Überlagerung der Magnetfelder aller Teilströme durch die Flächenelemente des Stabquerschnittes am Ort der Stabachse tatsächlich Null ergibt.
(d) Stellen Sie die magnetische Feldstärke als Funktion des Abstandes von der Stabachse graphisch dar.

14. Genau südlich der Achse einer horizontal pendelnden Magnetnadel befindet sich in 0, 5 m Abstand ein senkrecht aufgespannter Draht. Wenn ein Strom durch den Draht fließt, dreht sich die Magnetnadel mit ihrem Nordpol nach Westen in eine um 30° von der Nordrichtung abweichende neue Gleichgewichtslage. Die Horizontalkomponente der Flußdichte des irdischen Magnetfeldes betrage $2,5 \cdot 10^{-5}$ T. Die Deklination werde vernachlässigt.

(a) In welcher Richtung fließt der Strom im Draht?
(b) Wie groß ist die Stromstärke?

15. Wie groß sind magnetische Feldstärke und Flußdichte am Punkt A (Abb. 3.7.15), wenn die Ströme $I_1 = 10$ A und $I_2 = -5$ A senkrecht zur Zeichenebene in langen Drähten fließen?

16. Ein homogenes Magnetfeld im Vakuum habe eine Feldstärke von $5 \cdot 10^4$ A $\cdot$ m^{-1}. Wie groß ist der magnetische Fluß durch eine Fläche von 10^3 mm^2, deren Flächennormale unter einem Winkel von 20° zum Feld steht?

17. Geben Sie den magnetischen Fluß als Funktion der Zeit an, wenn die Fläche in Aufgabe 16. mit der Winkelgeschwindigkeit ω um eine zu Feld und Flächennormale senkrechte Achse rotiert. Zur Zeit $t = 0$ zeige die Flächennormale in Feldrichtung.

18. Eine lange gerade Spule werde von einem Strom der Stromstärke 1 A durchflossen. Ihre Länge betrage 200 mm, die Querschnittsfläche 500 mm^2. Die Spule erzeugt einen magnetischen Fluß von $1,57 \cdot 10^{-6}$ V $\cdot$ s. Wie groß ist die Windungszahl der Spule?

19. Wie groß ist die magnetische Feldstärke auf dem angedeuteten Kreis (Abb. 3.7.19) in einer Ringspule mit $r = 100$ mm und 5000 Windungen, die von einem Strom der Stromstärke 100 mA durchflossen wird?

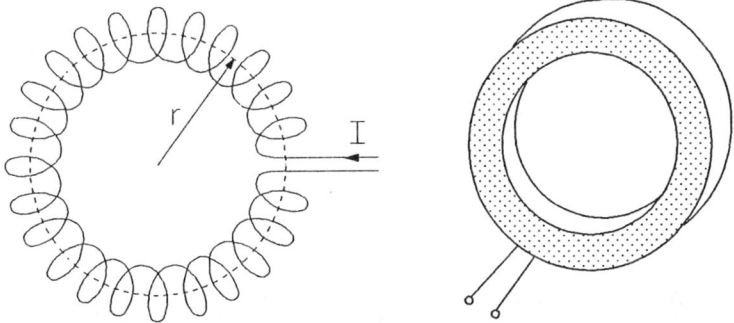

Abb. 3.7.19 Ringspule (Toroid) Abb. 3.7.20 Zylinderspule (Solenoid)

20. Eine sehr flach gewickelte Spule (Abb. 3.7.20) hat 500 Windungen und einen Radius von 100 mm. Wie groß ist die Feldstärke in der Spulenmitte, wenn ein Strom der Stromstärke 12 mA durch die Spule fließt? (Hinweis: Die Berechnung kann nach dem Gesetz von Biot-Savart erfolgen mit $\mathrm{d}s = r\,\mathrm{d}\varphi$.)

3.8   Materie im Magnetfeld

Schwerpunkte

Magnetische Flußdichte und magnetischer Fluß in Materie, Permeabilitätszahl, magnetische Suszeptibilität, magnetische Polarisation, Magnetisierung, Dia-, Para-, Ferromagnetismus

Formeln

magnetische Flußdichte

$$\boldsymbol{B} = \mu_o \mu_r \ \boldsymbol{H}$$

magnetischer Fluß

$$\Phi_m = \int_A \boldsymbol{B} \ \mathrm{d}\boldsymbol{A}$$

magnetische Polarisation

$$\begin{aligned}\boldsymbol{J} &= \boldsymbol{B} - \mu_o \ \boldsymbol{H} \\ &= (\mu_r - 1)\mu_o \ \boldsymbol{H} \\ &= \chi_m \mu_o \ \boldsymbol{H}\end{aligned}$$

magnetische Suszeptibilität

$$\chi_m = \mu_r - 1$$

Magnetisierung

$$\boldsymbol{M} = \frac{\boldsymbol{J}}{\mu_o} = \chi_m \ \boldsymbol{H}$$

Coulombsches magnetisches Moment

$$\boldsymbol{m}_C = \int_V \boldsymbol{J} \ \mathrm{d}V$$

$$\boldsymbol{J} = \frac{\mathrm{d}\boldsymbol{m}_C}{\mathrm{d}V}$$

Amperesches magnetisches Moment

$$\boldsymbol{m}_A = \frac{\mathrm{m}_C}{\mu_o} = \int_V \boldsymbol{M} \ \mathrm{d}V$$

$$\boldsymbol{M} = \frac{\mathrm{d}\boldsymbol{m}_A}{\mathrm{d}V}$$

Drehmoment eines magnetischen Dipols im Feld

$$\boldsymbol{M}_D = \boldsymbol{m}_C \times \boldsymbol{H} = \boldsymbol{m}_A \times \boldsymbol{B}$$

Kraft auf Dipol im
inhomogenen Feld

$$F = m_C \frac{\mathrm{d}H}{\mathrm{d}x}$$

Fragen

1. Was versteht man unter der Permeabilitätszahl und der magnetischen Suszeptibilität?

2. Welche Werte haben μ_r und χ_m für dia-, para- und ferromagnetische Stoffe?

3. Warum ist der Diamagnetismus eine generelle Eigenschaft der Atome?

4. Was ist die Ursache für den Paramagnetismus?

5. Wie hängt χ_m für Paramagnetika von der Temperatur ab?

6. Welche Ursachen hat der strukturelle Magnetismus? Wie unterscheiden sich Ferro-, Antiferro- und Ferrimagnetismus?

7. Was versteht man unter Weißschen Bezirken, Curietemperatur und Magnetostriktion?

8. Erläutern Sie den Verlauf einer Hysteresekurve sowie die Begriffe Sättigung, Remanenz und Koerzitivfeldstärke.

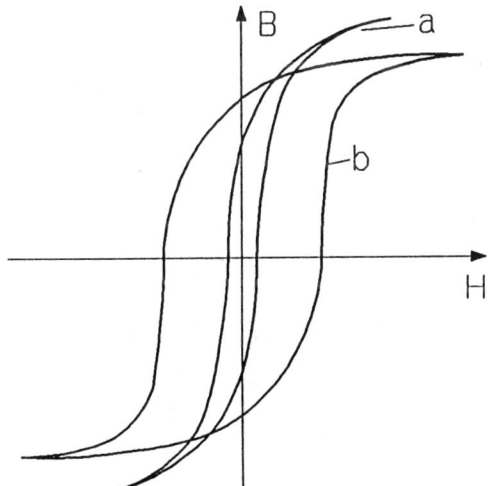

Abb. 3.8.9
Hysteresekurven

9. Gegeben sind die Hysteresekurven zweier ferromagnetischer Materialien (Abb. 3.8.9). Welches Material ist für Trafobleche besser geeignet? (Begründung)

10. Wie verhalten sich Dia-, Para- und Ferromagnetika in inhomogenen magnetischen Feldern?

Aufgaben

11. Wie groß ist die magnetische Flußdichte in einem Medium mit der Suszeptibilität 19, wenn eine magnetische Feldstärke von $50 \ A \cdot m^{-1}$ vorliegt? Wie groß ist die Permeabilitätszahl des Materials?

12. In einem Material werden folgende Werte gemessen: $H = 500 \ A \cdot m^{-1}$, $B = 6,2848 \cdot 10^{-4}$ T. Ist das Material dia-, para- oder ferromagnetisch?

13. Ein Stabmagnet mit einer Querschnittsfläche von $1,5 \cdot 10^3$ mm^2 erzeugt einen magnetischen Fluß von 10^{-3} Wb. Wie groß ist die Permeabilitätszahl, wenn die Feldstärke $120 \ A \cdot m^{-1}$ beträgt?

14. Zwei gleiche Stabmagnete mit einem Fluß von $1,5 \cdot 10^{-5}$ Wb und einer Querschnittsfläche von 100 mm^2 liegen in einer Geraden so, daß sie sich anziehen. Zwischen Nord- und Südpol wird eine Kupferplatte $(\chi_m = -10^{-5})$ von gleichem Querschnitt wie der der Stabmagnete gebracht (Abb. 3.8.14). In der Kupferplatte wird eine Feldstärke von $10^5 \ A \cdot m^{-1}$ festgestellt. Wie groß sind die Streuverluste?

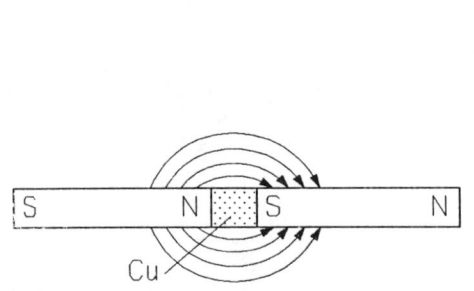

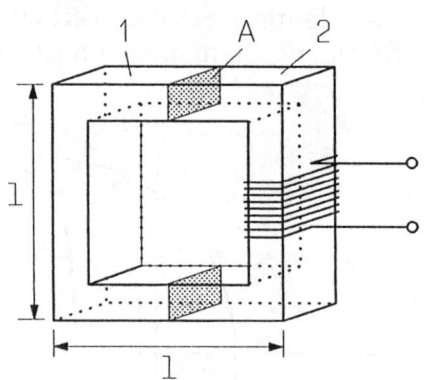

Abb. 3.8.14   Zu Aufgabe 14.   Abb. 3.8.18   Zu Aufgabe 18.

15. Eine Spule mit 500 Windungen, einer Länge von 100 mm und einem Querschnitt von 100 mm^2 wird von einem Strom der Stärke 100 mA durchflossen. Wie groß ist der magnetische Fluß
(a) im Vakuum,
(b) wenn sich in der Spule ein Eisenkern $(\mu_r = 6 \cdot 10^3)$ befindet?

16. Eine Platinkugel von 10 mm Durchmesser $(\chi_m = 2,56 \cdot 10^{-4})$ befindet sich in einem Magnetfeld der Feldstärke $2500 \ A \cdot m^{-1}$.

(a) Wie groß sind Magnetisierung und magnetische Polarisation?
(b) Welches Amperesche und Coulombsche Dipolmoment entstehen in der Kugel?

17. Welche Kraft wirkt auf die Kugel aus Aufgabe 16., wenn das Magnetfeld einen Gradienten von 5000 A $\cdot$ m^{-2} besitzt?

18. Ein Magnetkern (Abb. 3.8.18) mit den Maßen $l = 100$ mm und $A = 500$ mm^2 bestehe jeweils zur Hälfte aus Material 1 ($\mu_{r1} = 2000$) und Material 2 ($\mu_{r2} = 4000$). Welcher Strom muß in der Spule mit 500 Windungen fließen, damit im Kern ein Fluß von 10^{-3} Wb entsteht?

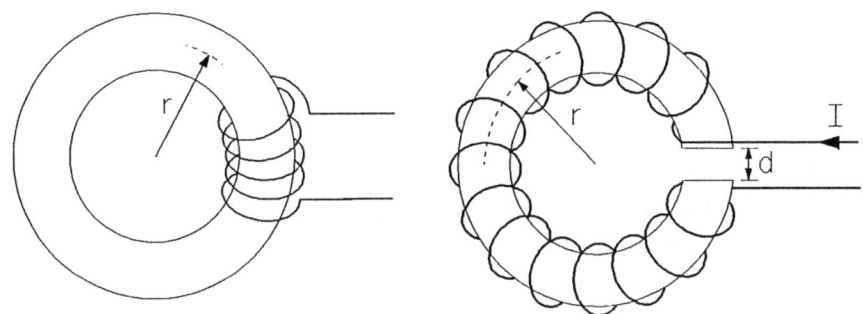

Abb. 3.8.19 Zu Aufgabe 19.   Abb. 3.8.20 Ringspule mit Luftspalt

19. Ein ringförmiger Ferritkern (Abb. 3.8.19, $r = 5$ mm) sei magnetisiert und habe eine Koerzitivfeldstärke von 10^3 A $\cdot$ m^{-1}. Auf ihn ist ein Draht mit 5 Windungen gewickelt. Welche Stromstärke ist notwendig, um den Kern zu entmagnetisieren?

20. Eine Ringspule (Abb. 3.8.20) besitzt 200 Windungen, die auf einen Eisenkern ($\mu_r = 300$) mit einem Luftspalt ($d = 3$ mm) und einem mittleren Radius von $r = 100$ mm gewickelt sind. Ein Strom der Stärke $I = 2$ A fließt durch die Spule. Wie groß sind Flußdichte und Feldstärke
(a) im Luftspalt,
(b) im Eisenkern ? Streuverluste sind zu vernachlässigen.

3.9 Bewegte Ladungsträger im Magnetfeld

Schwerpunkte

Kräfte auf bewegte Ladungen im Magnetfeld, Lorentzkraft, Kraft auf stromführende Leiter, Kräfte zwischen stromführenden Leitern, Bahnen geladener Teilchen im Magnetfeld, Zirkularbeschleuniger

Formeln

Lorentzkraft auf frei
fliegende Ladungsträger
$$\boldsymbol{F}_L = Q\,\boldsymbol{v} \times \boldsymbol{B}$$

Lorentzkraft auf geraden
stromdurchflossenen Leiter
der Länge l
$$\boldsymbol{F}_L = I\,\boldsymbol{l} \times \boldsymbol{B}$$

Kraft zwischen parallelen
geraden Leitern der
Länge l im Vakuum
$$F = \frac{\mu_o I_1 I_2}{2\pi r}\,l$$

Fragen

1. Welche Eigenschaft bewegter Ladungsträger führt zu ihrer Ablenkung in magnetischen Feldern?

2. Erläutern Sie Betrag und Richtung der Lorentzkraft auf ein senkrecht zu den Feldlinien in ein Magnetfeld fliegendes Teilchen.

3. Welche Bahnen ergeben sich, wenn geladene Teilchen
(a) senkrecht zu den Feldlinien,
(b) parallel zu den Feldlinien,
(c) unter anderen Winkeln
in ein homogenes Magnetfeld eingeschossen werden? Wie lassen sich die Antworten begründen?

4. Erläutern Sie das Arbeitsprinzip einer Fernsehbildröhre.

5. Nach welchem Prinzip arbeitet ein Zyklotron?
(a) Wie erfolgt die vielmalige Beschleunigung geladener Teilchen durch das elektrische Wechselfeld?
(b) Zeigen Sie, daß der Umlauf der geladenen Teilchen auf einem Halbkreis im nichtrelativistischen Fall trotz zunehmender Geschwindigkeit stets die gleiche Zeit erfordert.

6. Beschreiben Sie die Wirkungsweise eines magnetischen Massentrenners zur Isotopenseparation.

7. Wie groß ist die Kraft auf einen geraden stromdurchflossenen Leiter, wenn er sich
(a) senkrecht zu den Feldlinien,
(b) parallel zu den Feldlinien
in einem Magnetfeld befindet?

8. Nach welchem Prinzip arbeiten Drehspulmeßgerät und Elektromotor?

9. Welche Kräfte wirken zwischen geraden stromdurchflossenen Leitern, die parallel zueinander liegen? Wie wurde die Einheit der elektrischen Stromstärke im Internationalen Einheitensystem festgelegt?

10. Wie entstehen Polarlichter?

Aufgaben

11. Ein Elektron wird mit einer Geschwindigkeit von $1,76 \cdot 10^6$ m $\cdot$ s^{-1} senkrecht zu den Feldlinien in ein homogenes Magnetfeld mit einer Flußdichte von 10^{-5} T eingeschossen. Warum beschreibt das Elektron eine Kreisbahn, und wie groß ist der Radius?

12. α-Teilchen fliegen mit einer Geschwindigkeit von $3,5$ km $\cdot$ s^{-1} unter einem Winkel von 89° zu den Feldlinien in ein homogenes Feld mit einer Flußdichte von 10^{-3} T. Wie groß sind
(a) der Radius,
(b) die Steigung der entstehenden Schraubenkurve?

13. Ein Massenspektrometer (Abb. 3.9.13) arbeite mit einem Magneten, der ein homogenes Feld mit der Flußdichte von $0,4$ T erzeugt. Die positiv geladenen Teilchen müssen einen Radius von 50 mm beschreiben, um durch den Austrittsspalt auf den Detektor zu treffen.
(a) Mit welcher Spannung müssen einfach geladene Ionen des Sauerstoffnuklids $^{16}_{8}$O beschleunigt werden, um den Austrittsspalt zu erreichen?
(b) Wie groß darf die Spaltbreite höchstens sein, damit die Trennung der $^{16}_{8}$O-Ionen von denen des Sauerstoffnuklids $^{18}_{8}$O möglich ist?

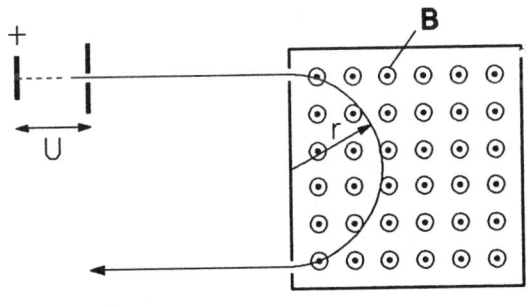

Abb. 3.9.13
Magnetischer Massentrenner

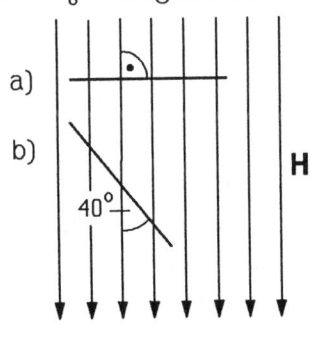

Abb. 3.9.16
Zu Aufgabe 16.

14. Protonen fliegen mit einer Geschwindigkeit von $100 \, \text{km} \cdot \text{s}^{-1}$ parallel zu den Platten in einen Plattenkondensator mit einer elektrischen Feldstärke von $10^4 \, \text{V} \cdot \text{m}^{-1}$. Wie muß ein Magnetfeld angeordnet werden, und welche Feldstärke muß es haben, damit die Protonen nicht abgelenkt werden?

15. Mit einem Zyklotron werden Heliumionen (He^{2+}) auf die kinetische Energie 27 MeV beschleunigt. Die Beschleunigungsspannung beträgt 30 kV und die Flußdichte des Magnetfeldes $1,45$ T.
(a) Wie groß ist die Zahl der Umläufe eines Ions?
(b) Welchen Radius müssen die Duanten mindestens haben?
(c) Wie groß ist die Frequenz des Teilchenumlaufs?

16. Ein $0,5$ m langer gerader Leiter (Abb. 3.9.16) wird von einem Strom von 20 A durchflossen. Er befindet sich im Vakuum in einem magnetischen Feld der Feldstärke $10^3 \, \text{A} \cdot \text{m}^{-1}$. Welche Kraft wirkt auf den Leiter in den beiden skizzierten Lagen (a) und (b)?

17. Leiten Sie die Beziehung für die Kräfte zwischen parallelen stromführenden Leitern her.

18. Die Zuleitungen für die Speisung eines Elektroschmelzofens sind 54 m lang und im Abstand von $0,3$ m voneinander verlegt. Welcher Kraft müssen die Befestigungen widerstehen, wenn der Ofen mit einer Stromstärke von 10 kA betrieben wird?

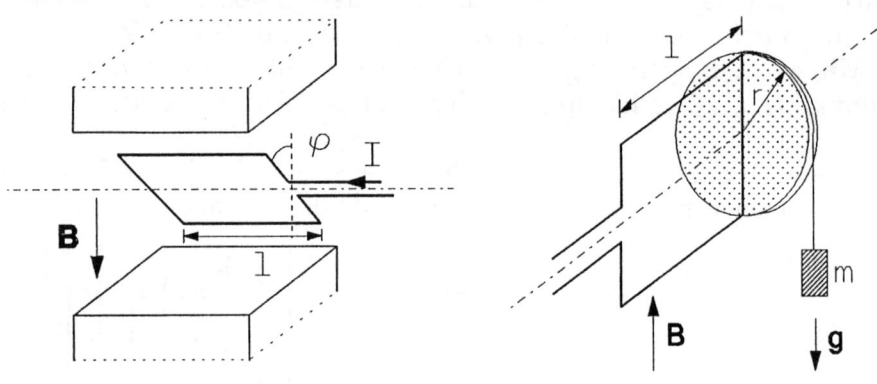

Abb. 3.9.19   Abb. 3.9.20

Leiterschleife im Magnetfeld   Zu Aufgabe 20.

19. Gegeben ist eine quadratische Leiterschleife, die gemäß Abb. 3.9.19 im Magnetfeld um ihre Achse gedreht werden kann.
(a) Wie hängt allgemein das auf die Schleife wirkende Drehmoment vom Winkel φ ab?

(b) Wie groß sind die Kräfte auf die zur Achse senkrechten Leiterstücke und ihr Beitrag zum Drehmoment um die Achse?

(c) Wie muß die Leiterschleife an eine Gleichspannungsquelle angeschlossen werden, damit die Anordnung als Elektromotor arbeiten kann?

20. Eine quadratische Spule mit einer Seitenlänge $l = 150$ mm und 50 Windungen ist gemeinsam mit einer Rolle (Radius $r = \dfrac{l}{2}$) auf einer Achse befestigt (Abb. 3.9.20). Wie groß muß bei $B = 10^{-2}$ T der Strom sein, und in welche Richtung muß er fließen, damit die an einem auf die Rolle gewickelten Faden befestigte Masse $m = 100$ g in Ruhe gehalten werden kann?

3.10 Elektromagnetische Induktion

Schwerpunkte

Induktionsgesetz, Lenzsche Regel, Prinzip von Transformator und Generator, Selbstinduktion, Induktivität, magnetische Energie, Spannungsstoß

Formeln

Induktionsgesetz
$$U_{ind} = -\frac{d\Phi_m}{dt}$$

Spannungsstoß
$$\int_{t_1}^{t_2} U_{ind}(t)\, dt = \Delta\Phi_m$$

Induktion in einer Spule
$$U_{ind} = -N\frac{d\Phi_m}{dt}$$

Induktion im geraden Leiter
$$\boldsymbol{E}_{ind} = \boldsymbol{v} \times \boldsymbol{B}$$

Induktionsspannung im bewegten Leiter
$$U_{ind} = \int_l \boldsymbol{E}_{ind}\, d\boldsymbol{l} = l\, v\, B \sin(\boldsymbol{v}, \boldsymbol{B})$$

Selbstinduktion

$$U_{ind} = -L\frac{dI}{dt}$$

Induktivität einer
langen Spule

$$L = \frac{\mu_o \mu_r N^2 A}{l}$$

magnetische Feldenergie einer
langen Spule

$$E_m = \tfrac{1}{2}BHV = \tfrac{1}{2}LI^2$$

Fragen

1. Welche generellen Möglichkeiten gibt es, den magnetischen Fluß durch eine Spule zeitlich zu verändern? Welche davon finden technische Anwendungen?

2. Welche Regel ergibt sich aus der Energieerhaltung bei Induktionserscheinungen?

3. Erläutern Sie das Prinzip eines Transformators. Mit welchen Verlusten muß man beim Betrieb eines Transformators rechnen?

4. Was versteht man unter Wirbelströmen? Wo können sie nützlich sein? Welche Nachteile ergeben sie, und was kann man tun, um sie in elektrischen Maschinen oder Transformatoren in Grenzen zu halten?

5. Ein Transformator wird versehentlich an eine der Nennspannung entsprechende Gleichspannung angeschlossen.
(a) Welchen Verlauf hat die Sekundärspannung unmittelbar nach dem Einschalten und später?
(b) Welche Gefahr besteht?

6. Wie groß ist der magnetische Fluß durch eine Leiterschleife der Fläche A in Abhängigkeit von der Zeit, wenn sie in einem homogenen Magnetfeld der Stärke H mit der Winkelgeschwindigkeit ω um eine zum Feld senkrechte Achse rotiert?

7. Nach welchem Prinzip arbeiten Generatoren zur Elektroenergiezeugung? Erläutern Sie Anlagen für Gleichstrom, einphasigen Wechselstrom und Drehstrom.

8. Was versteht man unter Selbstinduktion?

9. Welchen zeitlichen Verlauf zeigt die Stromstärke beim Einschalten von Stromkreisen mit merklichen Induktivitäten?

10. Woher rührt die Energie der beim Abschalten von starken Verbrauchern in den Schaltern auftretenden Funkenüberschläge?

Aufgaben

11. Gegeben sei ein U-förmiges Drahtgebilde nach Abb. 3.10.11, dessen Innenfläche senkrecht von einem homogenen magnetischen Feld der Flußdichte $5 \cdot 10^{-1}$ T durchsetzt wird. Der Abstand der parallelen Drähte beträgt $d = 2$ m. Wie groß ist die induzierte Spannung, wenn der Bügel S mit einer Geschwindigkeit von 25 m $\cdot$ s^{-1} bewegt wird?

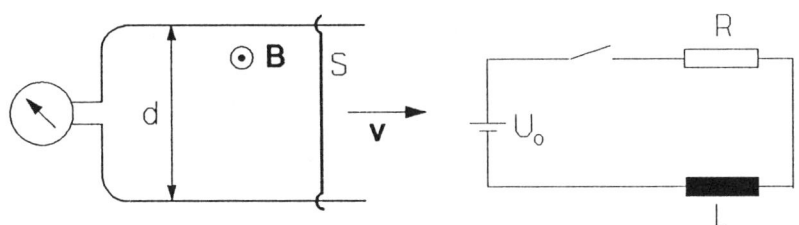

Abb. 3.10.11   Zu Aufgabe 11.   Abb. 3.10.19   Gleichstromkreis mit
                                    Widerstand und Induktivität

12. In einer Spule mit 10^3 Windungen ändert sich der magnetische Fluß innerhalb von $0,1$ s gleichförmig von $3 \cdot 10^{-4}$ V $\cdot$ s auf $0,5 \cdot 10^{-4}$ V $\cdot$ s. Welche Spannung wird in der Spule induziert?

13. Eine Spule mit 12 Windungen und quadratischem Querschnitt wird mit einer Geschwindigkeit von 2 m $\cdot$ s^{-1} gemäß Abb. 3.10.13 durch ein homogenes Magnetfeld mit einer Feldstärke von $5 \cdot 10^4$ A $\cdot$ m^{-1} bewegt. Die Feldlinien verlaufen dabei senkrecht zur Spulenfläche. Zur Zeit $t = 0$ befindet sich die linke Spulenkante 1 m vom rechten Rand des Magnetfeldes entfernt.
(a) Zu welchem Zeitpunkt erreicht die linke Spulenkante das Feld?
(b) Zu welchen Zeiten wird in der Spule eine Spannung induziert und wie groß ist sie?

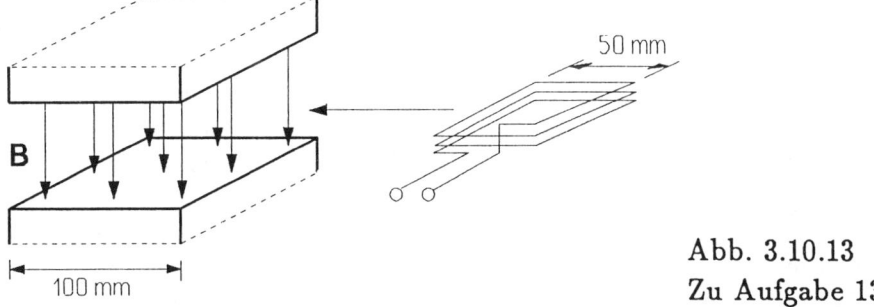

Abb. 3.10.13
Zu Aufgabe 13.

14. In einer Spule 1 der Länge $l_1 = 100$ mm und der Windungszahl $N_1 = 10^4$ wird eine Spule 2 mit der Windungszahl $N_2 = 2 \cdot 10^3$ und der

Querschnittsfläche $A_2 = 5 \cdot 10^{-5}$ m² so angeordnet, daß beide Spulen-achsen parallel stehen (Abb. 3.10.14a). Durch Spule 1 wird ein Strom gemäß Abb. 3.10.14b geführt ($q = 0,1$ A $\cdot$ s^{-2}). Wie groß ist die in Spule 2 induzierte Spannung als Funktion der Zeit?

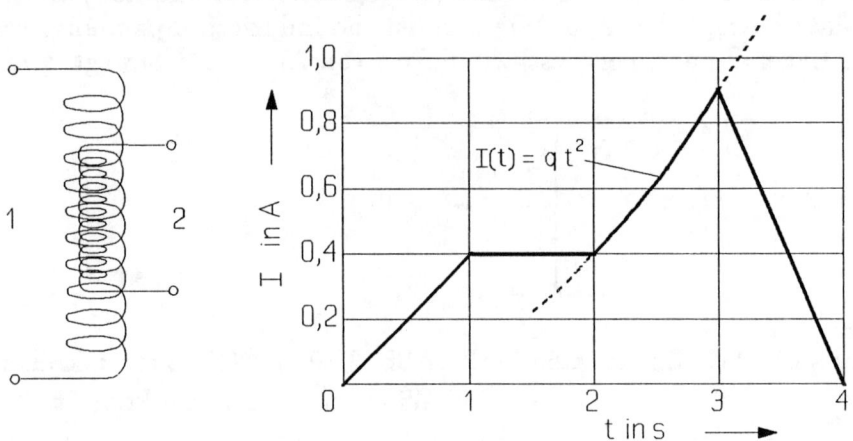

Abb. 3.10.14a   Abb. 3.10.14b
Zu Aufgabe 14.

15. Eine gerade Spule wird so aufgestellt, daß ihre Achse nach Norden zeigt. Die Spule hat 3000 Windungen und eine Querschnittsfläche von $8 \cdot 10^4$ mm². Dreht man die Spule schnell mit ihrer Achse nach Osten, so tritt ein Spannungsstoß von $1,1 \cdot 10^{-2}$ V $\cdot$ s auf. Wie groß ist die Horizontalkomponente der magnetischen Feldstärke des Erdfeldes am Spulenort?

16. Eine quadratische Leiterschleife (Seitenlänge $l = 40$ mm, Massenträgheitsmoment $J = 10^{-4}$ kg $\cdot$ m²) rotiert gemäß Abb. 3.9.19 mit einer Winkelgeschwindigkeit $\omega = 10^3$ s^{-1} in einem homogenen Magnetfeld der Flußdichte $B = 1$ T. An den Zuleitungen wird über Schleifkontakte eine Spannung $U(t)$ abgegriffen.
(a) Welchen zeitlichen Verlauf hat die Spannung, wenn die Schleife zum Zeitpunkt $t = 0$ gerade senkrecht zu den Feldlinien steht?
(b) Wie groß sind Amplitude und Effektivwert der Spannung?
(c) Wie groß ist die abgegebene Leistung, wenn an die Schleifkontakte ein Verbraucher mit einem Widerstand $R = 0,2$ Ω angeschlossen wird? (Der Innenwiderstand der Schleife werde vernachlässigt.)
(d) Nach welcher Zeit hört die Schleife auf zu rotieren, wenn der mechanische Antrieb ausgekuppelt und eine konstante Leistung von $P = 1$ W entnommen wird?

(e) Nach welcher Zeit rotiert die Leiterschleife nur noch mit halber Winkelgeschwindigkeit, wenn der mechanische Antrieb ausgekuppelt und ein Widerstand von $R = 1\ \Omega$ angeschlossen werden?

17. Eine zylindrische Luftspule hat 1000 Windungen, eine Länge von 120 mm und einen Radius von $17,8$ mm. Wie groß ist die Induktivität der Spule?

18. Durch eine Spule mit einer Induktivität von 1 H fließt ein Strom $I = I_o\, e^{-kt}$. Wie groß ist die induzierte Spannung zur Zeit $t = 3$ s für $I_o = 10$ A und $k = 0,5\ \mathrm{s}^{-1}$?

19. Im Stromkreis von Abb. 3.10.19 sind $U_o = 100$ V, $L = 1$ H und $R = 10\ \Omega$. Wie groß ist die Stromstärke $0,1$ s nach dem Einschalten?

20. Eine Spule mit einer Induktivität von 6 H wird von einem Gleichstrom der Stärke 5 A durchflossen.
(a) Wie groß ist die magnetische Energie der Spule?
(b) Welche Ladungsmenge fließt durch die Spule, wenn diese bei der Abtrennung von der Zuleitung kurzgeschlossen wird und ihr Widerstand 100 Ω beträgt?

3.11 Wechselstrom

Schwerpunkte

Widerstände, Ströme und Leistungen in Wechselstromkreisen, Effektivwerte, Leistungsfaktor, Phasenverschiebung, Zeigerdiagramm

Formeln

Wechselspannung	$U(t) = U_{max} \sin\left(\omega t + \varphi_U\right)$
Wechselstrom	$I(t) = I_{max} \sin\left(\omega t + \varphi_I\right)$
Phasenverschiebung zwischen Spannung und Stromstärke	$\varphi = \varphi_U - \varphi_I$
Leistungsfaktor	$\cos \varphi$
Effektivwerte	$U_{eff} = \dfrac{U_{max}}{\sqrt{2}}, \ I_{eff} = \dfrac{I_{max}}{\sqrt{2}}$

Wirkleistung	$P = U_{eff}\, I_{eff}\, \cos\varphi$
Blindleistung	$Q = U_{eff}\, I_{eff}\, \sin\varphi$
Scheinleistung	$S = \sqrt{P^2 + Q^2} = U_{eff}\, I_{eff}$
induktiver Widerstand	$X_L = \omega L$
kapazitiver Widerstand	$X_C = \dfrac{1}{\omega C}$
Blindwiderstand	$X = X_L - X_C$
Scheinwiderstand	$Z = \sqrt{R^2 + X^2} = \sqrt{R^2 + (\omega L - \dfrac{1}{\omega C})^2}$
Phasenwinkel	$\tan\varphi = \dfrac{X}{R}$
Blindwiderstand	$X = Z \sin\varphi$
Ohmscher Widerstand	$R = Z \cos\varphi$

Fragen

1. Welche Vorteile besitzt Wechselstrom gegenüber Gleichstrom? Was versteht man unter Drehstrom?

2. Ein Kondensator wird über einen Gleichrichter an eine Wechselspannung von 220 V angeschlossen. Auf welche Spannung lädt er sich auf?

3. Eine Heizwicklung hat einen Gleichstromwiderstand von 50 Ω. Ist für Wechselstrom der gleiche Widerstand maßgebend?

4. Stellen Sie induktiven und kapazitiven Widerstand als Funktion der Frequenz graphisch dar.

5. Was versteht man unter Schein-, Wirk- und Blindwiderstand? Stellen Sie die Addition von Wirk- und Blindwiderständen graphisch dar.

6. Welche Phasenverschiebung ergibt sich zwischen Spannung und Strom für
(a) rein kapazitive,
(b) rein induktive,
(c) rein Ohmsche Widerstände?
(d) Wie kann der Phasenwinkel aus den Diagrammen von Aufgabe 5. abgelesen werden?

7. Wie berechnet sich die Leistung in Wechselstromkreisen? Was versteht man unter Schein-, Wirk- und Blindleistung? Welche Rolle spielt der Phasenwinkel?

8. Wie groß ist die Wirkleistung in Wechselstromkreisen, die aus Kondensatoren und Spulen bestehen, deren Ohmsche Widerstände vernachlässigbar klein sind? Wie groß ist in solchen Schaltungen der Phasenwinkel?

9. Warum ist die Phasenverschiebung zwischen Spannung und Strom bei Energieübertragung prinzipiell so klein wie möglich zu halten?

10. Betreibt man eine mit Wechselstrom gespeiste elektrische Heizeinrichtung zur Temperaturregulierung mit einem Vorwiderstand, so können beträchtliche Energieverluste entstehen. Welche einfachen Möglichkeiten gibt es, die Temperatur nahezu ohne Verluste zu regulieren?

Aufgaben

11. Gegeben ist eine Wechselspannung $U(t) = U_{max} \sin(\omega t + \varphi_U)$ mit einer Amplitude von 311 V, einer Kreisfrequenz von 314 s^{-1} und einem Nullphasenwinkel von $0,5$.
(a) Wie groß sind Effektivwert und Schwingungsdauer der Spannung, welchen Wert hat der Nullphasenwinkel in Grad?
(b) Welchen Momentanwert hat die Spannung für $t = 13,4$ ms?

12. Der Spannung $U(t) = U_{max} \cos(\omega t + \varphi_U)$ mit $\varphi_U = 0,2$ eilt ein Strom gleicher Frequenz mit der Amplitude I_{max} um $\varphi = 30^\circ$ voraus. Durch welche Beziehung wird der Strom $I(t)$ beschrieben?

13. Eine Spule der Induktivität 40 mH wird bei vernachlässigbarem Ohmschen Widerstand mit einer Spannung $U_{eff} = 10$ V bei 50 Hz betrieben.
(a) Welchen Effektivwert hat der durch die Spule fließende Strom?
(b) Anstelle der Spule wird ein Kondensator von 150 μF eingeschaltet. Welcher Strom fließt jetzt?

(c) Für welche Frequenz haben die Blindwiderstände von Spule und Kondensator den gleichen Betrag?

14. Wie groß sind Scheinwiderstand, effektive Stromstärke und Phasenwinkel für die Reihenschaltungen in Abb. 3.11.14a und b bei Anliegen einer Spannung von $U_{eff} = 220$ V und einer Frequenz von 50 Hz? Zeichnen Sie die Zeigerdiagramme.

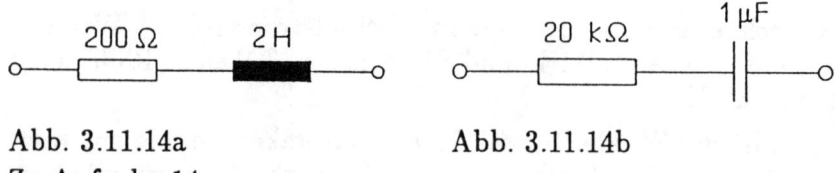

Abb. 3.11.14a   Abb. 3.11.14b
Zu Aufgabe 14.

15. Für die Schaltung in Abb. 3.11.15 ist der Phasenwinkel als Funktion von R dazustellen, wenn sie mit $U_{eff} = 380$ V bei einer Frequenz von 50 Hz betrieben wird.

16. Für die Schaltung in Abb. 3.11.16 ist die Induktivität zu berechnen, bei der bei einer Frequenz von $16\frac{2}{3}$ Hz der größte Strom fließt.

17. Eine Spule hat bei Gleichstrombetrieb einen Widerstand von 50 Ω, bei Betrieb mit Wechselstrom von 1 kHz einen Scheinwiderstand von 80 Ω. Wie groß ist die Induktivität der Spule?

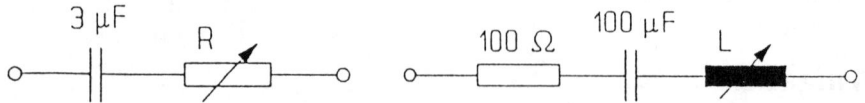

Abb. 3.11.15.   Zu Aufgabe 15.   Abb. 3.11.16.   Zu Aufgabe 16.

18. Ein für 220 V vorgesehener Tauchsieder mit der Nennleistung 1 kW soll so mit 380 V bei 50 Hz betrieben werden, daß gerade die Nennleistung erreicht wird.
(a) Wie müßte ein in Reihe geschalteter Kondensator dimensioniert werden?
(b) Welche Wirkleistung spart der Verbraucher dabei im Vergleich zur Verwendung eines entsprechenden Ohmschen Vorwiderstandes?

19. Ein Motor nimmt bei einer Klemmenspannung von 125 V einen Strom von 10 A auf. Der Leistungsfaktor beträgt 0,65. Wie groß sind
(a) Wirk- und Blindstrom,
(b) Wirk-, Blind- und Scheinleistung?
(c) Welche Energie wird vom Motor bei kontinuierlichem Betrieb täglich zur Erzeugung mechanischer Arbeit verbraucht?

(d) Welcher Strom müßte in der Zuleitung bei $\cos \varphi = 1$ fließen, um die gleiche Wirkleistung zu erzeugen?

20. Ein Hüttenwerk hat eine mittlere Wirkleistung von 25 MW bei einer anliegenden Spannung von 110 kV. Die 100 km lange Zuleitung aus Kupfer hat eine Querschnittsfläche von 500 mm². Der Leistungsfaktor des Hüttenwerkes beträgt $0,75$. Um welchen Betrag verringern sich die täglichen Energieverluste in der Zuleitung, wenn der Leistungsfaktor auf $0,97$ verbessert wird?

3.12 Elektromagnetische Schwingungen und Wellen

Schwerpunkte

Elektrische Schwingungen, Schwingkreise, Schwingungsenergie, Analogie von mechanischen und elektrischen Schwingungen, elektromagnetische Wellen, elektromagnetisches Spektrum, Ausbreitung und Eigenschaften elektromagnetischer Wellen

Formeln

Schwingungsgleichung für
den ungedämpften Fall

$$\ddot{I} + \omega_o I = 0$$

Eigenkreisfrequenz

$$\omega_o = \frac{1}{\sqrt{LC}}$$

spezielle Lösung

$$I(t) = I_{max} \sin{(\omega_o t + \beta)}$$

Schwingungsgleichung für
Dämpfung im
Reihenschwingkreis

$$\ddot{I} + 2\delta\dot{I} + \omega_o^2 I = 0$$

Dämpfungskonstante

$$\delta = \frac{R}{2L}$$

spezielle Lösung

$$I(t) = I_{max}\, \mathrm{e}^{-\delta t} \sin{(\omega t + \beta)}$$

weitere Beziehungen siehe 1.14 - 1.16

Wellengleichungen für die Ausbreitung elektromagnetischer Wellen in x-Richtung

y-Komponente der elektrischen Feldstärke	$\dfrac{\partial^2 E_y}{\partial x^2} = \dfrac{1}{c^2}\dfrac{\partial^2 E_y}{\partial t^2}$
z-Komponente der magnetischen Feldstärke	$\dfrac{\partial^2 H_z}{\partial x^2} = \dfrac{1}{c^2}\dfrac{\partial^2 H_z}{\partial t^2}$
Phasengeschwindigkeit elektromagnetischer Wellen in Stoffen	$c = \dfrac{1}{\sqrt{\varepsilon_r \varepsilon_o \mu_r \mu_o}}$
Phasengeschwindigkeit der elektromagnetischen Wellen im Vakuum	$c_o = \dfrac{1}{\sqrt{\varepsilon_o \mu_o}}$
spezielle Lösungen der Wellengleichung für ebene harmonische Wellen bei Ausbreitung in positive $(-)$ bzw. negative $(+)$ x-Richtung	$E_y(x,t) = E_{max} \sin\left(\omega t \mp kx + \beta\right)$ $H_z(x,t) = H_{max} \sin\left(\omega t \mp kx + \beta\right)$
Wellenwiderstand	$Z = \dfrac{E}{H} = \sqrt{\dfrac{\mu_o \mu_r}{\varepsilon_o \varepsilon_r}}$
Energiedichte	$w = \dfrac{1}{2}(DE + BH)$
Energiestromdichte (Intensität)	$S = EH$
Poynting-Vektor	$\boldsymbol{S = E \times H}$

Fragen

1. Leiten Sie aus dem Maschensatz z. B. für die Kondensatorladung die Differentialgleichung der freien und der gedämpften Schwingung eines Reihenschwingkreises her. Was ist die "rücktreibende Größe", und wie wird aus ihr ersichtlich, daß die Lösungen harmonische Schwingungen sind?

2. Wie groß ist die Dämpfungskonstante bei elektrischen Reihenschwingkreisen?

3. Berechnen Sie die Energien eines geladenen Kondensators und einer stromdurchflossenen Spule, und führen Sie eine Energiebetrachtung für einen elektrischen Schwingkreis durch.

4. Welche Analogien bestehen zwischen einem elektrischen Schwingkreis und einem mechanischen Federpendel? Stellen Sie die jeweiligen Ausdrücke für rücktreibende Größe, Trägheit, Dämpfung und Resonanzfrequenz im ungedämpften Fall gegenüber.

5. Vergleichen Sie einen normalen Reihenschwingkreis mit einem Sendedipol. Wodurch werden beim Dipol Kapazität und Induktivität repräsentiert?

6. Warum gibt es keine rein elektrischen und keine rein magnetischen sondern nur elektromagnetische Wellen?

7. Stellen Sie die schwingenden Felder einer elektromagnetischen Welle bezüglich ihrer Ausbreitungsrichtung räumlich dar.

8. Sind elektromagnetische Wellen polarisierbar?

9. Beschreiben Sie die Strahlungscharakteristik eines Sendedipols. In welche Richtungen werden maximale bzw. minimale Intensitäten ausgestrahlt?

10. Beschreiben Sie das elektromagnetische Spektrum, und nennen Sie die für spezielle Frequenz- bzw. Wellenlängenbereiche üblichen Bezeichnungen.

Aufgaben

11. Ein Schwingkreis mit einem Kondensator von 10 nF, einer Spule von 1 mH und vernachlässigbarem Ohmschen Widerstand soll in Resonanz betrieben werden. Mit welcher Frequenz muß er angeregt werden? Wie groß ist die Schwingungsdauer?

12. Die Spule des Empfangskreises eines Radios habe eine Induktivität von 300 μH. Wie muß der entsprechende Kondensator dimensioniert werden, um den Mittelwellenempfang im Wellenlängenbereich von $200 \ldots 600$ m zu gewährleisten?

13. Die Amplitude eines gedämpften Reihenschwingkreises fällt nach der Beziehung $I_{max}(t) = I_{max}(0) \exp{(t/\tau)}$ mit $\tau = 2$ s ab.
(a) Wie groß ist die Dämpfungskonstante?
(b) Wie groß ist der Ohmsche Widerstand des Kreises, wenn dessen Induktivität 20 mH beträgt?

14. Berechnen Sie für einen gedämpften Reihenschwingkreis (Induktivität L, Kapazität C) die Abhängigkeit der Frequenz vom Dämpfungswiderstand R, und stellen Sie das Resultat graphisch dar. Welche typischen Fälle ergeben sich für bestimmte Bereiche von R?

15. Die maximal im Schwingkreiskondensator mit einer Kapazität von 10 μF enthaltene Ladung betrage $5 \cdot 10^{-6}$ C. Wie groß ist die Amplitude der Stromstärke, wenn die Induktivität der Spule 500 mH beträgt?

16. An den Kondensator ($C = 10 \ \mu$F) eines Schwingkreises (Abb. 3.12.16) werde durch Schließen des Schalters S_1 die Spannung U gelegt. Nach Öffnen von S_1 werde S_2 geschlossen, und der Kreis beginnt zu schwingen.
(a) Wie groß muß man die Induktivität der Spule wählen, damit die Eigenfrequenz im ungedämpften Fall 1000 Hz beträgt?
(b) Welchen Wert muß mit der unter (a) berechneten Induktivität der Widerstand R besitzen, damit der aperiodische Grenzfall erreicht wird?
(c) Wie groß ist die Temperaturerhöhung des Widerstandes nach Abklingen der Schwingung ($U = 10^3$ V, Widerstandsmasse 2 g, spezifische Wärmekapazität 837 J $\cdot$ kg^{-1} $\cdot$ K^{-1})?

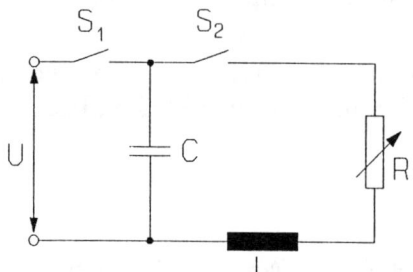

Abb. 3.12.16
Zu Aufgabe 16.

17. Auf einer Lecherleitung wird eine stehende elektrische Welle erzeugt, die einen Abstand benachbarter Knoten von $0,35$ m aufweist.
(a) Wie groß ist die Frequenz des Senders?
(b) Taucht man die Lecherleitung in Wasser, verkürzt sich der Knotenabstand auf $38,9$ mm. Wie groß ist die Dielektrizitätszahl des Wassers?

18. Wasser hat für Licht verschiedener Wellenlängen Brechzahlen von $1,331$ bzw. $1,338$.
(a) Wie groß sind die entsprechenden Lichtgeschwindigkeiten?
(b) Welche mittlere Dielektrizitätszahl ergibt sich für diesen Wellenlängenbereich?
(c) Wie ist das Resultat von (b) mit dem von Aufgabe 17(b) zu vereinbaren?

19. Ein Radarsender sendet als Impulse Wellenzüge mit einer Wellenlänge von 12 mm aus. Die Dauer der Impulse beträgt 1 μs.
(a) Wie lang sind die Impulse, und
(b) aus wieviel Schwingungen bestehen sie?

20. Ein Sender werde mit einer Intensität von $5 \cdot 10^{-11}$ W $\cdot$ m^{-2} empfangen. Wie groß sind die Effektivwerte der elektrischen und magnetischen Feldstärke?

4 Optik

Symbole und Einheiten

Symbole

b	Bildweite
B	Bildgröße
c, c_o	Lichtgeschwindigkeit, Lichtgeschwindigkeit im Vakuum
c_g, c_{ph}	Gruppengeschwindigkeit, Phasengeschwindigkeit
c_L	Konzentration einer Lösung
d	Spaltabstand optischer Gitter, Gitterkonstante
D	Brechkraft, Spaltbreite
D_f, D_λ	Dispersion frequenzbezogen, wellenlängenbezogen
e	Abstand dünner Linsen
$\boldsymbol{E}$	elektrische Feldstärke
E, E_e	Beleuchtungsstärke, Bestrahlungsstärke
f	Frequenz, Brennweite
g	Gegenstandsweite
G	Gegenstandsgröße
$\boldsymbol{H}$	magnetische Feldstärke
I, I_e	Lichtstärke, Strahlstärke
I_P, I_o	Lichtintensität
l_s	Lichtweg
L, L_e	Leuchtdichte, Strahldichte
m	Anzahl der Gitterstriche
n	Brechzahl
s, s_{opt}, s_o	Lichtweg, optische Weglänge, deutliche Sehweite
V	Verdetkonstante

W_A	Ablösearbeit
$\alpha(\lambda, T)$	spektraler Absorptionsgrad
α_K, α_L	spezifisches Drehvermögen von Festkörpern bzw. Lösungen
β	Abbildungsmaßstab
Γ	Vergrößerung
Δ	optische Tubuslänge
$\varepsilon(\lambda, T)$	spektraler Emissionsgrad
λ, λ_C	Wellenlänge, Comptonwellenlänge
ϕ, ϕ_e	Lichtstrom, Strahlungsfluß
Ω	Raumwinkel

SI-Einheiten

Größenart	Formel-zeichen	Name	Einheiten-zeichen	Beziehung zu Basiseinheiten
Beleuchtungs-stärke	E	Lux	lx	$m^{-2} \cdot cd \cdot sr$
Bestrahlungs-stärke	E_e	Watt je Quadratmeter	W/m^2	$kg \cdot s^{-3}$
Brechkraft	D	Dioptrie	dpt	m^{-1}
Leuchtdichte	L	Candela je Quadratmeter	cd/m^2	$cd \cdot m^{-2}$
Lichtstärke	I	Candela	cd	Basiseinheit
Lichtstrom	Φ	Lumen	lm	$cd \cdot sr$
Raumwinkel	Ω	Steradiant	sr	$m^2 \cdot m^{-2}$
Strahldichte	L_e	Watt je Quadratmeter mal Steradiant	$W/(m^2 \cdot sr)$	$kg \cdot s^{-3} \cdot sr^{-1}$
Strahlstärke	I_e	Watt je Steradiant	W/sr	$m^2 \cdot kg \cdot s^{-3} \cdot sr^{-1}$
Strahlungsfluß	Φ_e	Watt	W	$m^2 \cdot kg \cdot s^{-3}$

4.1 Reflexion und Brechung

Schwerpunkte

Licht als elektromagnetische Welle, Huygens-Fresnelsches Prinzip, Reflexion, Brechung, Prismen, Dispersion, Spektralanalyse, Totalreflexion, Fermatsches Prinzip

Formeln

Lichtgeschwindigkeit $\qquad\qquad c = f \cdot \lambda$

absolute Brechzahl eines Stoffes $\qquad n = \dfrac{c_o}{c}$

Brechungsgesetz $\qquad\qquad \dfrac{\sin \alpha_1}{\sin \alpha_2} = \dfrac{c_1}{c_2} = \dfrac{n_2}{n_1} = n_{12},$

$$n_{12} = \dfrac{1}{n_{21}}$$

Grenzwinkel der Totalreflexion $\qquad \alpha_G = \arcsin \dfrac{n_2}{n_1}$

Dispersion:

frequenzbezogen $\qquad\qquad D_f = \dfrac{dn}{df}$

wellenlängenbezogen $\qquad\qquad D_\lambda = \dfrac{dn}{d\lambda}$

Ablenkwinkel beim Prisma $\qquad \delta = \alpha + \varepsilon - \gamma$
(s. Abb. 4.1.20a)

Fragen

1. Wie hängt die Farbe des Lichtes mit Wellenlänge und Frequenz zusammen?

2. Welche der Größen Geschwindigkeit, Frequenz, Photonenenergie bzw. Wellenlänge ändern sich, wenn Licht aus Luft z. B. in Glas eintritt? Welche bleiben unverändert? Was versteht man unter optisch dichterem bzw. optisch dünnerem Medium?

3. Das Huygens-Fresnelsche Prinzip beschreibt die Ausbreitung von Wellenerscheinungen. Wie können Reflexions- und Brechungsgesetz durch dieses Prinzip erklärt werden?

4. Gemäß dem Fermatschen Prinzip nimmt das Licht zwischen zwei Punkten stets den Weg, für den es die geringste Zeit benötigt. Gehen Reflexions- und Brechungsgesetz auch aus diesem Prinzip hervor? Wie?

5. Wenn man vom Ufer aus schräg zur Wasseroberfläche auf einen Fisch im Wasser zielt, so wird man ihn nicht treffen, wenn er sich nicht unmittelbar an der Oberfläche befindet. Warum?

6. Ist es möglich, aus der Brechzahl die Konzentration von Lösungen, den Druck von Gasen oder die Zusammensetzung von Mischkristallen zu bestimmen?

7. Unter welchen Bedingungen kommt es zur Totalreflexion an Grenzflächen?

8. Welche wichtigen Anwendungen gibt es für die Totalreflexion? Welche Naturerscheinungen werden durch sie hervorgerufen?

9. Was ist Dispersion, und wie wird sie beim Prisma zur Erzeugung von Spektren ausgenutzt?

10. Erläutern Sie das Prinzip der Spektralanalyse.

Aufgaben

11. Ein feiner Lichtstrahl fällt nahezu senkrecht auf einen Galvanometerspiegel und wird von diesem an eine 10 m entfernte Wand reflektiert. Welche Strecke legt der Lichtstrahl auf der Wand zurück, wenn der Galvanometerspiegel durch einen Stromstoß um $0,3^{\circ}$ ausgelenkt wird?

12. Eine Person, die mit Hut 1,90 m groß ist, möchte sich in voller Größe in einem senkrecht hängenden Spiegel betrachten.
(a) Wie hoch muß der Spiegel mindestens sein?
(b) Wie hoch muß der Spiegel hängen, wenn sich die Augen der Person 0,16 m unter der Hutoberkante befinden?

13. Wie groß ist die Ablenkung aller senkrecht zur Schnittkante der Spiegel in einen Winkelspiegel mit dem Öffnungswinkel γ fallenden Lichtstrahlen (Abb. 4.1.13)? Wie muß man γ wählen, damit eine Ablenkung um 180° erfolgt?

14. In zwei aneinandergrenzenden Medien betragen die Lichtgeschwindigkeiten $2,5 \cdot 10^8$ m $\cdot$ s^{-1} bzw. $2,8 \cdot 10^8$ m $\cdot$ s^{-1}. Wie groß sind die absoluten und relativen Brechzahlen?

15. Ein Lichtstrahl fällt aus Luft auf die Mitte einer Seitenfläche eines Diamantwürfels ($n = 2,41$).
(a) Kann man den Einfallswinkel so wählen, daß der Strahl den Diamantwürfel in der Mitte der benachbarten Seitenfläche wieder verläßt?
(b) Wie hoch darf die Brechzahl eines Würfels höchstens sein, um diesen Strahlengang zu ermöglichen?
16. Licht fällt unter einem Winkel von $60°$ auf eine planparallele Glasscheibe mit einer Brechzahl von $1,75$. Der Strahl verläßt die Scheibe mit einer Parallelverschiebung von $2,9$ mm zum auftreffenden Strahl. Wie dick ist die Glasscheibe?
17. Unter welchem Öffnungswinkel sieht ein unter Wasser ($n = 1,33$) befindlicher Taucher den Himmel?

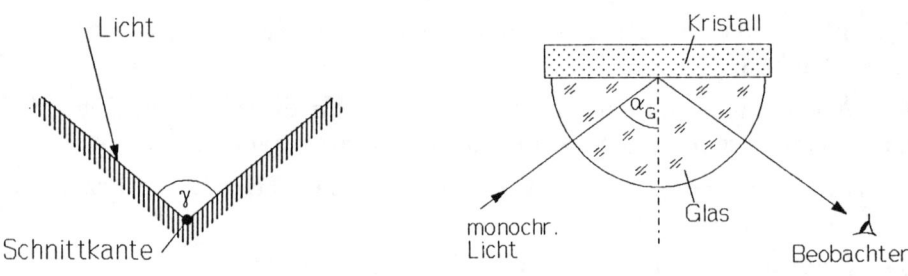

Abb. 4.1.13 Winkelspiegel   Abb. 4.1.18 Kristallrefraktometer

Abb. 4.1.20a Strahlenverlauf   Abb. 4.1.20b Dispersionskurve
im Prisma

18. Mit einem Kristallrefraktometer nach Abbe (Abb. 4.1.18) soll die Brechzahl des Kristalles bestimmt werden. Ohne Kristall beträgt der Grenzwinkel $\alpha_G = 34,8°$ und mit Kristall $61,6°$.
(a) Wie groß ist die absolute Brechzahl des Glases? Für welche Kristalle ist das Refraktometer nur geeignet?
(b) Wie groß ist die relative Brechzahl der angegebenen Kombination?

(c) Welches Material liegt vor, wenn für die Frequenz des verwendeten Lichtes folgende Brechzahlen bekannt sind: Eis $1,31$; Flußspat $1,43$; Sylvin $1,49$; Steinsalz $1,54$; Beryll $1,58$; Turmalin $1,63$?

19. Der Kern einer Lichtleiterfaser hat einen Durchmesser von 80 μm und eine Brechzahl von $1,47$. Für welche Einfallswinkel auf der Stirnseite des Faserkerns erfolgt eine Weiterleitung in der Faser, wenn die Brechzahl des Mantels $1,45$ ist?

20. Auf ein Prisma mit dem brechenden Winkel $\gamma = 45^\circ$ fällt unter dem Winkel $\alpha = 30^\circ$ paralleles weißes Licht (Abb. 4.1.20a). Um welchen Winkel werden die Strahlen mit den Wellenlängen 450 nm und 700 nm beim Durchgang durch dieses Prisma
(a) abgelenkt und
(b) aufgespalten, wenn dessen Material das in Abb. 4.1.20b angegebene Dispersionsverhalten zeigt?

4.2 Abbildung durch Linsen

Schwerpunkte

Sammel- und Zerstreuungslinsen, Brennweite, Brechkraft, Abbildungsgleichung, Abbildungsmaßstab, reelles und virtuelles Bild, Linsenfehler

Formeln

Brennweite und Brechkraft dünner Linsen in Luft	$D = \dfrac{1}{f} = (n-1)\left(\dfrac{1}{r_1} + \dfrac{1}{r_2}\right)$
Abbildungsgleichung	$\dfrac{1}{f} = \dfrac{1}{g} + \dfrac{1}{b}$
Abbildungsmaßstab	$\beta = \dfrac{B}{G} = \dfrac{b}{g}$
resultierende Brennweite und Brechkraft von zwei dünnen Linsen im Abstand e	$D = \dfrac{1}{f} = \dfrac{1}{f_1} + \dfrac{1}{f_2} - \dfrac{e}{f_1 f_2}$
Näherung für $e \ll \lvert f_1 + f_2\rvert$ (eng aneinanderliegende Linsen)	$D = D_1 + D_2, \quad \dfrac{1}{f} = \dfrac{1}{f_1} + \dfrac{1}{f_2}$

Fragen

1. Was versteht man unter Brennweite und Brechkraft von Linsen? Welche Einheit hat die Brechkraft?

2. Wie läßt sich mit Lineal und weißem Papier bei Sonnenschein die Brennweite einer Sammellinse bestimmen?

3. Welche Bedeutung und welches Vorzeichen hat die Brennweite bei Zerstreuungslinsen?

4. Auf welche Ebenen werden die Brennweiten bei dicken Linsen bezogen?

5. Welche Abbildungsfehler treten bei Linsen auf, und wie können sie verringert werden?

6. Wie lautet die Abbildungsgleichung, und welche Bedeutung haben Gegenstands- und Bildweite für den Abbildungsmaßstab?

7. Welche Strahlen verwendet man zweckmäßig zur Bildkonstruktion bei der Abbildung durch Linsen?

8. Was versteht man unter reellen und virtuellen Bildern? Welche können auf einer Mattscheibe betrachtet werden?

9. Beschreiben Sie die Besselsche Methode zur Brennweitenbestimmung.

10. Wie kommt es zur Kurz- bzw. Weitsichtigkeit, und wie sind Korrekturen möglich?

Aufgaben

11. Flintglas hat für Licht mit einer Wellenlänge von 656 nm eine absolute Brechzahl von 1, 608. Welche Brennweiten lassen sich erreichen, wenn die Linse mit den Beträgen der Krümmungsradien $|r_1| = 100$ mm und $|r_2| = 200$ mm
(a) bikonvex,
(b) konkavkonvex,
(c) konvexkonkav,
(d) bikonkav ist?
(e) Welche Brennweiten ergeben sich, wenn jeweils nur einer der Krümmungsradien bei plankonvexen bzw. plankonkaven Linsen vorliegt?

12. Um welchen Faktor ändern sich die Brennweiten der Linsen von Aufgabe 11. für Licht mit einer Wellenlänge von 486 nm ($n = 1, 624$)? Wie nennt man die daraus resultierende Art von Abbildungsfehlern?

13. Ein 50 mm hoher Gegenstand befindet sich in 200 mm Abstand von einer Sammellinse mit einer Brechkraft von 7, 14 dpt.
(a) Wie groß ist die Brennweite?
(b) Konstruieren Sie das Bild.
(c) Wie groß sind Bildweite, Bildgröße und Abbildungsmaßstab?

14. Wie verändern sich Bildgröße und Bildweite, wenn ein Gegenstand aus dem Unendlichen an eine Sammellinse herangeführt wird? Zeichnen Sie die Bildkonstruktion für folgende Gegenstandsweiten:
(a) $g = 2 f$,
(b) $\infty > g > 2 f$,
(c) $g \to \infty$,
(d) $2 f > g > f$,
(e) $g = f$,
(f) $g < f$.
(g) Für welche Abbildungsprobleme werden die Fälle (a) bis (f) angewendet (praktische Beispiele)?

15. Diskutieren Sie speziell Fall (f) von Aufgabe 14. Wo müßte eine Mattscheibe stehen, damit das Bild sichtbar wird?

16. Das Bild eines 24×36 mm² großen Diapositives soll im Abstand von 20 m vom Objektiv des Projektors in 100-facher Größe entstehen. Wie groß müssen Bildweite und Brennweite des Projektors sein?

17. Wie groß ist das Bild auf dem Film, wenn eine 8 m vom Photographen entfernte 1, 70 m große Person mit einer Brennweite von 50 mm aufgenommen wird?

18. Die Brennweite 120 mm einer Sammellinse soll durch Kombination mit einer zweiten auf 80 mm verkürzt werden. Welchen Linsentyp muß man verwenden, und wie groß ist die Brennweite der zweiten Linse, wenn die Linsen direkt aneinander angeordnet werden?

19. Eine Plankonvexlinse ($n = 1, 65; r = 200$ mm) soll mit einer gleichartigen kombiniert werden. Wie groß muß man den Abstand der Linsen wählen, damit sich eine Brennweite von 180 mm ergibt?

20. Ein Laserstrahl (paralleles Licht) von 0, 5 mm Durchmesser soll auf 10 mm aufgeweitet werden. Es ist eine Zerstreuungslinse mit −30 mm Brennweite vorhanden.
(a) Welche weitere Linse ist notwendig? Wie groß ist ihre Brennweite?
(b) Welchen Abstand müssen beide Linsen haben?

4.3　Auge und optische Instrumente

Schwerpunkte

Funktionsweise des menschlichen Auges, Sehwinkel, deutliche Sehweite, Lupe, Mikroskop, Keplersches und Galileisches Fernrohr, Umkehrlinse, Prismenfernrohr, Spiegelteleskop

Formeln

Sehwinkel

$$\varphi = \text{arc tan } \frac{G}{g}$$

Vergrößerung

$$\Gamma = \frac{\varphi'}{\varphi} \approx \frac{\tan\varphi'}{\tan\varphi}$$

Lupe:
Normalvergrößerung
(Auge auf ∞ akkomodiert,
Objekt in Brennebene)

$$\Gamma_L = \frac{s_o}{f}$$

Gebrauchsvergrößerung (Auge
auf virtuelles Bild im Abstand
s_o von der Lupe akkomodiert,
Gegenstand innerhalb der einfachen Brennweite der Lupe)

$$\Gamma_L' = \frac{s_o}{f} + 1$$

Fernrohrvergrößerung

$$\Gamma_F = \frac{f_{ob}}{f_{ok}}$$

Mikroskopvergrößerung

$$\Gamma_M = \frac{\Delta\, s_o}{f_{ob} f_{ok}}$$

Fragen

1. Beschreiben Sie die Funktionsweise des menschlichen Auges. Was versteht man unter deutlicher Sehweite?

2. Was bedeutet beim menschlichen Auge die Akkomodation auf ∞? Welche Vorteile entstehen daraus für das Wohlbefinden?

3. Auf welche Art und Weise erfolgt beim menschlichen Auge trotz konstanter Bildweite die Scharfstellung auf Gegenstände in verschiedenen Entfernungen?

4. Was versteht man unter dem Sehwinkel? Warum verwenden Künstler eine zentralperspektivische Darstellung, um eine realistische Wiedergabe zu erreichen? Wie ist die Vergrößerung optischer Instrumente definiert?

5. Ermitteln Sie die Vergrößerung einer Lupe bei entspanntem Auge (Einstellung auf ∞, Gegenstand in der Brennebene der Lupe), indem Sie die Sehwinkel ausrechnen und vergleichen.

6. Nach welchem gleichen Grundprinzip sind Mikroskop und Keplersches Fernrohr aufgebaut? In welchen Punkten unterscheiden sie sich?

7. Warum haben Prismenfernrohre (z. B. Feldstecher) kleine Baulängen und ergeben aufrechte Bilder?

8. Wie ist ein Galileisches Fernrohr aufgebaut (z. B. Opernglas)?

9. Warum sind Galileische Fernrohre bei gleicher Vergrößerung kürzer als Keplersche? Wie entsteht bei ihnen ein aufrechtes Bild?

10. Nach welchem optischen Prinzip arbeitet ein Spiegelteleskop? Warum wird es mit Parabolspiegeln ausgerüstet? Welche Vorteile bestehen gegenüber Linsenfernrohren?

Aufgaben

11. Die Bildweite des normalen Auges beträgt 22,8 mm. Auf welche Brennweiten muß das Auge akkomodieren, damit
(a) sehr weit entfernte Gegenstände,
(b) Gegenstände in deutlicher Sehweite (250 mm) scharf gesehen werden?

12. Wie groß ist das Netzhautbild eines 10 m hohen Hauses, das sich in 30 m Entfernung vom Auge befindet? (Länge des Augapfels 22,8 mm)

13. Ein Kurzsichtiger habe einen gegenüber der Brennweite von 22,8 mm um 1 mm verlängerten Augapfel.
(a) Wo liegt sein Fernpunkt, d. h. der größte Abstand, bis zu dem er noch scharf sehen kann?
(b) Welche Brechkraft muß seine Brille besitzen?

14. Welche Vergrößerung gestattet eine Lupe mit 40 mm Brennweite
(a) bei enspanntem,
(b) bei auf deutliche Sehweite akkomodiertem Auge?

15. Wie kann man die Beziehung für die Vergrößerung eines Mikroskops (Akkomodation des Auges auf ∞) herleiten? Wie setzt sich die Gesamtvergrößerung aus der Lateralvergrößerung des Objektivs und der Vergrößerung des als Lupe wirkenden Okulars zusammen? Zahlenbeispiel: $f_{ob} = 5$ mm, $f_{ok} = 20$ mm, optische Tubuslänge $\Delta = 100$ mm.

16. Ein Mikroskop mit einer Objektivbrennweite von 4, 5 mm und einer Okularbrennweite von 20 mm hat eine Tubuslänge von 120 mm.
(a) In welchem Abstand vom gegenstandsseitigen Objektivbrennpunkt muß sich das Objekt befinden, um mit entspanntem Auge scharf gesehen zu werden?
(b) Unter welchem Sehwinkel erscheint ein 0, 1 mm großer Gegenstand?

17. Wie kann man den Ausdruck für die Vergrößerung eines Keplerschen Fernrohres herleiten? Wodurch erreicht man eine möglichst hohe Vergrößerung? Zahlenbeispiel: $f_{ok} = 20$ mm, $f_{ob} = 1000$ mm

18. In einem Keplerschen Fernrohr mit 10-facher Vergrößerung und Einstellung auf ∞ beträgt der Abstand zwischen Objektiv und Okular 250 mm.
(a) Wie groß sind die Brennweiten von Objektiv- und Okularlinse?
(b) Wohin muß man das Okular verschieben, um nähergelegene Gegenstände scharf zu sehen?
(c) Bis zu welchem Abstand kann mit dem Fernrohr scharf gesehen werden, wenn sich das Okular um 10 mm verschieben läßt?

19. Zwei benachbarte Fixsterne erscheinen mit bloßem Auge unter einem Sehwinkel von 10′. Welchen Sehwinkel erreicht man mit einem Fernrohr mit 800 mm Objektiv- und 22 mm Okularbrennweite?

20. Man vergleiche die Sternhelligkeiten von einem Linsenfernrohr mit 300 mm Linsendurchmesser und einem 2 m-Spiegelteleskop unter der Annahme, daß die Verluste in beiden Geräten gleich groß sind.

4.4   Interferenz und Beugung

Schwerpunkte

Huygens-Fresnelsches Prinzip, Beugung, kohärentes Licht, Interferenz, Interferenzanordnungen, Beugung am Doppelspalt, Beugung am einfachen Spalt, Beugung am optischen Gitter

Formeln

optische Weglänge
$$s_{opt} = ns$$

Interferenzmaximum
$$\Delta s_{opt} = N\,\lambda$$
$$N = 0,\ \pm 1,\ \pm 2, \dots$$

Interferenzminimum
$$\Delta s_{opt} = \frac{2N+1}{2}\,\lambda$$

Beugung und Interferenz am
Doppelspalt und optischen
Gitter (Lage der Maxima)
$$N\,\lambda = d\,\sin\alpha$$

Beugung und Interferenz am
einfachen Spalt
(Lage der Maxima)
$$N\,\lambda = \frac{d}{2}\,\sin\alpha$$

Auflösungsvermögen des
optischen Gitters
$$\cdot\frac{\lambda}{\Delta\lambda} = mN$$

Fragen

1. Wie kann man mit dem Huygens-Fresnelschen Prinzip die Beugung von Wellen erklären?

2. Was versteht man unter optischer Weglänge?

3. Was ist kohärentes Licht? Welche Lichtquellen erzeugen große Kohärenzlängen?

4. Wie entsteht ein Gangunterschied?

5. Erklären Sie die Farberscheinungen an dünnen Schichten (Ölflecke auf Wasser, Anlaßfarben) als Interferenzphänomene.

6. Welchen prinzipiellen Aufbau haben die Interferenzanordnungen nach Michelson bzw. Jamin?

7. Welcher Gangunterschied führt zum Interferenzmaximum 6. Ordnung?

8. Was versteht man unter Beugungsanordnungen nach Fraunhofer und nach Fresnel?

9. Wie lassen sich Beugung bzw. Interferenz zur optischen Spektralanalyse einsetzen?

10. Warum sind Beugung bzw. Interferenz Kriterien für den Wellen-
charakter einer physikalischen Erscheinung?

Aufgaben

11. Zwei kohärente Wellen mit einer Wellenlänge von 480 nm interfe-
rieren mit einem Phasenunterschied von $3,27\,\pi$. Um welchen Betrag
unterscheiden sich die optischen Wege beider Wellen?

12. In einem Michelsoninterferometer wird einer der Endspiegel um
$8,34\,\mu$m verschoben. Durch das Betrachtungsfernrohr wandern dabei
genau 30 Interferenzordnungen. Mit Licht welcher Wellenlänge wurde
das Interferometer betrieben?

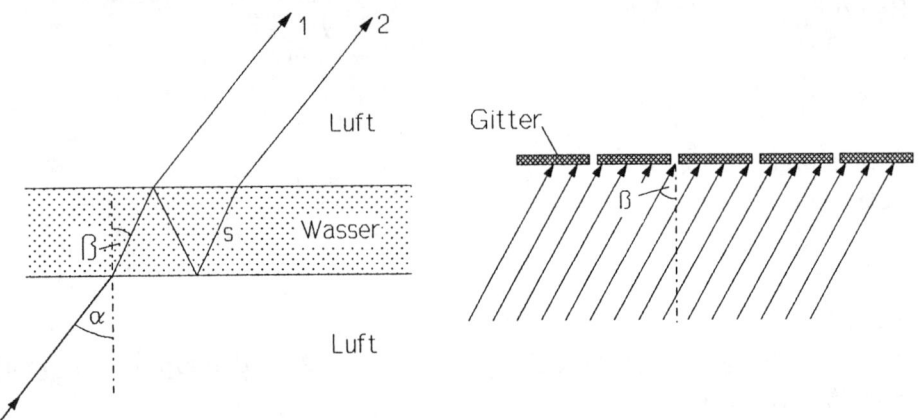

Abb. 4.4.14   Interferenzen an   Abb. 4.4.20   Beugungsgitter
planparallelen Schichten

13. Die beiden Lichtwege eines Interferometers enthalten je eine gleichartige Küvette mit einer Länge von 1 m. In der einen befindet sich Luft
unter Normaldruck (0,1013 MPa) mit einer Brechzahl von 1,000272.
In der zweiten Küvette wird der Luftdruck auf 0,1066 MPa erhöht.
Für die Brechzahl von Luft gilt folgende Abhängigkeit vom Druck p:
$n - 1 = \beta\,p$ mit $\beta = 2,69 \cdot 10^{-9}\,\mathrm{Pa}^{-1}$.
(a) Um welchen Betrag verändern sich durch die Druckerhöhung Brechzahl und optische Weglänge?
(b) Um wieviele Ordnungen verschiebt sich bei der Druckerhöhung das
Interferenzbild, wenn das Licht eines He-Ne-Lasers ($\lambda = 632,8$ nm)
verwendet wird?

14. Bei welchem Einfallswinkel α auf eine dünne Wasserschicht ergibt die Interferenz der Strahlen 1 und 2 (Abb. 4.4.14) ein Maximum 10. Ordnung? (Dicke der Wasserschicht 2 μm, Brechzahl 1,33, Wellenlänge 589 nm)

15. Überlegen Sie, warum bei Aufgabe 14. für $\lambda = 390$ nm kein Maximum 10. Ordnung auftritt.

16. (a) Leiten Sie die Beziehung für den Beugungswinkel α her, für den bei einem Doppelspalt (Spaltabstand d) für senkrechten Einfall von Licht der Wellenlänge λ in großem Abstand vom Spalt (Fraunhofersche Beugung) ein Maximum der Ordnung N auftritt.
(b) Zahlenbeispiel: $d = 4$ μm, $\lambda = 550$ nm, $N = 3$
(c) Auf wieviel Ordnungen ist das Beugungsbild bei einer Konfiguration gemäß Aufgabe (b) begrenzt?

17. Ein optisches Transmissionsgitter mit einer Breite von 20 mm besitzt 4000 Spalte.
(a) Wie groß ist der Spaltabstand?
(b) Das Gitter werde senkrecht mit weißem Licht bestrahlt. In welchen Winkelbereichen entstehen die sichtbaren (750 ... 380 nm) Spektren 1., 2. und 3. Ordnung?
(c) Welches Edelgas ist Träger der Gasentladung, wenn das von der Gasentladung ausgehende Licht vom Gitter zerlegt wird und im Spektrum 3. Ordnung bei Winkeln von $15,56^{\circ}$, $17,52^{\circ}$ und $25,08^{\circ}$ Spektrallinien beobachtet werden?
Ausgewählte Wellenlängen von Edelgasspektren in nm:
He 447, 471, 492, 502, 588, 668, 707
Ne 454, 470, 483, 534, 540, 638, 693
Ar 395, 404, 420, 434, 451, 550, 750
Kr 427, 432, 450, 462, 474, 587, 760
Xe 397, 452, 467, 582, 632, 683, 712
Rn 395, 435, 446, 458, 595, 675, 726

18. Wieviel Spalte muß ein optisches Gitter mindestens haben, damit im Spektrum 3. Ordnung die gelbe Natriumlinie (589,0 nm, 589,6 nm) in ein Dublett aufgelöst wird?

19. Bei Beugung am einfachen Spalt erscheinen die Maxima dritter Ordnung für senkrecht auftreffendes Laserlicht mit einer Wellenlänge von 514,5 nm auf einem 5 m vom Spalt entfernten Schirm in einem Abstand von 7,85 m. Wie groß ist die Spaltbreite?

20. Wie ändern sich die Winkel für die Beugungsmaxima erster Ordnung, wenn Licht mit einer Wellenlänge von 589 nm (Abb. 4.4.20) nicht senkrecht ($\beta = 0$), sondern unter einem Winkel von 30° auf ein optisches Transmissionsgitter mit einem Spaltabstand von 2 μm fällt?

4.5   Polarisation und Doppelbrechung

Schwerpunkte

Natürliches und linear polarisiertes Licht, zirkulare und elliptische Polarisation, Brewstersches Gesetz, optische Aktivität, Faradayeffekt, Doppelbrechung, Kerreffekt

Formeln

Brewsterwinkel	$\tan \alpha_B = n$
Feldstärke und Intensität linear polarisierten Lichtes nach Durchlaufen eines Polarisators	$E_P = E_o \cos \alpha$ $I_P = I_o \cos^2 \alpha$
optische Aktivität von Kristallen	$\alpha = \alpha_K\, l$
optische Aktivität von Lösungen	$\alpha = \alpha_L\, l\, c_L$
Faradayeffekt	$\alpha = V\, l\, H$
Kerreffekt	$n_{ao} - n_o = K\, \lambda_v\, E^2$

Fragen

1. Was versteht man unter natürlichem, linear, elliptisch bzw. zirkular polarisiertem Licht?

2. Welcher zusätzliche Freiheitsgrad tritt bei Transversalwellen gegenüber Longitudinalwellen auf, der die Unterscheidung nach unterschiedlicher linearer Polarisation erlaubt?

3. Welche Form hat die Strahlungscharakteristik eines schwingenden Dipols?

4. Erklären Sie mit Hilfe der räumlichen Strahlungscharakteristik eines Dipols, daß der Brewster-Fall immer genau dann eintritt, wenn der gebrochene Strahl senkrecht auf dem reflektierten steht.

5. Wie wird die Doppelbrechung von Kalkspat im Nicolschen Prisma zur Erzeugung von linear polarisiertem Licht ausgenutzt?

6. Wie kann man mit einem $\lambda/4$-Plättchen und einem Polarisator ermitteln, ob ein Strahl aus natürlichem oder zirkular polarisiertem Licht besteht?

7. Wie läßt sich mit dem Huygens-Fresnelschen Prinzip erklären, daß bei doppelbrechenden Materialien trotz senkrechten Lichteinfalls im allgemeinen für den außerordentlichen Strahl Brechung eintritt?

8. Was versteht man unter Spannungsdoppelbrechung, und welche Bedeutung hat sie für Konstrukteure?

9. Was sind Flüssigkristalle, und wie funktionieren entsprechende Datenanzeigen?

Aufgaben

10. Linear polarisiertes Licht fällt mit einer um einen Winkel von 30° zur Durchlaßrichtung verdrehten Schwingungsrichtung auf einen Polarisator. Wie groß sind Feldstärke und Intensität des durchgehenden Lichtes im Vergleich zum einfallenden?

11. Zwei kohärente linear polarisierte Lichtwellen schwingen senkrecht zueinander mit den Amplituden E_s und E_p. Der Phasenunterschied sei Null. Wie groß sind Amplitude und Schwingungsrichtung des resultierenden Lichtes für $E_s = 3\,E_p$?

12. Zwei kohärente linear polarisierte Lichtwellen gleicher Ausbreitungsrichtung, Amplitude und Phase werden überlagert.
(a) Welche Polarisation entsteht?
(b) Um welchen Faktor sind Amplitude und Intensität der resultierenden Welle größer als die der Einzelwellen, wenn sich die Schwingungsebenen dieser um $\alpha = 0^{\circ}$, 30°, 60°, 90° unterscheiden?
(c) Welche Schwingungsrichtung haben die resultierenden Wellen?

13. Leiten Sie das Brewstersche Gesetz her, und beschreiben Sie entsprechende experimentelle Anordnungen zur Erzeugung von linear polarisiertem Licht. Wie groß ist der Brewsterwinkel für Steinsalz ($n = 1,5443$) in Luft?

14. Das spezifische Drehvermögen beträgt bei einem Quarzkristall für rotes Licht $\alpha_K = 15^{\circ} \cdot \text{mm}^{-1}$.

(a) Wie ändert sich die Intensität des durch zwei parallel eingestellte Polarisatoren hindurchtretenden Lichtes, wenn zwischen die Polarisatoren eine Quarzplatte mit einer Dicke von 4 mm gebracht wird?
(b) Für welche Quarzdicken zeigt die experimentelle Anordnung maximale Durchlässigkeit?

15. Durch eine Zuckerlösung, die sich in einer $0,5$ m langen Küvette befindet, wird die Schwingungsebene von linear polarisiertem Licht um 5° gedreht. Welche Zuckerkonzentration liegt vor, wenn das spezifische Drehvermögen $0,52^\circ \cdot m^2 \cdot kg^{-1}$ beträgt?

16. Zwei kohärente Bündel linear polarisierten Lichtes mit den Feldstärkeamplituden E_s und E_p sind senkrecht zueinander polarisiert. Beide Bündel werden mit Phasenunterschieden von $0 \ldots 2\pi$ (Gangunterschied von $0 \ldots \lambda$) überlagert.
Welche Schwingungsformen entstehen in Abhängigkeit vom Phasenunterschied
(a) für $E_s = E_p$,
(b) für $E_s = 2\,E_p$?

17. Ein Kalkspatkristall wird so in Scheiben geschnitten, daß die optische Achse parallel zur Scheibenfläche liegt. Für senkrecht einfallendes monochromatisches natürliches Licht der Wellenlänge 589 nm sind $n_o = 1,6584$ und $n_{ao} = 1,4864$.
(a) Wie groß sind die Geschwindigkeiten und Wellenlängen von ordentlichem und außerordentlichem Strahl im Kalkspat bei Lichtausbreitung senkrecht zur Scheibenoberfläche?
(b) Welchen Gangunterschied haben die beiden Strahlen nach Verlassen der Scheibe bei einer Scheibendicke von $0,3$ mm?

18. Was versteht man unter einem $\lambda/4$-Plättchen, und welche Dicken kann es für Quarz bei Durchstrahlung mit Na-Licht ($\lambda = 589$ nm, $n_o = 1,5442$, $n_{ao} = 1,5533$) haben?

19. Schwefelkohlenstoff wird in einer $0,1$ m langen Küvette von linear polarisiertem Licht durchstrahlt. Bei parallel gestellten Polarisatoren sinkt die durch den Analysator tretende Lichtintensität auf $97,7$ %, wenn in der Küvette ein Magnetfeld von 10^5 A $\cdot$ m^{-1} in Ausbreitungsrichtung des Lichtes erzeugt wird (Faraday-Effekt). Wie groß ist die Verdetkonstante?

20. An eine mit Nitrobenzen (Kerrkonstante $2,4 \cdot 10^{-12}$ m $\cdot$ V^{-2}) gefüllte Küvette von 50 mm Länge wird senkrecht zur Strahlrichtung ein elektrisches Feld angelegt. Welchen Gangunterschied erhält man zwischen ordentlichem und außerordentlichem Strahl (Na-Licht, $\lambda = 589$ nm) bei einer Feldstärke von 10^5 V $\cdot$ m^{-1}?

4.6   Photonenstrahlung

Schwerpunkte

Masse, Impuls und Energie von Photonen, Masse-Energie-Äquivalenz, Welle-Teilchen-Dualismus, äußerer Photoeffekt, Comptoneffekt, Paarbildung, Paarvernichtung

Formeln

Photonenmasse

$$m = \frac{h\,f}{c_o^2}$$

Photonenimpuls

$$p = \frac{h\,f}{c_o} = \frac{h}{\lambda}$$

Photonenenergie

$$E = h\,f$$

Masse-Energie-Äquivalenz

$$E = m\,c_o^2$$

äußerer Photoeffekt
(Energiebilanz)

$$h\,f = \frac{1}{2}\,m_e\,v^2 + W_A,$$

$$h\,f = e\,U + h\,f_G$$

Comptoneffekt
Wellenlängenänderung

$$\Delta\lambda = \frac{h}{m_e\,c_o}\,(1 - \cos\vartheta)$$

Comptonwellenlänge

$$\lambda_C = \frac{h}{m_e\,c_o} = 2,426 \cdot 10^{-12}\text{ m}$$

Comptoneffekt
(Beziehung zwischen Streu-
winkel ϑ des Photons und
Streuwinkel φ des Elektrons)

$$\cot\varphi = \left(1 + \frac{h\,f}{m_e\,c_o^2}\right)\tan\frac{\vartheta}{2}$$

Paarbildung
(Energiebilanz)
$$hf = 2\,m_e\,c_o^2 + E_{e^-} + E_{e^+}$$

Fragen

1. Wie ist die spezielle Energieeinheit Elektronenvolt (eV) definiert?

2. Was versteht man unter Dualismus des Lichtes?

3. Weshalb besitzen Photonen keine Ruhemasse?

4. Beschreiben Sie die Gegenfeldmethode zur Untersuchung des äußeren Photoeffektes (Skizze der Versuchsanordnung).

5. Stellen Sie die kinetische Energie der Photoelektronen als Funktion der Frequenz des eingestrahlten Lichtes graphisch dar. Welche physikalische Bedeutung haben die Schnittpunkte der Geraden mit den Koordinatenachsen und der Anstieg der Geraden?

6. Erläutern Sie Aufbau und Wirkungsweise von Photozelle und Photovervielfacher (Skizze).

7. Bei welchem Streuwinkel des Photons ist die durch den Comptoneffekt bewirkte Wellenlängenänderung am größten?

8. Aus welchem Grund ist Paarbildung nur im Feld eines Atomkerns möglich?

9. Was versteht man unter einem Positronium-Atom?

10. Erläutern Sie den Vorgang der Paarvernichtung (Annihilation).

Aufgaben

11. Berechnen Sie Masse, Impuls und Energie eines Photons der Wellenlänge 0,0016 nm.

12. Welche Energie muß ein Photon besitzen, damit seine Masse gleich der Ruhemasse des Elektrons ist?

13. Welche Gegenspannung ist erforderlich, um Elektronen der Geschwindigkeit $3,76 \cdot 10^5$ m $\cdot$ s^{-1} auf die Geschwindigkeit Null abzubremsen.

14. Welche Energie wird bei der Zerstrahlung (Annihilation) eines Elektronen-Positronen-Paares frei? Berechnen Sie die Wellenlänge der beiden Photonen.

15. Die Austrittsarbeit einer mit einem Bariumfilm belegten Wolframkatode beträgt 0,3 eV. Wie groß ist die Grenzwellenlänge für den Photoeffekt?

16. Abb. 4.6.16 zeigt die Abhängigkeit der kinetischen Energie der Photoelektronen von der Frequenz des einfallenden Lichtes. Um welches Katodenmaterial handelt es sich?
(Austrittsarbeiten einiger Metalle in eV: Zn 4,27; Cu 4,36; Ag 4,74; Au 4,78; Pt 6,35)

17. Eine Photozelle wird nacheinander mit monochromatischem Licht der Wellenlänge 410 nm und 530 nm bestrahlt. Bei Gegenspannungen von 1,526 V und 0,841 V zeigt das Instrument gerade keinen Photostrom mehr an. Welcher Wert ergibt sich aus diesem Experiment für die Planck-Konstante h?

18. Bei welchem Streuwinkel der Photonen beträgt die durch den Comptoneffekt bewirkte Wellenlängenänderung 0,0012 nm?

19. Röntgenstrahlung der Energie 50 keV wird beim Comptoneffekt um 90° gestreut. Wie groß ist die Energie der gestreuten Photonen? Welche Energie und welchen Impuls besitzen die Comptonelektronen, wenn sie vor dem Stoßprozeß in Ruhe waren? Unter welchem Winkel zur Einfallsrichtung bewegen sich die Elektronen nach dem Streuvorgang?

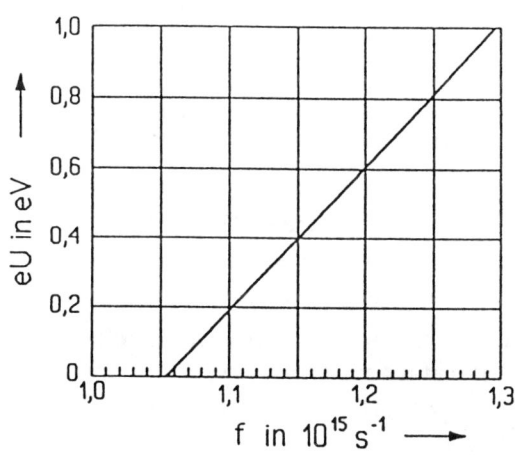

Abb. 4.6.16
Photoeffekt: Kinetische Energie der Photoelektronen in Abhängigkeit von der Frequenz

20. Welche Wellenlänge besitzt eine Photonenstrahlung, die durch Comptoneffekt 90° gestreut wird und dem Rückstoßelektron die Energie 1,5 MeV verleiht?

4.7   Materiewellen

Schwerpunkte

Welle-Teilchen-Dualismus, de Broglie-Wellenlänge, Phasengeschwindigkeit, Gruppengeschwindigkeit, Wellengruppen, Elektronenbeugung, Neutronenbeugung, Braggsche Gleichung, Elektronenmikroskop, Heisenbergsche Unbestimmtheitsrelation

Formeln

de Broglie-Wellenlänge

$$\lambda = \frac{h}{p} = \frac{h}{m\,v}$$

Phasengeschwindigkeit c_{ph} und
Teilchengeschwindigkeit v

$$c_{ph} = \frac{c_o^2}{v}$$

Gruppengeschwindigkeit c_g
und Teilchen-
geschwindigkeit v

$$c_g = v$$

Braggsche Gleichung

$$N\lambda = 2d\,\sin\vartheta$$

Fragen

1. Nennen Sie experimentelle Beweise für die Existenz von Materiewellen.

2. Was versteht man unter einer Wellengruppe (Wellenpaket)?

3. Leiten Sie die Beziehung zwischen der Phasengeschwindigkeit einer Materiewelle und der Teilchengeschwindigkeit her.

4. Begründen Sie, daß das Ergebnis $c_{ph} > c_o$ für materielle Teilchen keinen Widerspruch zur Relativitätstheorie bedeutet.

5. Zeigen Sie, daß die Gruppengeschwindigkeit von Materiewellen mit der Teilchengeschwindigkeit identisch ist.

6. Begründen Sie die Bohrsche Quantenbedingung für den Drehimpuls des Elektrons mit der Materiewellenvorstellung.

7. Welche Vorteile besitzt die Beugung thermischer Neutronen an Kristallen gegenüber der Röntgenbeugung?

8. Erläutern Sie den Aufbau eines Transmissionselektronenmikroskops.

9. Worauf beruht das hohe Auflösungsvermögen des Elektronenmikroskops?

10. Warum spielt die Heisenbergsche Unbestimmtheitsrelation bei makroskopischen Körpern keine Rolle?

Aufgaben

11. Wie groß sind die Geschwindigkeit und die Wellenlänge von Elektronen, die durch eine Spannung von 100 V beschleunigt werden?

12. Ein Teilchen der Ladung $+e$ wird durch eine Spannung von 50 kV beschleunigt. Es hat die Materiewellenlänge $1,28 \cdot 10^{-13}$ m. Welche Masse besitzt das Teilchen? Um welche Teilchenart handelt es sich?

13. Berechnen Sie die Wellenlänge von thermischen Neutronen mit einer kinetischen Energie von $0,025$ eV.

14. Beugungsexperimente mit Neutronen ergaben eine Materiewellenlänge von $0,1$ nm. Welche Geschwindigkeit und welche kinetische Energie besitzen die Neutronen?

15. Ein Elektron bewegt sich in einem homogenen Magnetfeld der Feldstärke 4000 A $\cdot$ m^{-1} auf einer kreisförmigen Bahn mit dem Radius 5 mm. Berechnen Sie die de Broglie-Wellenlänge des Elektrons.

16. Eine Luftgewehrkugel der Masse $0,5$ g bewegt sich mit der Geschwindigkeit 100 m $\cdot$ s^{-1}. Wie groß ist die Materiewellenlänge der Kugel? Weshalb sind keine Beugungserscheinungen nachweisbar?

17. Welche Beschleunigungsspannung muß ein Elektron durchlaufen, damit seine de Broglie-Wellenlänge $0,548 \cdot 10^{-10}$ m beträgt?

18. Wie groß ist die de Broglie-Wellenlänge eines Elektrons, das sich mit 90 % der Lichtgeschwindigkeit bewegt?

19. Leiten Sie die Braggsche Reflexionsbedingung her.

20. Aus einem Kernreaktor treten Neutronen mit einer Geschwindigkeit von 2640 m $\cdot$ s^{-1} und treffen auf einen Kristall. Unter einem Glanzwinkel von $41,67^{\circ}$ wird das Beugungsmaximum 5. Ordnung beobachtet. Welcher Kristall liegt vor, wenn für einige Kristalle die folgenden Netzebenenabstände bekannt sind?

Kristall	KCl	NaCl	CuCl	NaF
d in nm	$0,629$	$0,564$	$0,542$	$0,463$

4.8   Photometrie, Strahlungsgesetze

Schwerpunkte

Physikalische Strahlungsgrößen, lichttechnische Größen, Kirchhoffsches Strahlungsgesetz, Strahlung des schwarzen Körpers, Plancksches Strahlungsgesetz, Näherungsformeln nach Wien und Rayleigh-Jeans, Stefan-Boltzmannsches Gesetz, Wiensches Verschiebungsgesetz

Formeln

Strahlungsfluß, Lichtstrom
$$\Phi_e = \frac{dW}{dt}, \qquad \Phi = \int I\,d\Omega$$

Strahlstärke, Lichtstärke
$$I_e = \frac{d\Phi_e}{d\Omega}, \qquad I = \frac{d\Phi}{d\Omega}$$

Strahldichte, Leuchtdichte
$$L_e = \frac{dI_e}{dA\cos\alpha}, \quad L = \frac{dI}{dA\cos\alpha}$$

Bestrahlungsstärke,
Beleuchtungsstärke
$$E_e = \frac{d\Phi_e}{dA}, \qquad E = \frac{d\Phi}{dA} = \frac{I\cos\alpha}{r^2}$$

spektraler Absorptionsgrad
$$\alpha(\lambda, T) = \frac{\Phi_a}{\Phi_o}$$

spektraler Emissionsgrad
$$\varepsilon(\lambda, T) = \frac{L_e(\lambda, T)}{L_{es}(\lambda, T)}$$

Kirchhoffsches Strahlungsgesetz
$$\frac{\varepsilon(\lambda, T)}{\alpha(\lambda, T)} = \varepsilon_s(\lambda, T)$$

Plancksches Strahlungsgesetz
$$L_{es}(\lambda, T)\,d\lambda = \frac{2\,h\,c_o^2}{\Omega\,\lambda^5} \times \frac{1}{e^{\frac{h\,c_o}{\lambda\,k\,T}} - 1}\,d\lambda$$

Wiensches Strahlungsgesetz
$$L_{es}(\lambda, T)\,d\lambda = \frac{2\,c_o^2\,h}{\Omega\lambda^5}\,e^{-\frac{h\,c_o}{\lambda\,k\,T}}\,d\lambda$$

Rayleigh-Jeanssches
Strahlungsgesetz
$$L_{es}(\lambda, T)\,\mathrm{d}\lambda = \frac{2\,c_o\,k}{\Omega\,\lambda^4}\,T\,\mathrm{d}\lambda$$

Stefan-Boltzmannsches Gesetz $D_{es} = \sigma\,T^4$

Wiensches Verschiebungsgesetz $\lambda_{max}\,T = b = \text{const}$

Fragen

1. Welcher Unterschied besteht zwischen den "physikalischen" Strahlungsgrößen und den "photometrischen" (lichttechnischen) Größen?

2. Wie ist die SI-Einheit der Lichtstärke, die Candela (cd), definiert?

3. Erläutern Sie den Begriff Farbtemperatur.

4. Was versteht man unter einem schwarzen Körper, wie läßt er sich praktisch realisieren?

5. Was besagt das Kirchhoffsche Strahlungsgesetz?

6. Welche Vorstellungen liegen dem Planckschen Strahlungsgesetz zugrunde?

7. Skizzieren Sie die Strahldichte des schwarzen Körpers für verschiedene Temperaturen in Abhängigkeit von der Wellenlänge.

8. Was versteht man unter der Solarkonstante?

9. Erklären Sie das Prinzip der Crookesschen Lichtmühle (Radiometer).

10. Erläutern Sie Aufbau und Funktionsweise eines Pyrometers.

Aufgaben

11. Welchen Lichtstrom empfängt eine Fläche von $0,1\ \mathrm{m}^2$, auf die das Licht einer 5 m entfernten punktförmigen Lichtquelle der Stärke 100 cd auftrifft?

12. Eine leuchtende Fläche von $500\ \mathrm{mm}^2$ hat eine Lichtstärke von 10 cd. Wie groß ist die Leuchtdichte dieser Fläche und die Beleuchtungsstärke auf einer 10 m entfernten Fläche, auf welche die Strahlung senkrecht auftrifft?

13. Das Licht einer Quelle der Stärke 200 cd fällt unter einem Winkel von 45° auf eine Fläche und erzeugt dort die Beleuchtungsstärke 40 lx. In welchem Abstand von der Fläche befindet sich die Lichtquelle?

14. Eine punktförmige Lichtquelle ergibt in 100 m Abstand die Beleuchtungsstärke 0, 01 lx. Welche Lichtstärke hat die Quelle?

15. Das Maximum der spektralen Strahldichte der Sonnenstrahlung liegt bei 510 nm. Welche Temperatur ergibt sich hieraus für die Sonnenoberfläche, wenn man diese als schwarzen Körper betrachtet?

16. Ermitteln Sie für einen Fixstern mit der Oberflächentemperatur 20000 K die Wellenlänge, bei der das Maximum der spektralen Strahldichte liegt. In welchen Bereich des elektromagnetischen Spektrums fällt diese Strahlung?

17. Ermitteln Sie mit Hilfe der Solarkonstante den gesamten von der Sonne ausgehenden Strahlungsfluß.

18. Ermitteln Sie aus dem Planckschen Strahlungsgesetz die Konstante b des Wienschen Verschiebungsgesetzes.

19. Leiten Sie für den Fall kleiner Wellenlängen und niedriger Temperaturen aus dem Planckschen Strahlungsgesetz das Wiensche Strahlungsgesetz her.

20. Zeigen Sie, daß für große Wellenlängen und hohe Temperaturen aus dem Planckschen Strahlungsgesetz das Rayleigh-Jeanssche Gesetz folgt.

5 Atom- und Kernphysik

Symbole und Einheiten

Symbole

A	Nukleonenzahl, Aktivität
A_∞	Sättigungsaktivität
$A_r(^A_Z\mathrm{X})$, A_r	relative Atommasse
B	Aufbaufaktor
D, $\dot D$	Energiedosis, Energiedosisleistung
d	Flächenmasse
E_B	Bindungsenergie
E_S	Schwellenenergie
f^*	Wellenzahl
H, $\dot H$	Äquivalentdosis, Äquivalentdosisleistung
h	Häufigkeit
k_γ	spezifische Gammastrahlungskonstante
$m(^A_Z\mathrm{X})$, m	Atommasse
m_e	Elektronenmasse
$m_k(^A_Z\mathrm{X})$, m_k	Kernmasse
m_r	reduzierte Masse
m_u	atomare Masseeinheit
N	Neutronenzahl, Teilchenzahl
$_aN$	Anzahldichte
Q	Reaktionsenergie, Qualitätsfaktor
R	Kernradius, Reichweite
R_∞	universelle Rydbergkonstante
R_x	Rydbergkonstante des Atoms X
$T_{1/2}$	Halbwertzeit

t_B	Bestrahlungszeit
u	atomare Masseeinheit
Z	Kernladungszahl, Ordnungszahl, Protonenzahl
φ	Teilchenflußdichte
λ	Umwandlungskonstante
Δm	Massendefekt
μ	linearer Schwächungskoeffizient
μ/ϱ	Massenschwächungskoeffizient
ψ	Wellenfunktion
σ	Wirkungsquerschnitt

SI-Einheiten

Größenart	Formel-zeichen	Name	Einheiten-zeichen	Beziehung zu Basiseinheiten
Aktivität	A	Becquerel	Bq	s^{-1}
Äquivalentdosis	H	Sievert	Sv	$m^2 \cdot s^{-2}$
Äquivalentdosis-leistung	$\dot{H}$	Sievert je Sekunde	Sv/s	$m^2 \cdot s^{-3}$
Energiedosis	D	Gray	Gy	$m^2 \cdot s^{-2}$
Energiedosis-leistung	$\dot{D}$	Gray je Sekunde	Gy/s	$m^2 \cdot s^{-3}$
Teilchenfluß-dichte	φ	Eins je Quadrat-meter mal Sekunde	$1/(m^2 \cdot s)$	$m^{-2} \cdot s^{-1}$

5.1   Atomhülle

Schwerpunkte

Bohrsches Atommodell, Quantenzahlen, Anregung von Atomen, Spektrum des Wasserstoffatoms, Spektren der Alkalimetallatome, Elektronenspin, Heisenbergsche Unbestimmtheitsrelation, zeitunabhängige Schrödinger-Gleichung

Formeln

Quantenbedingung
(1. Bohrsches Postulat)

$$m_r \, r_n^2 \, \omega_n = n \, \frac{h}{2\pi}, \quad (n = 1, 2, 3 \ldots)$$

Bohrsche Bahnradien

$$r_n = \frac{n^2 \, h^2 \, \varepsilon_o}{\pi Z \, m_r \, e^2}, \quad (n = 1, 2, 3 \ldots)$$

Frequenzbedingung
(2. Bohrsches Postulat)

Absorption $E_i \to E_k$
$(E_i < E_k)$
$h \, f_{ki} = -(E_i - E_k)$

Emission $E_k \to E_i$
$(E_k > E_i)$
$h \, f_{ki} = E_k - E_i$

universelle Rydbergkonstante

$$R_\infty = \frac{m_e \, e^4}{8 \, h^3 \, c_o \, \varepsilon_o^2}$$

Rydbergkonstante des Atoms X

$$R_X = \frac{R_\infty}{1 + \dfrac{m_e}{m_k}}$$

Energiezustände des
Wasserstoffatoms

$$E_n = -\frac{h \, c_o \, R_H}{n^2}, \quad (n = 1, 2, 3 \ldots)$$

Serienformel des
Wasserstoffatoms

$$\frac{1}{\lambda} = R_H \left(\frac{1}{n_1^2} - \frac{1}{n_2^2} \right), \quad (n_2 > n_1)$$

Serienformel der Spektren
wasserstoffähnlicher Ionen

$$\frac{1}{\lambda} = Z^2 \, R_X \left(\frac{1}{n_1^2} - \frac{1}{n_2^2} \right), \quad (n_2 > n_1)$$

Heisenbergsche
Unbestimmtheitsrelation

$$\Delta p \cdot \Delta x \geq \frac{h}{4\pi}$$

$$\Delta E \cdot \Delta t \geq \frac{h}{4\pi}$$

zeitunabhängige
Schrödingergleichung

$$\Delta\psi + \frac{8\,\pi^2\,m}{h^2}\,(E - E_{pot})\,\psi = 0$$

Normierungsbedingung

$$\int\limits_{-\infty}^{+\infty} \psi\psi^* \mathrm{d}V = 1$$

Fragen

1. Welche Anregungsarten von Atomen oder Molekülen gibt es?

2. Erläutern Sie Aufbau, Durchführung und Ergebnis des Franck-Hertz-Versuches.

3. Erläutern Sie die physikalische Bedeutung der Heisenbergschen Impuls-Ort- und Energie-Zeit-Unbestimmtheitsrelation.

4. Warum besitzen Spektrallinien eine vom Auflösungsvermögen des Spektralgerätes unabhängige natürliche Linienbreite?

5. Charakterisieren Sie die Spektrallinienserien des Wasserstoffatoms.

6. Die Spektren aller Ionen mit einem Elektron (He^+, Li^{2+}, Be^{3+} usw.) sind wasserstoffähnlich. Begründen Sie, warum im Energieniveauschema des He^+-Ions alle Energieterme um den Faktor vier größer sind als die entsprechenden Terme im Niveauschema des H-Atoms.

7. Nennen Sie charakteristische Unterschiede zwischen den Alkalimetallatomspektren und dem Spektrum des Wasserstoffatoms.

8. Beschreiben Sie den Einstein-de Haas-Effekt und den Stern-Gerlach-Versuch. Deuten Sie beide Phänomene.

9. Erläutern Sie den Zeeman-Effekt.

10. Welche physikalische Bedeutung hat die Norm der Wellenfunktion? Was besagt die Normierungsbedingung?

Aufgaben

11. Helium $\left(A_r(He) = 4,0026\right)$ besitzt bei 4 K im flüssigen Zustand die Dichte 130 kg $\cdot$ m^{-3}. Welcher Wert ergibt sich hieraus für den Radius des Heliumatoms?

12. Wie groß ist das Verhältnis von elektrostatischer Coulombkraft und Gravitationskraft im Wasserstoffatom?

13. Wird beim Franck-Hertz-Versuch Natrium statt Quecksilber verwendet, reicht eine Beschleunigungsspannung von $2,11$ V zur Anregung aus. Welche Wellenlänge hat das von den Natriumatomen emittierte Licht?

14. Wie groß ist die Geschwindigkeit des Elektrons auf der ersten Bohrschen Bahn im Wasserstoffatom?

15. Wie groß sind potentielle Energie, kinetische Energie und Gesamtenergie des Elektrons im Grundzustand des Wasserstoffatoms?

16. Berechnen Sie Wellenlänge, Wellenzahl und Frequenz der H_α-Linie des Wasserstoffspektrums. In welchem Spektralbereich liegt diese Linie?

17. Die Ionisierungsenergie von Wasserstoff beträgt $13,6$ eV. Welche Wellenlänge muß elektromagnetische Strahlung mindestens besitzen, um Wasserstoffatome ionisieren zu können?

18. Welche Wellenlängendifferenz weisen die H_α-Linien des leichten Wasserstoffs und des Deuteriums auf?

19. Die Na-D-Linie besteht aus zwei Linien mit den Wellenlängen $589,0$ nm und $589,6$ nm. Stellen Sie die zugehörigen Übergänge schematisch in einem Energieschema dar, und charakterisieren Sie die Energieniveaus durch Angabe der Termsymbole.

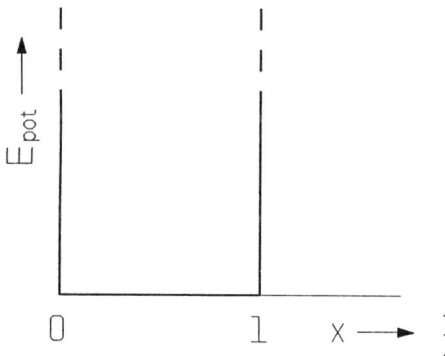

Abb. 5.1.20
Potentialkasten

20. Ein Elektron befindet sich in einem eindimensionalen Potentialkasten der Breite l mit unendlich hohen Potentialwänden (Abb. 5.1.20). Die zeitunabhängige Schrödinger-Gleichung liefert die Eigenfunktionen $\psi_n(x) = \psi_o \sin n\frac{\pi x}{l}$, ($n = 1, 2, 3$ ...). Berechnen Sie die Amplitude der Eigenfunktionen und die Eigenwerte der Energie. Stellen Sie für die Zustände $n = 1, 2$ und 3 die Energieeigenwerte, die Eigenfunktionen und die Norm der Eigenfunktionen graphisch dar.

5.2 Atomkern

Schwerpunkte

Kernaufbau, Kernradius, Atommasse, Massendefekt, Bindungsenergie, Isotopie, Kernspin, Kernmodelle

Formeln

Nukleonenzahl

$$A = Z + N$$

Kernradius

$$R = r_o \sqrt[3]{A}, \quad r_o \approx 1,4 \, \mathrm{fm}$$

Atommasse

$$m({}_Z^A\mathrm{X}) = A_r({}_Z^A\mathrm{X})\, m_u$$

Massendefekt

$$\Delta m = Z m({}_1^1\mathrm{H}) + N m_n - m({}_Z^A\mathrm{X})$$

Bindungsenergie

$$E_B = \Delta m\, c_o^2$$

Bethe-Weizsäcker-Formel

$$E_B = [15,8\, A - 17,8\, A^{2/3} -$$
$$0,71\, Z^2 A^{-1/3} -$$
$$23,7\, (N - Z)^2 A^{-1} +$$
$$33,6\, \delta \cdot A^{-3/4}]\, \mathrm{MeV}$$

$$\delta = \begin{cases} +1 \text{ für } Z \text{ und } N \text{ gerade} \\ 0 \ \ \text{ für } A \text{ ungerade} \\ -1 \text{ für } Z \text{ und } N \text{ ungerade} \end{cases}$$

Fragen

1. Was versteht man unter einem Nuklid?

2. Wie ist die relative Atommasse definiert?

3. Erklären Sie den Begriff Isotopie. Wie können isotope Nuklide getrennt werden?

4. Durch welche Experimente wurde die Existenz des Atomkerns nachgewiesen?

5. Skizzieren Sie den Verlauf der Bindungsenergie je Nukleon in Abhängigkeit von der Nukleonenzahl, und erläutern Sie anhand dieser Kurve die prinzipiellen Möglichkeiten der Kernenergiegewinnung.

6. Erläutern Sie die physikalische Bedeutung der einzelnen Glieder der Bethe-Weizsäcker-Bindungsenergieformel.

7. Welche Eigenschaften des Atomkerns vermögen das Tröpfchenmodell und das Schalenmodell zu beschreiben?

8. Skizzieren Sie den Verlauf der potentiellen Energie eines positiv geladenen Teilchens in der Nähe eines Atomkerns.

9. Wie setzt sich der Kernspin aus den Drehimpulsen der Nukleonen zusammen?

10. Warum nimmt der Kernspin auch bei großer Nukleonenzahl nur einen relativ kleinen Wert an?

Aufgaben

11. Wie groß ist die Anzahl der Atome in einem Kilogramm Kupfer? ($A_r(\mathrm{Cu}) = 63,546$)

12. Aus wieviel Protonen und Neutronen sind die Atomkerne der drei isotopen Nuklide $^{20}\mathrm{Ne}$, $^{21}\mathrm{Ne}$, $^{22}\mathrm{Ne}$ aufgebaut?

13. Berechnen Sie die relative Atommasse des Elementes Sauerstoff, das sich aus den drei stabilen Nukliden $^{16}\mathrm{O}$ ($A_r = 15,994915$), $^{17}\mathrm{O}$ ($A_r = 16,999133$) und $^{18}\mathrm{O}$ ($A_r = 17,999160$) zusammensetzt, deren relative Häufigkeiten $99,759\,\%$, $0,0374\,\%$ und $0,2036\,\%$ betragen.

14. Welcher Energie (in J und MeV) entspricht ein Massendefekt von einer atomaren Masseeinheit?

15. Zwei Protonen im Abstand r stoßen sich aufgrund der Coulombkraft ab und ziehen sich infolge der Gravitationskraft an. Wie verhalten sich beide Kräfte zueinander?

16. Berechnen Sie die Dichte der Kernmaterie, wenn die Masse eines Nukleons $\approx 1,67 \cdot 10^{-27}$ kg beträgt. Welche Masse würde ein Stecknadelkopf ($\approx 1\,\mathrm{mm}^3$) besitzen, wenn er aus Kernmaterie bestünde?

17. Berechnen Sie Bindungsenergie und Bindungsenergie je Nukleon für die Atomkerne der Nuklide $^4\mathrm{He}$ und $^{238}\mathrm{U}$.

18. Welche Bindungsenergien ergeben sich für die in Aufgabe 17. genannten Atomkerne bei Anwendung der halbempirischen Bethe-Weizsäcker-Formel?

19. Berechnen Sie die Höhe des Coulombwalls (in MeV) bei der Annäherung eines α-Teilchens an einen $^{238}\mathrm{U}$-Kern.

20. Isotope Nuklide mit den Massen m_1, m_2 ... m_i werden ionisiert (elektrische Ladungen $Q_1 = Q_2 = ... = Q_i$) und mit gleichen kinetischen Energien senkrecht zur Flußdichte in ein homogenes Magnetfeld geschossen. Sie bewegen sich auf Kreisbahnen. Wie verhalten sich die Bahnradien der Ionen?

5.3   Radioaktivität

Schwerpunkte

Exponentielles Umwandlungsgesetz, Halbwertzeit, Umwandlungskonstante, Aktivität, radioaktives Gleichgewicht, α-Umwandlung, β-Umwandlung, E-Einfang, γ-Übergang, innere Konversion

Formeln

Umwandlungsgesetz

$$N(t) = N(0)\ \mathrm{e}^{-\lambda t}$$

Halbwertzeit, Umwandlungskonstante

$$T_{1/2} = \frac{\ln 2}{\lambda}$$

Aktivität

$$A = -\frac{\mathrm{d}N}{\mathrm{d}t} = \lambda N$$

Aktivität und Masse

$$A = \frac{\ln 2}{T_{1/2}}\ \frac{m}{A_r\, m_u}$$

α-Umwandlung

$$^{A}_{Z}\mathrm{X} \longrightarrow ^{A-4}_{Z-2}\mathrm{Y} + ^{4}_{2}\mathrm{He}(\alpha)$$

β^--Umwandlung

$$^{A}_{Z}\mathrm{X} \longrightarrow ^{A}_{Z+1}\mathrm{Y} + ^{0}_{-1}\mathrm{e}(\beta^-)$$

β^+-Umwandlung

$$^{A}_{Z}\mathrm{X} \longrightarrow ^{A}_{Z-1}\mathrm{Y} + ^{0}_{+1}\mathrm{e}(\beta^+)$$

E-Einfang

$$^{A}_{Z}\mathrm{X} + ^{0}_{-1}\mathrm{e} \longrightarrow ^{A}_{Z-1}\mathrm{Y}$$

γ-Übergänge

$$^{A}_{Z}\mathrm{X}^* \longrightarrow ^{A}_{Z}\mathrm{X} + \gamma$$

Dauergleichgewicht

$$\lambda_1 \ll \lambda_2;\quad A_2(\infty) = A_1$$

$$m_2 = \frac{T_{1/2\ (2)}\ A_{r\ (2)}}{T_{1/2\ (1)}\ A_{r\ (1)}} m_1$$

Laufendes Gleichgewicht

$$\lambda_1 < \lambda_2$$
$$A_2(t) = \frac{\lambda_2}{\lambda_2 - \lambda_1} A_1(t)$$

Fragen

1. Die natürliche Uraniumreihe beginnt mit dem Mutternuklid ^{238}U und endet mit dem stabilen Bleinuklid ^{206}Pb. Bestimmen Sie die Anzahl der im Verlauf der gesamten Umwandlungsreihe auftretenden α- und β^--Prozesse.

2. Warum besitzt β-Strahlung ein kontinuierliches Energiespektrum?

3. Was versteht man unter innerer Konversion? Inwiefern unterscheiden sich Konversionselektronen von β-Teilchen?

4. Erläutern Sie die Erscheinung der Kernisomerie.

5. Was versteht man unter radioaktivem Dauergleichgewicht und laufendem radioaktivem Gleichgewicht?

6. Welchen Charakter hat das Energiespektrum der α-Strahlung?

7. Erläutern Sie die α-Umwandlung auf der Grundlage des Tunneleffektes.

8. Welche radioaktiven Umwandlungsprozesse lassen sich durch äußere Einwirkungen in geringem Maße beeinflussen?

9. Beschreiben Sie den Mößbauer-Effekt.

10. Das künstlich radioaktive Nuklid ^{60}Co ($T_{1/2} = 5,27$ a) wandelt sich unter Emission von β^--Teilchen ($E_{max} = 0,31$ MeV) und von zwei γ-Quanten ($E_{\gamma 1} = 1,17$ MeV; $E_{\gamma 2} = 1,33$ MeV) um. Welches Folgenuklid entsteht? Skizzieren Sie das Umwandlungsschema.

Aufgaben

11. Die Halbwertzeit von Radium (^{226}Ra) beträgt 1600 a. Welche Masse entspricht der Aktivität 37 GBq?

12. Wieviel Prozent einer radioaktiven Substanz sind nach einer halben Halbwertzeit noch vorhanden?

13. In der folgenden Tabelle sind die Ergebnisse der Aktivitätsmessung einer Strahlungsquelle zusammengestellt, die zwei radioaktive Nuklide verschiedener Halbwertzeit und unterschiedlicher Anfangsaktivität enthält. Stellen Sie die Umwandlungskurve auf einfachlogarithmischem Koordinatenpapier dar. Gesucht sind die Halbwertzeiten und die Anfangsaktivitäten beider Nuklide.

t in h	A in Bq	t in h	A in Bq
0	1330	8	362
1	1064	9	331
2	864	10	307
3	714	15	239
4	601	20	202
5	516	25	176
6	449	30	154
7	400		

14. Wie verteilt sich die gesamte Reaktionsenergie Q bei einem α-Prozeß

$$_{Z}^{A}\mathrm{X} \longrightarrow _{Z-2}^{A-4}\mathrm{Y} + \alpha$$

auf das α-Teilchen und den Restkern?

15. Radioaktive Umwandlungsprozesse sind nur dann möglich, wenn energetische Voraussetzungen erfüllt sind. Formulieren Sie mit Hilfe der Massen der Reaktionspartner Bedingungen für das Auftreten von β^--, β^+-Umwandlungen und des E-Einfanges.

16. Zur Bestimmung der Sedimentationsgeschwindigkeit wird eine Datierung mit Hilfe von Radiokohlenstoff ($T_{1/2} = 5730$ a) vorgenommen. Eine aus $1,5$ m Tiefe der Sedimentschicht stammende organische Probe wies eine ^{14}C-Aktivität von $56,6$ mBq auf. Die ^{14}C-Aktivität je Gramm Kohlenstoff von rezentem organischem Material beträgt 226 mBq. Welches Alter hat die Probe? Wie groß ist die Sedimentationsgeschwindigkeit?

17. Einen bedeutenden Anteil an der natürlichen inneren Strahlenbelastung des Menschen liefert das Nuklid ^{40}K ($T_{1/2} = 1,28 \cdot 10^9$ a). ^{40}K ist zu $0,0119$ % im Isotopengemisch des Kaliums enthalten. Die Konzentration des Gesamtkaliums im Körper beträgt ca. 2 g/kg. Wie groß ist die ^{40}K-Aktivität eines Menschen ($m = 70$ kg)?

18. Das radioaktive Nuklid Tritium ($T_{1/2} = 12,43$ a) ist ein reiner β^--Strahler. Wieviel β^--Teilchen werden von 1 μg Tritium an einem Tag emittiert?

19. Freie Neutronen sind instabil ($T_{1/2} = 10,69$ min). Die Umwandlung erfolgt durch einen reinen β^--Prozeß. Geben Sie die Reaktionsgleichung an, und berechnen Sie die Maximalenergie der β^--Teilchen.

20. Das radioaktive Edelgas ^{222}Rn ($T_{1/2} = 3,825$ d) entsteht durch α-Umwandlung von ^{226}Ra ($T_{1/2} = 1600$ a). Zum Anfangszeitpunkt sei das ^{226}Ra völlig frei von ^{222}Rn. Berechnen Sie die Zeit, nach der sich 99 % des radioaktiven Dauergleichgewichtes zwischen Radium und Radon eingestellt haben, wenn gesichert ist, daß kein Radon entweichen kann.

5.4 Kernreaktionen

Schwerpunkte

Kernreaktionstypen, Massendefekt, Reaktionsenergie, Wirkungsquerschnitt, Aktivierung, Kernspaltung, Kernfusion

Formeln

Schreibweise von Kernreaktionen	$X + x \longrightarrow Y + y$ oder $X(x,y)Y$
Massendefekt	$\Delta m = [m(X) + m(x)] - [m(Y) + m(y)]$
Reaktionsenergie	$Q = \Delta m\, c_o^2$
Schwellenenergie	$E_S = -Q\dfrac{m(X) + m(x)}{m(X)}$
Schwächungsgesetz	$\varphi(x) = \varphi(0)\, e^{-aN\sigma x}$
Aktivierungsgleichung	$A = \varphi\sigma\dfrac{m\,h}{A_r\,m_u}(1 - e^{-\lambda t_B})$

Sättigungsaktivität $$A_\infty = \varphi\sigma\,\frac{m\,h}{A_r\,m_u}$$

Fragen

1. Welche Grundtypen von Kernreaktionen gibt es?

2. Was versteht man unter dem Wirkungsquerschnitt einer Kernreaktion?

3. Erläutern Sie den Verlauf eines Zwischenkernprozesses.

4. Nennen Sie Kernreaktionen, die zur Erzeugung freier Neutronen dienen. Warum sind langsame Neutronen als Geschoßpartikel zur Auslösung von Kernreaktionen besonders geeignet?

5. Beschreiben Sie den Vorgang der Kernspaltung mit Hilfe des Tröpfchenmodells. Warum ist ^{235}U mit langsamen Neutronen spaltbar, nicht jedoch ^{238}U?

6. Welche Bedingungen müssen erfüllt sein, damit sich eine Kettenreaktion entwickeln kann?

7. Erläutern Sie den Aufbau eines thermischen Kernreaktors.

8. Beschreiben Sie die Arbeitsweise des schnellen Brutreaktors.

9. Auf welchen Kernprozessen beruht die Energieerzeugung der sonnenähnlichen Fixsterne?

10. Erläutern Sie die beiden voneinander unabhängigen Wege, die bei der experimentellen Untersuchung der kontrollierten Kernfusion beschritten werden. Was besagt das Lawson-Kriterium?

Aufgaben

11. Wie verändern sich die Nukleonenzahl und die Kernladungszahl eines Atomkerns bei den folgenden Kernreaktionen: (n,p), (n,γ), (n,α), (n,2n), (p,γ), (p,n), (p,α), (d,n), (d,2n), (d,p), (d,α), (α,p), (α,n), (γ,n)?

12. Welche Nuklide entstehen bei der Bestrahlung von Kochsalz im Kernreaktor, wenn (n,γ)-, (n,p)- und (n,α)-Prozesse auftreten?

13. Im Jahre 1932 entdeckte J. Chadwick mit der Kernreaktion
$$^9\text{Be}(\alpha,\text{n})^{12}\text{C}; \quad Q = 5{,}7 \text{ MeV}$$
das Neutron. Welcher Wert ergibt sich für die Neutronenmasse, wenn

ie Nuklidmassen der übrigen Reaktionspartner bekannt sind?
$m(^9\text{Be}) = 9,012183$ u; $m(^4\text{He}) = 4,002603$ u; $m(^{12}\text{C}) = 12$ u)

4. E. Rutherford entdeckte die erste künstliche Kernreaktion beim
beschuß von Stickstoffkernen mit energiereichen α-Teilchen:
$$^{14}\text{N}(\alpha,\text{p})^{17}\text{O}.$$
berechnen Sie die Reaktionsenergie Q und die Schwellenenergie E_S.
Wie groß ist der Q-Wert der Umkehrreaktion?
$m(^{14}\text{Ne}) = 14,003074$ u; $m(^4\text{He}) = 4,002603$ u; $m(^{17}\text{O}) = 6,999133$ u; $m(^1\text{H}) = 1,007825$ u)

5. Bei der Spaltung eines Uraniumkerns ^{235}U durch thermische Neutronen wird im Mittel eine Reaktionsenergie von 200 MeV freigesetzt.
berechnen Sie die Energie, die bei der vollständigen Spaltung von 1 kg
^{35}U erzeugt würde. Wieviel Kilogramm Steinkohle müßten zur Erzeu-
ung der gleichen Energie verbrannt werden? (Heizwert von Steinkohle
≈ 30 MJ $\cdot$ kg^{-1})

6. Welchen Energieverlust erleidet ein Neutron der Masse m_n und
er Energie E_n beim geraden zentralen elastischen Zusammenstoß mit
inem ruhenden Atomkern der Masse m_k?

7. Bei der Spaltung von Uraniumkernen mit thermischen Neutro-
en entstehen schnelle Neutronen, deren mittlere Energie etwa 2 MeV
eträgt. Wieviel gerade, zentrale, elastische Stöße mit Deuteriumker-
en $(m(^2\text{H}) \approx 2m_n)$ sind erforderlich, um ein schnelles Spaltungsneu-
ron auf thermische Energie $(0,025$ eV$)$ abzubremsen?

8. Die Kernfusion ist die wichtigste Quelle der Sonnenenergie. Im In-
eren der Sonne vollzieht sich u. a. der Kohlenstoff-Stickstoff-Prozeß
ı Form einer zyklischen Reaktionskette:
$$^2\text{C} + {}^1\text{H} \longrightarrow {}^{13}\text{N} \longrightarrow {}^{13}\text{C} + \text{e}^+$$
$$^3\text{C} + {}^1\text{H} \longrightarrow {}^{14}\text{N}$$
$$^4\text{N} + {}^1\text{H} \longrightarrow {}^{15}\text{O} \longrightarrow {}^{15}\text{N} + \text{e}^+$$
$$^5\text{N} + {}^1\text{H} \longrightarrow {}^{12}\text{C} + {}^4\text{He}$$
berechnen Sie, wieviel Kilogramm Wasserstoff je Sekunde in Helium
mgewandelt werden.
Solarkonstante $S = 1,395 \cdot 10^3$ W $\cdot$ m^{-2}; Entfernung Erde-Sonne
$= 1,5 \cdot 10^{11}$ m; $m(^1\text{H}) = 1,007825$ u; $m(^4\text{He}) = 4,002603$ u;
ı(e) $= 0,000548$ u)

9. Künstlich radioaktive Nuklide werden durch Bestrahlung stabiler
argetkerne mit ungeladenen oder geladenen Teilchen erzeugt. Wieviel
rozent der Sättigungsaktivität erreicht man nach einer Bestrahlungs-
eit von 5 Halbwertzeiten des entstehenden Nuklids?

20. Bei der Bestrahlung von Silber mit thermischen Neutronen wird die Einfangreaktion

$$^{107}\text{Ag}(n,\gamma)^{108}\text{Ag} \quad (T_{1/2} = 2,4 \text{ min})$$

ausgelöst. Der Wirkungsquerschnitt beträgt $\sigma = 4500 \text{ fm}^2$. Wieviel radioaktive Silberkerne werden in einer Silberfolie der Fläche 50 mm^2 und der Dicke 0,1 mm je Sekunde bei einer Neutronflußdichte von 10^{10} m$^{-2}\cdot$ s^{-1} erzeugt?

($\varrho(\text{Ag}) = 10,4 \cdot 10^3$ kg $\cdot$ m^{-3}; $m(^{107}\text{Ag}) = 106,90509$ u; $h = 51,842$ %)

5.5　Ionisierende Strahlung

Schwerpunkte

Röntgenstrahlung, Bremsspektrum, charakteristisches Spektrum, Moseleysches Gesetz, Kernstrahlung, Schwächungsgesetz, Reichweite-Energie-Beziehungen, Strahlungsdetektoren, Energiedosis, Äquivalentdosis, technische Anwendungen

Formeln

Grenze des Röntgen-
bremsspektrum

$$\lambda_{gr} = \frac{c_o\, h}{e\, U_B}$$

Moseleysches Gesetz

$$\frac{1}{\lambda_{K_\alpha}} = \frac{3}{4}\, R_X (Z-1)^2$$

Schwächungsgesetz
für
Photonenstrahlung

$$\varphi(x) = \varphi(0)\, e^{-\mu x}$$
bzw.
$$\varphi(d) = \varphi(0) e^{-\frac{\mu}{\varrho} d}$$

Reichweite von β-Strahlung

$$\varrho\, R_{max} = 1,1 \times$$
$$(\sqrt{1 + 22,4\, E_{\beta_{max}}^2} - 1);$$

($\varrho\, R_{max}$ in kg/m^2, $E_{\beta_{max}}$ in MeV)

Reichweite von α-Strahlung
in Luft

$$R = 3,1 \cdot E_\alpha^{3/2};$$
(R in mm, E_α in MeV)

α-Reichweiteverhältnis in zwei Stoffen

$$\frac{R_1}{R_2} = \frac{\varrho_2}{\varrho_1} \frac{\sqrt{A_{r1}}}{\sqrt{A_{r2}}}$$

für zusammengesetzte Stoffe gilt:

$$\frac{1}{\sqrt{A_r}} = \frac{\gamma_i}{\sqrt{A_{ri}}} + \frac{\gamma_j}{\sqrt{A_{rj}}} + \ldots$$

(γ - relativer Masseanteil)

Energiedosis

$$D = \frac{\mathrm{d}W_D}{\mathrm{d}m} = \frac{1}{\varrho} \frac{\mathrm{d}W_D}{\mathrm{d}V}$$

Energiedosisleistung

$$\dot{D} = \frac{\mathrm{d}D}{\mathrm{d}t}$$

Energiedosisleistung in Luft im Abstand r von einem punktförmigen γ-Strahler

$$\dot{D} = k_\gamma \frac{A}{r^2}$$

Äquivalentdosis

$$H = Q\,D$$

γ-Energiedosisleistung in Luft hinter Abschirmung der Dicke x
schmales Bündel
breites Bündel

$$\dot{D}(x) = \dot{D}(0)\,\mathrm{e}^{-\mu x}$$
$$\dot{D}(x) = \dot{D}(0)\,B\,\mathrm{e}^{-\mu x}$$

Aufbaufaktor

$$B \approx 1 + \mu x$$

Fragen

1. Was versteht man unter direkt und indirekt ionisierender Strahlung?

2. Worin bestehen die Unterschiede zwischen Röntgen- und γ-Strahlung?

3. Beschreiben Sie den Aufbau einer Röntgenröhre.

4. Welche Arten der Wechselwirkung treten zwischen Photonenstrahlung und Atomen auf?

5. Erläutern Sie den Aufbau und die Wirkungsweise folgender Strahlungsdetektoren: Ionisationskammer, Geiger-Müller-Zählrohr, Szintillationszähler, Halbleiterdetektor.

6. Welche Materialien werden zur Abschirmung von $\beta-$, $\gamma-$ und Neutronenstrahlung verwendet?

7. Auf welchen Wechselwirkungsprozessen beruht der Nachweis von Neutronen?

8. In der Dosimetrie wird zwischen Energie- und Äquivalentdosis unterschieden. Wie sind beide Größen definiert? Für welche Zwecke finden sie Anwendung?

9. Wie sind radiometrische Meßgeräte zur berührungslosen Dicken- und Flächenmassebestimmung bei der kontinuierlichen Fertigung flächenhaft ausgedehnter Produkte (Blech, Plastikfolie, Papier usw.) aufgebaut?

10. Erläutern Sie das Prinzip der Gammaradiographie.

Aufgaben

11. Berechnen Sie die kurzwellige Grenze (λ_{gr}, f_{gr}) des Röntgenbremsspektrums, wenn an die Röhre eine Beschleunigungsspannung von 50 kV gelegt wird.

12. ^{60}Co-γ-Strahlung hat eine mittlere Energie von 1,25 MeV. Wie groß ist die Wellenlänge dieser Strahlung?

13. Die Wellenlänge der K_α-Linie einer Röntgenstrahlung beträgt 0,0228 nm. Aus welchem Material besteht die Anode der Röhre?

14. Berechnen Sie die maximale Reichweite der β-Strahlung des Nuklids ^{32}P ($E_{\beta_{max}} = 1,711$ MeV) in Plexiglas ($\varrho = 1180$ kg $\cdot$ m^{-3}).

15. Wieviel Halbwertschichtdicken sind erforderlich, um die Flußdichte einer γ-Strahlung auf $\frac{1}{10}$ des Anfangswertes zu verringern?

16. Mit einer Meßanordnung zur radiometrischen Dickenmessung wurde die Schwächung von ^{60}Co-γ-Strahlung in Stahl gemessen (Tabelle). Stellen Sie die Schwächungskurve auf einfach-logarithmischem Koordinatenpapier dar, und ermitteln Sie die Halbwertschichtdicke. Berechnen Sie den linearen und den Massenschwächungskoeffizienten.

$\varphi(x)/\varphi(0)$	1	0,679	0,460	0,311	0,218	0,139
x in mm	0	10	20	30	40	50

$\varphi(x)/\varphi(0)$	0,100	0,066	0,046	0,031	0,021
x in mm	60	70	80	90	100

(Dichte von Stahl $\varrho = 7860$ kg $\cdot$ m^{-3})

17. In eine luftgefüllte Ionisationskammer treten je Sekunde 1000 α-Teilchen mit einer Energie von jeweils 5 MeV. Sie werden im Kammervolumen vollständig absorbiert. Berechnen Sie die Sättigungsstromstärke (mittlerer Energieaufwand zur Bildung eines Ionenpaares $W \approx 34$ eV).

18. Welche Temperaturerhöhung bewirkt eine Energiedosis von 1 Gy in 1 kg Wasser ($c_{H_2O} = 4200$ J $\cdot$ kg$^{-1} \cdot$ K^{-1})?

19. Wie groß sind die Reichweiten der α-Teilchen des Radiums ($E_\alpha = 4,7$ MeV) in Luft und in der menschlichen Haut?
(Zusammensetzung von Luft und Haut in Masse % und Dichten;
Luft: 23 % O_2, 77 % N_2, $\varrho_L = 1,293$ kg $\cdot$ m^{-3}
Haut: 22 % C, 64% O, 10,4 % H, 3,6 % N, $\varrho_H = 1000$ kg $\cdot$ m^{-3})

20. Wie groß ist die durch eine punktförmige ^{60}Co-Quelle der Aktivität 370 MBq hinter einer Betonwand der Dicke 0,3 m in Luft erzeugte Energiedosisleistung für ein schmales und ein breites Strahlungsbündel ($\mu \approx 13,3$ m^{-1}, $k_\gamma = 0,335$ μGy $\cdot$ m^2/h $\cdot$ MBq)?

5.6 Elementarteilchen

Schwerpunkte

Klassifizierung der Elementarteilchen, Teilchen - Antiteilchen, Zerfall der Elementarteilchen, Erhaltungssätze, Wechselwirkungsarten, Feynman-Diagramme, Struktur der Nukleonen, kosmische Strahlung

Formeln

relativistische Massebeziehung
$$m = \frac{m_o}{\sqrt{1 - (\frac{v}{c_o})^2}}$$

relativistische Zeitdilatation
$$\Delta t = \frac{\Delta t_o}{\sqrt{1 - (\frac{v}{c_o})^2}}$$

Äquivalenz von Masse und Energie	$E = m \, c_o^2$
Umwandlungsgesetz	$N(t) = N(0) \, e^{-\lambda t}$
mittlere Lebensdauer	$\tau = \dfrac{1}{\lambda}$

Fragen

1. Nennen Sie die wesentlichen Eigenschaften der Hadronen und Leptonen.

2. Erläutern Sie die Quarkstruktur der Nukleonen.

3. Welche Unterschiede weisen Teilchen und zugehörige Antiteilchen auf?

4. Was versteht man unter der Helizität von Neutrino und Antineutrino?

5. Bei welchen Prozessen entstehen Positronen?

6. Was versteht man unter schwacher, starker und elektromagnetischer Wechselwirkung?

7. Nennen Sie die wichtigsten Erhaltungssätze der Elementarteilchenphysik.

8. Was besagen die Erhaltungssätze für Baryonen- und Leptonenzahl?

9. Wodurch kommen die elektromagnetische, die schwache und die starke Wechselwirkung zustande?

10. Was sind Myonenatome?

11. Erläutern Sie die Zusammensetzung der primären und sekundären Komponente der kosmischen Strahlung.

Aufgaben

12. Wie groß ist die der Ruhemasse des Protons äquivalente Energie?

13. Welche Energie wird beim Zerfall eines ruhenden Neutrons frei?

14. Wie groß sind Ruhemasse und Drehimpuls des Photons?

15. Stellen Sie den Neutronenzerfall im Feynman-Diagramm dar.

16. Mittels welcher Reaktion glückte der direkte Nachweis des Elektronen-Antineutrinos?

17. Beschreiben Sie anhand von Reaktionsgleichungen den Zerfall der Pionen π^+, π^- und π^o.

18. Bei der Paarbildung entsteht aus einem hochenergetischen Photon im Coulombfeld eines geladenen Wechselwirkungspartners ein Teilchen-Antiteilchen-Paar. Wie groß muß die Photonenenergie mindestens sein, damit ein Elektron-Positron-Paar bzw. ein Myon-Antimyon-Paar gebildet werden kann? ($m_\mu = 206,768\ m_e$)

19. Wie groß ist die Geschwindigkeit eines Elementarteilchens, wenn die kinetische Energie der doppelten Ruhemasse entspricht?

20. Die mittlere Lebensdauer geladener Pionen beträgt $2,6 \cdot 10^{-8}$ s. Auf welchen Wert vergrößert sie sich, wenn die Teilchengeschwindigkeit 50 % der Lichtgeschwindigkeit beträgt. Welchen Weg legen die Pionen während dieser Zeit zurück?

6 Festkörperphysik

Symbole und Einheiten

Symbole

d	Netzebenenabstand
E	Elastizitätsmodul; Energie
(hkl)	Millersche Indizes
k	Kreiswellenzahl, Federkonstante
m_x, m_y, m_z	Weißsche Indizes
n	Anzahl, Elektronendichte
$n_A; n_D$	Akzeptorendichte, Donatorendichte
n_i	Dichte freier Elektronen bzw. Defektelektronen
p	Defektelektronendichte
R_H	Hallkonstante
α	thermischer Ausdehnungskoeffizient, Temperatur-koeffizient des elektrischen Widerstandes
ε	relative Dehnung
ε_q	Querkontraktion
η	Quantenausbeute
η_E	energetischer Wirkungsgrad eines Photoelementes
Θ_D	Debyetemperatur
ϑ	Braggwinkel
κ	spezifische elektrische Leitfähigkeit
μ	Poissonzahl; Ladungsträgerbeweglichkeit
μ_n	Elektronenbeweglichkeit
μ_p	Defektelektronenbeweglichkeit
ϱ	Dichte; spezifischer elektrischer Widerstand
σ	Zugspannung, Normalspannung

SI-Einheiten

Größenart	Formel-zeichen	Name	Einheiten-zeichen	Beziehung zu Basiseinheiten
Elastizitäts-modul	E	Pascal	Pa	$\mathrm{m}^{-1} \cdot \mathrm{kg} \cdot \mathrm{s}^{-2}$
Spannung	σ			
spezifische elektrische Leitfähigkeit	κ	Siemens je Meter	S/m	$\mathrm{m}^{-3} \cdot \mathrm{kg}^{-1} \cdot \mathrm{s}^{3} \cdot \mathrm{A}^{2}$
spezifischer elektrischer Widerstand	ϱ	Ohmmeter	$\Omega \cdot \mathrm{m}$	$\mathrm{m}^{3} \cdot \mathrm{kg} \cdot \mathrm{s}^{-3} \cdot \mathrm{A}^{-2}$
Hallkonstante	R_H	Kubikmeter je Coulomb	m^3/C	$\mathrm{m}^{3} \cdot \mathrm{s}^{-1} \cdot \mathrm{A}^{-1}$
Ladungsträger-dichte	n, p	Eins je Kubikmeter	$1/\mathrm{m}^{-3}$	m^{-3}
Ladungsträger-beweglichkeit	μ	Quadrat-meter je Sekunde mal Volt	$\mathrm{m}^2/(\mathrm{s} \cdot \mathrm{V})$	$\mathrm{m}^{2} \cdot \mathrm{s}^{-1} \cdot \mathrm{V}^{-1}$

6.1 Kristallgitter

Schwerpunkte

Kristallsysteme und Bravaisgitter, Beschreibung von Punkten, Richtungen und Ebenen im Kristall, Millersche Indizes, Bindungsenergie, Streuung und Beugung von Wellen an Kristallen, Braggsche Gleichung, Aufnahmetechniken zur Strukturanalyse, Röntgenspektralanalyse

Formeln

Braggsche Gleichung $N \lambda = 2\, d \sin \vartheta$

Punktkoordinaten in
Kristallen (Abb. 6.0.1) $P = [[m_x\ m_y\ m_z]]$

Richtungskoordinaten in
Kristallen (Abb. 6.0.1)

$$[u\ v\ w] = [m_x\ m_y\ m_z]$$

Flächenindizierung in
Kristallen durch Millersche
Indizes (Abb. 6.0.2)

$$\left(\frac{1}{m_x}\ \frac{1}{m_y}\ \frac{1}{m_z}\right)_{ganzzahlig} \xrightarrow{\quad} (h\ k\ l)$$

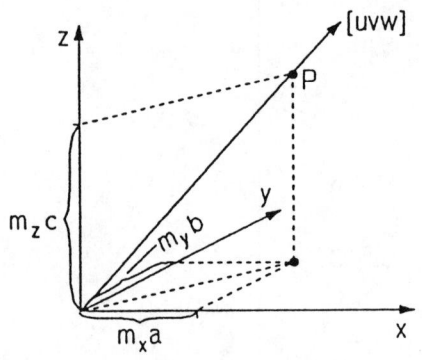

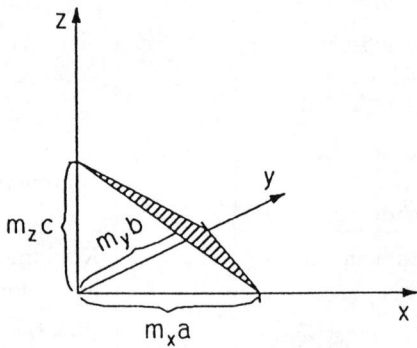

Abb. 6.0.1 Richtungskoordinaten   Abb. 6.0.2 Millersche Indizes

Fragen

1. Welche Kristallsysteme kennt man, und welche Bravaisgitter enthalten sie?

2. Welche Koordinaten haben die Atome des Elementarwürfels
(a) im kubisch flächenzentrierten,
(b) im kubisch raumzentrierten Gitter?

3. Wieviel Atome enthält die Elementarzelle des
(a) kubisch flächenzentrierten,
(b) kubisch raumzentrierten Gitters?

4. Welche Koordinaten haben die Richtungen
(a) der Raumdiagonalen,
(b) der Flächendiagonalen
des Elementarwürfels in kubischen Kristallsystemen?

5. Wie läßt sich die Lage einer Fläche (Netzebene) durch die
- Abschnitte auf den Koordinatenachsen,
- Millerschen Indizes $(h\ k\ l)$
beschreiben?

6. Zeigen Sie, daß der Abstand zweier (111)-Netzebenen im kubischen System $\frac{1}{3}$ der Raumdiagonalen des Elementarwürfels beträgt.

7. Leiten Sie die Braggsche Gleichung unter der Annahme her, daß die unter einem Glanzwinkel ϑ einfallende Welle an den aufeinanderfolgenden gleichartigen Netzebenen der Kristalle partiell reflektiert wird.

8. Beschreiben Sie das Prinzip einer Laue-Aufnahme. Welche Symmetrien sind auf dem Film zu erwarten, wenn ein kubischer Kristall
(a) senkrecht zur (001)-Ebene,
(b) senkrecht zur (111)-Ebene
durchstrahlt wird?

9. Was versteht man unter folgenden Punktdefekten im Kristall:
(a) Leerstelle,
(b) Zwischengitteratom,
(c) Substitutionsstörstelle?

10. Was sind Versetzungen, und welche Rolle spielen sie bei der plastischen Verformung von Metallen?

Aufgaben

11. Die Gitterkonstante von Kupfer (kubisch flächenzentriert) beträgt $3,61 \cdot 10^{-10}$ m. Welche Dichte ergibt sich daraus für dieses Metall bei einer relativen Atommasse von $63,55$?

12. Die Diamantstruktur (Abb. 6.1.12) besteht aus 2 kubisch flächenzentrierten Gittern, die längs der Raumdiagonalen um $\frac{1}{4}$ der Raumdiagonalen gegeneinander verschoben sind. Für Silicium beträgt die Gitterkonstante $a = 5,43 \cdot 10^{-10}$ m. Ermitteln Sie den Abstand
(a) der nächsten,
(b) der übernächsten
Nachbarn der Atome im Kristallgitter.

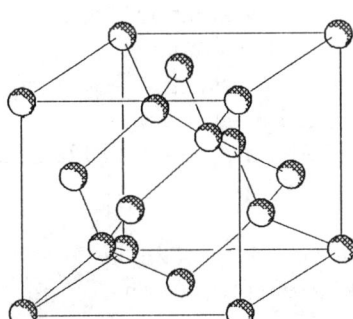

Abb. 6.1.12
Diamantstruktur

13. Zeichnen Sie in den Elementarwürfel eines kubischen Kristalls die Flächen mit den Millerschen Indizes (001), (110), (111) und (112) ein.

14. Wie groß ist der Abstand der (111)-Flächen für einen NaCl-Kristall $(a = 5,64 \cdot 10^{-10}$ m$)$?

15. Unter welchen Glanzwinkeln zur (001)-Fläche treten bei einem NaCl-Kristall $(a = 5,64 \cdot 10^{-10}$ m$)$ Interferenzmaxima N-ter Ordnung $(N = 1, 2, 3, \ldots)$ auf, wenn der Kristall mit monochromatischer Röntgenstrahlung der Wellenlänge $\lambda = 1,54 \cdot 10^{-10}$ m bestrahlt wird? Warum ist die Zahl der Ordnungen nach oben begrenzt?

16. Aus einem Kernreaktor fliegen Neutronen mit einer Geschwindigkeit von 2500 m $\cdot$ s^{-1} senkrecht zur (100)-Ebene auf einen Siliciumkristall $(a = 0,5431$ nm$)$. Unter welchem Glanzwinkel wird das Beugungsmaximum 5. Ordnung beobachtet?

17. Welcher Glanzwinkel ergibt sich, wenn bei einer Laue-Aufnahme auf dem in 50 mm Abstand vom Kristall aufgestellten Film Interferenzpunkte in 35 mm Abstand vom Durchtrittspunkt des Primärstrahls zu sehen sind?

18. Bei Durchstrahlung von NaCl-Pulver $(a = 0,564$ nm$)$ erscheinen auf einem in 30 mm Abstand aufgestellten ebenen Film Debye-Scherrer-Ringe mit Durchmessern von 52,5; 66,5 bzw. 166,1 mm.
(a) Welchen Netzebenenabständen entsprechen diese Ringe, wenn Röntgenstrahlung mit einer Wellenlänge von 0,229 nm verwendet wird?
(b) Welche Netzebenen ergeben diese Reflexe?

19. Die Untersuchung der von einer ferromagnetischen Legierung ausgehenden Röntgenstrahlung ergab bei Verwendung eines LiF-Kristalls $(a = 0,402$ nm$)$ Interferenzmaxima 2. Ordnung bei Glanzwinkeln von 24,37° und 26,44°. Welche Metalle enthält die untersuchte Legierung, wenn folgende charakteristischen Wellenlängen bekannt sind:
Mo - 0,07107 nm, Cu - 1,5418 nm, Ni - 0,16591 nm, Co - 0,17902 nm, Fe - 0,19373 nm, Cr - 0,22909 nm?

20. Wie genau müßte man die Dichte von Si $(\varrho = 2328$ kg $\cdot$ m^{-3}, $A_r = 28,086)$ messen, um eine Leerstellenkonzentration von 10^{24} m^{-3} nachweisen zu können?

6.2 Elastische Deformation fester Körper

Schwerpunkte

Elastische Deformation, Hookesches Gesetz, Federdehnung, Normal-
und Tangentialspannungen, Dehnung, Stauchung, Elastizitätsmodul,
Poissonzahl, Verdrillung, thermische Ausdehnung, Ausdehnungskoeffi-
zient

Formeln

relative Dehnung

$$\varepsilon = \frac{\Delta l}{l}$$

Querkontraktion

$$\varepsilon_q = \frac{\Delta b}{b}$$

Hookesches Gesetz bei Wirkung einer Normalspannung

$$\sigma = \varepsilon\, E$$

Federkraft

$$F = k_F\, \Delta l$$

elastische Energie der
gespannten Feder

$$E = \frac{k_F}{2}\, (\Delta l)^2$$

Poissonzahl

$$\mu = \frac{\varepsilon_q}{\varepsilon}$$

Hookesches Gesetz bei
Wirkung einer Tangential-
spannung

$$\tau = \gamma\, G$$

Torsion eines rundes Stabes

$$\varphi = \frac{2\, l\, M}{\pi\, G\, r^4}$$

Fragen

1. Welche Kräfte sind für den Zusammenhalt des festen Körpers ver-
antwortlich?

2. Wie hängen bei Schraubenfedern Federkraft und potentielle Energie von der Federdehnung ab?

3. Was besagt das Hookesche Gesetz? Welche Schlußfolgerungen ergeben sich daraus für das Potential der Gitterkräfte als Funktion des Abstandes der Gitterbausteine?

4. Was versteht man unter Zug-, Druck- und Scherspannungen? Welche sind davon Normal- bzw. Tangentialspannungen? Wie berechnen sie sich aus den auf die Festkörperoberfläche wirkenden Kräften?

5. Welche Hinweise geben die elastischen Moduln (E, G, K) für den Widerstand fester Körper gegen eine elastische Deformation?

6. Was versteht man unter relativer Dehnung und Querkontraktion? Wie berechnet sich daraus die Poissonzahl?

7. Wie groß ist die Poissonzahl für Festkörper unter der Annahme, daß sie bei der elastischen Deformation ihr Volumen
(a) maximal,
(b) überhaupt nicht ändern?

8. Wie hängt die thermische Ausdehnung von der Temperaturdifferenz ab?

9. Wie ändert sich die Zugspannung infolge einer Kraft F an einem zylindrischen Draht, wenn sein Durchmesser verdoppelt bzw. verdreifacht wird?

Aufgaben

10. Welchen Betrag haben die Normalspannung und die Tangentialspannungen in x- und y-Richtung, wenn eine Kraft von 100 N gemäß Abb. 6.2.10 an einer Fläche von 10^4 mm^2 angreift?

11. Eine Schraubenfeder wird durch eine Kraft von 300 N um 40 mm gedehnt. Wie groß ist die Federkonstante?

12. Welche Dehnung erfährt die Anordnung von drei Federn in Abb. 6.2.12 durch die Kraft F? Mit welchen Kräften werden die einzelnen Federn belastet? ($k_F = 2000$ N $\cdot$ m^{-1}, $F = 100$ N)

13. Welche Dehnung erfährt ein Stahldraht von 2 m Länge und 2 mm Durchmesser durch eine Kraft von 10^3 N? ($E_{Stahl} = 2,1 \cdot 10^{11}$ N $\cdot$ m^{-2})

14. Bestimmen Sie die effektive Federkonstante eines Drahtes der Länge l und des Querschnittes A bei Zugbelastung, wenn dessen Material den Elastizitätsmodul E besitzt.

15. Mit einer stählernen Welle von 10 m Länge und 100 mm Durchmesser wird ein Drehmoment von 10^4 N · m übertragen. Um welchen Winkel verdrillt sich dabei die Welle? ($G_{Stahl} = 7,85 \cdot 10^{10}$ N · m^{-2})

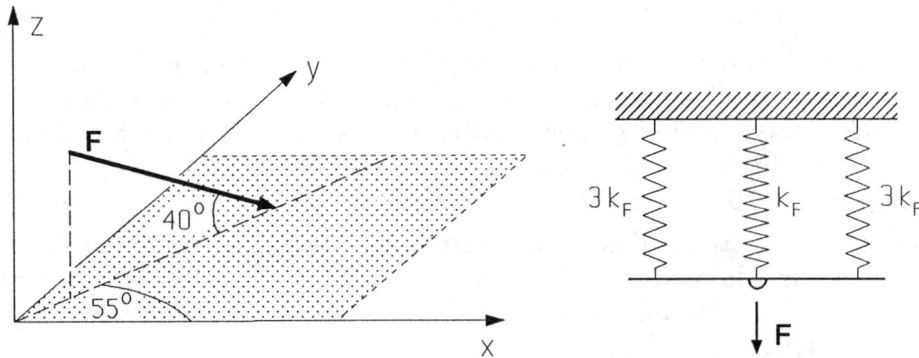

Abb. 6.2.10 Zu Aufgabe 10.   Abb. 6.2.12 Zu Aufgabe 12.

16. Wie groß ist die thermische Ausdehnung eines $0,1$ m langen Alustabes, wenn er von 20 °C auf 70 °C erwärmt wird? ($\alpha_{Al} = 2,38 \cdot 10^{-5}$ K^{-1})

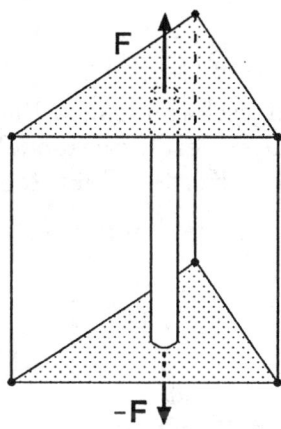

Abb. 6.2.17
Zu Aufgabe 17.

17. Zwischen zwei Platten sind parallel drei Stahldrähte von je 1 mm^2 Querschnitt und 1 m Länge gespannt. Die Einspannstellen der Drähte bilden ein gleichseitiges Dreieck (Abb. 6.2.17), in dessen Mittelpunkt ein Kupferstab von 5 mm Durchmesser befestigt ist. An den Platten ziehen Kräfte von 1000 N in entgegengesetzter Richtung, die Stahldrähte und Kupferstab ausdehnen.
($E_{Stahl} = 2,1 \cdot 10^{11}$ N · m^{-2}, $E_{Cu} = 1,15 \cdot 10^{11}$ N · m^{-2})
(a) Wie groß ist die Dehnung des Systems?

(b) Wie verteilen sich die Kräfte auf Drähte und Stab?

(c) Wie groß sind die Querkontraktionen von Drähten und Stab? ($\mu_{Stahl} = 0,20$; $\mu_{Cu} = 0,35$)

(d) Wie verteilt sich die im System gespeicherte elastische Energie auf Drähte und Stab, und wie hoch sind die Energiedichten?

18. Der Alustab aus Aufgabe 16. habe einen kreisförmigen Querschnitt mit einem Radius von 20 mm und sei mit seinen Stirnseiten fest zwischen zwei unbeweglichen Platten eingespannt. Mit welcher Kraft drückt der Stab nach der Erwärmung auf die Platten? ($E_{Al} = 6,8 \cdot 10^{10}$ N $\cdot$ m^{-2})

19. Der Stab aus Aufgabe 18. bestehe aus zwei aneinandergereihten Stäben aus Aluminium und Kupfer von je 50 mm Länge. Wohin verschiebt sich die Trennlinie zwischen beiden Stäben bei der Erwärmung? ($\alpha_{Cu} = 1,68 \cdot 10^{-5}$ K^{-1})

20. Um wieviel dehnt sich ein senkrecht aufgehängter Stab (Länge l, Dichte ϱ, Elastizitätsmodul E) infolge seines Eigengewichtes aus?

6.3 Gitterschwingungen

Schwerpunkte

Elastische Wellen im Kristall, Phononen, Schallgeschwindigkeit, Phononendispersion, Einsteinsches und Debyesches Festkörpermodell, Ramanstreuung, spezifische Wärmekapazität fester Körper, Debyetemperatur, Kraftkonstanten der Kristallbindung

Formeln

Ausbreitungsgeschwindigkeit

elastischer Wellen allgemein $\qquad c_{el} = \lambda \, f; \quad c_{el} = \dfrac{d\omega}{dk}$

transversaler Wellen $\qquad c_{el} = \sqrt{\dfrac{G}{\varrho}}$

longitudinaler Wellen $\qquad c_{el} = \sqrt{\dfrac{E}{\varrho}}$

Energie von Phononen	$E_{phon} = hf = \hbar\omega$
Impuls von Phononen	$p_{phon} = \dfrac{h}{\lambda} = \dfrac{hf}{c_{el}}$
Energieerhaltung bei Ramanstreuung	$hf_{phot} = hf'_{phot} \pm hf_{phon}$

unelastische Neutronenstreuung

Energieerhaltung	$\dfrac{m}{2}\, v^2 = \dfrac{m}{2}\, v'^2 \pm hf_{phon}$
Impulserhaltung	$\boldsymbol{p} = \boldsymbol{p}' + \boldsymbol{p}_{phon}$

Dispersionsrelation	$\omega = \omega(k),\ k$ Kreiswellenzahl
Einsteinsches Modell	$\omega(k) = \omega_E = \text{const}$
Debyesches Modell	$\omega(k) = c_{el}\, k$
Kette gleichartiger Atome	$\omega(k) = 2\,\sqrt{\dfrac{k_F}{m}}\,\sin\dfrac{ka}{2}$
Debyetemperatur	$\Theta_D = \dfrac{hf_{phon}}{k}$
	k Boltzmann-Konstante

Fragen

1. Was versteht man unter elastischen Wellen im Kristall, und welche Energie haben die entsprechenden Phononen?

2. Welchen Hinweis ergibt der Ramaneffekt für die Quantelung der Gitterschwingungen in einem Kristall?

3. Was versteht man unter transversalen und longitudinalen bzw. akustischen und optischen Phononen?

4. Man erläutere das Einsteinsche und Debyesche Festkörpermodell.

5. Welche Begründung gibt es für die für kristalline Festkörper generell gültige Abhängigkeit (Abb. 6.3.5) der spezifischen Wärmekapazität von der Temperatur?

6. Warum wird der obere Grenzwert $3R$ der spezifischen Wärmekapazität kristalliner Festkörper für weiche Stoffe (z. B. Blei) bei tieferen Temperaturen erreicht als für harte Stoffe (z. B. Diamant)?

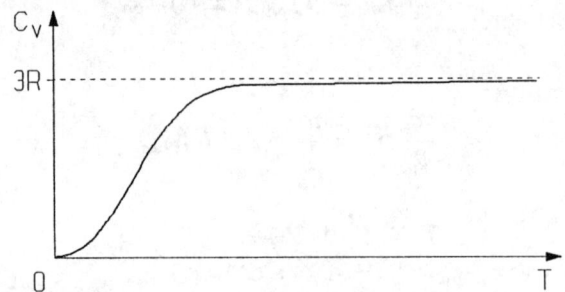

Abb. 6.3.5
Temperaturverlauf
der spezifischen
Wärmekapazität

7. Vergleichen Sie die Dispersionsrelation $\omega(k)$ von Phononen für das Einsteinsche und Debyesche Festkörpermodell mit der eines realen Kristalls, und nennen Sie die Teile, für die diese Modelle gute Näherungen darstellen.

8. Für akustische Phononen existiert bei kleinen Frequenzen ein linearer Zusammenhang von Kreiswellenzahl und Kreisfrequenz. Welche Schlußfolgerung ergibt sich daraus für die Schallgeschwindigkeit als Funktion der Wellenlänge?

Aufgaben

9. Bei Bestrahlung eines Kristalls mit Laserlicht der Vakuumwellenlänge 488 nm wird eine Ramanstreustrahlung von 494 nm beobachtet. Wie groß sind Energie und Frequenz der erzeugten Phononen?

10. In einem Stahlstab mit einer Dichte von $7,86 \cdot 10^3$ kg $\cdot$ m^{-3} wird eine Geschwindigkeit longitudinaler Schallwellen von 5228 m$\cdot$s^{-1} gemessen. Wie groß ist der Elastizitätsmodul?

11. Die Geschwindigkeit für transversale Schallwellen in einem Kristall betrage 4800 m$\cdot$s^{-1}. Wie groß sind Wellenlänge, Wellenzahl und Impuls der Phononen bei einer Schallfrequenz von 20 kHz?

12. Vergleichen Sie Energie und Impuls der in Aufgabe 9. berechneten Phononen mit den entsprechenden Größen des einfallenden Photons (Schallgeschwindigkeit 3000 m$\cdot$s^{-1}, Brechzahl 1,7).

13. Wie groß ist die Geschwindigkeit von elastischen Wellen im Kristall mit einer Kreiswellenzahl von $0,8 \cdot 10^{10}$ m^{-1} und einer Kreisfrequenz von 10^{13} s^{-1}.

14. Ein Kristallstab von 30 mm Länge empfängt an der Stirnseite Ultraschallimpulse mit einer Frequenz von 16 MHz. Die Impulse werden an der gegenüberliegenden Stirnseite reflektiert und treffen nach $1,31 \cdot 10^{-5}$ s wieder an der Ausgangsfläche ein. Wie groß sind Geschwindigkeit und Wellenlänge der Schallwellen im Kristall?

15. Neutronen mit einer Energie von 5,6 meV werden an einem Kristall unelastisch gestreut. Sie verlassen den Kristall mit einer Energie von 2,4 meV. Wie groß sind Energie und Frequenz der erzeugten Phononen?

16. Welche Energie würden unelastisch gestreute Neutronen beim Verlassen des Kristalls besitzen, wenn die Geschwindigkeit vor der Streuung 3093 m $\cdot$ s^{-1} betrug und bei der Streuung ein Phonon mit einer Frequenz von 5,12 THz vernichtet wurde?

17. Bestimmen Sie für Aufgabe 15. die Beträge der Impulse von einfliegendem und gestreutem Neutron. Wie groß sind Betrag und Richtung des Phononenimpulses im Kristall, wenn das Neutron um 40° aus seiner ursprünglichen Flugrichtung abgelenkt wird? Wie groß ist die Geschwindigkeit des Phonons?

18. Für Silicium und Germanium werden Kraftkonstanten der Kristallbindung von 48 bzw. 38 N $\cdot$ m^{-1} angegeben. Wie groß sind die Phononenfrequenzen und -energien bei Annahme eines einfachen Feder-Masse-Modells ($A_{Si} = 28,09$, $A_{Ge} = 72,59$)?

19. Für Diamant beträgt die Debyetemperatur 2220 K. Wie groß sind die maximale Phononenenergie und -frequenz gemäß dem Debyeschen Festkörpermodell?

20. Ermitteln Sie für eine Kette gleichartiger Atome aus der Dispersionsrelation für $0 \leq k \leq \dfrac{\pi}{a}$ die Abhängigkeit der Ausbreitungsgeschwindigkeit von der Wellenlänge. Stellen Sie das Resultat graphisch dar.

6.4 Elektrische Leitfähigkeit in Metallen

Schwerpunkte

Elektronendichte, Elektronenbeweglichkeit, Temperaturkoeffizient des elektrischen Widerstandes, Mechanismus des elektronischen Ladungstransportes, Halleffekt, Wiedemann-Franzsches Gesetz

Formeln

mittlere Driftgeschwindigkeit der Ladungsträger	$v = \mu\, E$
spezifische elektrische Leitfähigkeit	$\kappa = e\, n\, \mu$
Temperaturabhängigkeit des elektrischen Widerstandes	$R(T) = R_o\,(1 + \alpha\,(T - T_o))$
Hallspannung	$U_H = R_H\, \dfrac{IB}{d}$
Hallkonstante	$R_H = \dfrac{1}{e\, n}$

Fragen

1. Welche Ladungsträger sind in Metallen, Halbleitern und Ionenkristallen für die elektrische Leitfähigkeit maßgebend?

2. Erläutern Sie den Versuch von Tolman.

3. Welche mikrophysikalischen Vorgänge begrenzen den Stromfluß in Metallen?

4. Was versteht man unter freier Weglänge, Relaxationszeit und Driftgeschwindigkeit freier Elektronen in stromführenden Leitern?

5. Welchen Einfluß haben Kristallperfektion und Temperatur auf den elektrischen Widerstand von metallischen Leitern?

6. Was versteht man unter dem Restwiderstand, und wodurch wird er verursacht?

7. Wie hängt bei Supraleitern der Widerstand von der Temperatur ab?

8. Welche Elementarprozesse führen zur Erwärmung stromführender metallischer Leiter?

9. Welche Grundtatsache für die Wärmeleitung in Metallen ergibt sich aus dem Wiedemann-Franzschen Gesetz?

10. Erläutern Sie den Halleffekt.

Aufgaben

11. Wie groß ist die Dichte freier Elektronen in Gold (Dichte $19,3 \cdot 10^3$ kg $\cdot$ m^{-3}, $A_r = 196,97$), wenn pro Atom ein Elektron zur Verfügung steht?

12. Welche elektrische Kraft wirkt auf ein Elektron, wenn an einem Metalldraht von 2 m Länge eine Spannung von 200 V liegt?

13. Berechnen Sie die mittlere Driftgeschwindigkeit von Elektronen, wenn sie im Leiter durch eine Feldstärke von 1 V·m^{-1} beschleunigt werden und die Beweglichkeit $2 \cdot 10^{-3}$ m^2·V^{-1}·s^{-1} beträgt. Welche mittlere Wegstrecke legen diese Elektronen bei einer Relaxationszeit von $2 \cdot 10^{-14}$ s zwischen zwei Wechselwirkungen mit dem Kristallgitter in Feldrichtung zurück?

14. Wieviel Elektronen treten pro Sekunde durch den Leiterquerschnitt, wenn ein Strom von 20 A fließt?

15. Wie groß ist die Elektronenbeweglichkeit von Kupfer bei einem spezifischen Widerstand von $1,69 \cdot 10^{-8}$ $\Omega \cdot$ m und einer Elektronendichte von $8,51 \cdot 10^{28}$ m^{-3}?

16. Der Temperaturkoeffizient des elektrischen Widerstandes von Platin beträgt $3,85 \cdot 10^{-3}$ K^{-1}. Wie groß ist der Widerstand eines Platindrahtes bei 0 °C, wenn dieser bei 100 °C 138,5 Ω beträgt?

17. Ein Platinwiderstandsthermometer (100 Ω bei 0 °C) zeigt bei einem Betriebsstrom von 0,1 mA einen Spannungsabfall von 16 mV an. Welche Temperatur hat das Meßobjekt?

18. Für ein Metall wird eine Hallkonstante von $6 \cdot 10^{-11}$ m$^3 \cdot$ C^{-1} gemessen. Welche Ladungsträgerdichte besteht in dem Leiter?

19. Welche Ladungsträgerbeweglichkeit ergibt sich aus Aufgabe 18., wenn die spezifische Leitfähigkeit des Materials $1,43 \cdot 10^7$ $\Omega^{-1} \cdot$ m^{-1} beträgt?

20. Eine Kupferplatte ($R_H = 5,5 \cdot 10^{-11}$ m$^3 \cdot$ C^{-1}) von 0,1 mm Dicke wird von einem Strom von 20 A durchflossen. Es entsteht eine Hallspannung von 0,1 mV. Wie groß ist die magnetische Flußdichte?

6.5   Halbleiter

Schwerpunkte

Eigen-, n- und p-Halbleiter, verbotene Zone, spezifische Leitfähigkeit und spezifischer Widerstand, Ladungsträgerdichte, Ladungsträgerbeweglichkeit, p-n-Sperrschicht, elektronische und optoelektronische Bauelemente

Formeln

spezifische elektrische Leitfähigkeit $\kappa = \dfrac{1}{\varrho} = e\,(n\,\mu_n + p\,\mu_p)$

Hallkoeffizient $\qquad\qquad\qquad\qquad R_H = \dfrac{1}{e\,n}$

Temperaturabhängigkeit des
elektrischen Widerstandes $\qquad R(T) \approx R_o \exp\left(\dfrac{E_g}{2kT}\right)$

Wechselwirkung mit Strahlung $\qquad E_g = h f = \dfrac{h c_o}{\lambda}$

Quantenausbeute $\qquad\qquad\qquad \eta = \dfrac{n}{n_{ges}}$

energetischer Wirkungsgrad
eines Photoelementes $\qquad\quad \eta_E = \dfrac{E}{E_{ges}} = \dfrac{n\,c\,U_{phot}}{n_{ges}\,h f} =$

$$\eta\,\dfrac{e\,U_{phot}\,\lambda}{h c_o}$$

Diffusionsspannung einer
p-n-Sperrschicht $\qquad\qquad U_D = \dfrac{kT}{e}\,\ln\dfrac{n_A n_D}{n_i^2}$

Fragen

1. Welche Ladungsträgerarten sind für den elektrischen Strom in Halbleitern typisch?

2. Warum haben Halbleiter einen negativen Temperaturkoeffizienten des elektrischen Widerstandes?

3. Warum sind Halbleiter für elektromagnetische Strahlung oberhalb einer bestimmten Grenzwellenlänge durchsichtig, darunter undurchsichtig?

4. Erläutern Sie den inneren Photoeffekt.

5. Ein Siliciumkristall wird einmal mit Phosphor, andererseits mit Bor dotiert. Beim Vergleich beider ergibt sich ein unterschiedliches Vorzeichen der Hallspannung. Warum?

6. Wie entsteht eine elektrische Sperrschicht zwischen Halbleitern mit unterschiedlichem Ladungsträgertyp?

7. Nach welchem Prinzip arbeiten Gleichrichterdioden, Zenerdioden und Transistoren?

8. Erläutern Sie die Arbeitsweise von Photowiderstand, Photodiode und Photoelement, und nennen Sie Anwendungsbeispiele.

9. Was versteht man unter strahlender und nichtstrahlender Rekombination von Ladungsträgern? Bedenken Sie in beiden Fällen das Problem der Energieerhaltung.

10. Wo werden Lumineszenzdioden und Halbleiterlaser eingesetzt, wie arbeiten sie, und was sind ihre Vorteile gegenüber herkömmlichen Lichtquellen?

Aufgaben

11. Silicium hat bei 300 K eine Ladungsträgerdichte für Eigenleitung von $1,1 \cdot 10^{16}$ m^{-3}. Die Beweglichkeiten für Löcher bzw. Elektronen betragen $0,48 \cdot 10^5$ bzw. $1,350 \cdot 10^5$ m$^2 \cdot$ V$^{-1} \cdot$ s^{-1}. Wie groß ist der spezifische elektrische Widerstand bei dieser Temperatur?

12. Berechnen Sie aus den Angaben von Aufgabe 11. die Temperaturabhängigkeit $\varrho(T)$ im Bereich 300...400 K (graphische Darstellung). Die Breite der verbotenen Zone beträgt für Silicium 1,11 eV.

13. Für einen Halbleiter ergibt sich folgende Temperaturabhängigkeit des spezifischen Widerstandes:

T in K	200	250	300	350	400
ϱ in $\Omega \cdot$m	295	6,42	0,50	$8,07 \cdot 10^{-2}$	$2,05 \cdot 10^{-2}$

Wie groß ist die Breite der verbotenen Zone? Hinweis: Eine einfach-logarithmische graphische Darstellung von $\varrho(T)/\varrho(200\text{ K})$ über $\frac{1}{T}$ führt schnell zum Resultat.

14. Für ein halbleitendes Material wird eine Hallkonstante von $5{,}67 \cdot 10^2\text{ m}^3 \cdot \text{A}^{-1} \cdot \text{s}^{-1}$ und eine spezifische elektrische Leitfähigkeit von $1{,}59 \cdot 10^{-4}\ \Omega^{-1} \cdot \text{m}^{-1}$ ermittelt. Wie groß sind Ladungsträger-dichte und -beweglichkeit? Hinweis: Es sind nur Ladungsträger eines Typs vorhanden.

15. Die Breite der verbotenen Zone beträgt für GaP 2,27 eV. Welche Grenzwellenlänge ergibt sich daraus für den inneren Photoeffekt?

16. Die Breite der verbotenen Zone beträgt für Diamant 5,48 eV, für GaAs 1,42 eV. Wo liegen die Absorptionskanten, und welche Konsequenzen hat dies für die Durchsichtigkeit dieser Materialien im sichtbaren Spektralbereich (380...750 nm)?

17. Eine Lumineszenzdiode strahlt bei einer Wellenlänge von 470 nm. Wie groß ist die Breite der verbotenen Zone?

18. Aus AlAs und GaAs sollen Mischkristalle zum Einsatz als Halbleiterlaser hergestellt werden. Welcher Wellenlängenbereich kann für das emittierte Laserlicht dabei im Mischkristall $Al_x Ga_{1-x} As$ durch Variation des Mischungsparameters x prinzipiell ausgeschöpft werden? Die Breiten der verbotenen Zonen sind für AlAs 2,15 eV und für GaAs 1,42 eV.

19. Wie groß ist die Diffusionsspannung einer Si-Diode bei 300 K, an deren Sperrschicht Dotierbereiche mit $n_D = 5 \cdot 10^{22}\text{ m}^{-3}$ und $n_A = 3 \cdot 10^{22} \cdot \text{m}^{-3}$ aneinandergrenzen? $(n_i = 41{,}14 \cdot 10^{16}\text{ m}^{-3})$

20. Eine Siliciumsolarzelle hat für Strahlung mit der Wellenlänge 550 nm eine Quantenausbeute von 70 %. Die entstehende Photospannung beträgt 540 mV. Welcher energetische Wirkungsgrad ergibt sich unter diesen Bedingungen?

7 Lösungen

7.1 Mechanik

7.1.1 Geradlinige Bewegung

1. Die Beziehungen gehen durch Differentiation ($s \to v \to a$) bzw. Integration ($a \to v \to s$) auseinander hervor.

2. Sie ergeben sich aus den Randbedingungen und sind für einfache Beziehungen (gleichförmig beschleunigte Bewegung) die Anfangswerte für $t = 0$.

3. Mit Meter und Sekunde erhält man $\mathrm{m \cdot s^{-1}}$ bzw. $\mathrm{m \cdot s^{-2}}$.

4. Null, daher ist die Geschwindigkeit konstant und der Weg eine lineare Funktion der Zeit.

5. Laufzeitmessungen, stehende Wellen, interferometrische Methoden.

6. $v(t) = a_o\, t + v_o,\ s(t) = \dfrac{a_o}{2}\, t^2 + v_o\, t + s_o.$

7. $a_o = -g,\ v_o = 0,\ s_o = h,\ v(t) = -g\, t,\ s(t) = -\dfrac{g}{2}\, t^2 + h.$

8. Momentane Geschwindigkeit: Differentialquotient bzw. Anstieg der Tangente an $s(t)$ zur Zeit t. Durchschnittsgeschwindigkeit: Differenzenquotient bzw. Anstieg der Sekante durch Punkte (t_1, s_1) und (t_2, s_2) auf $s(t)$. Bei linearer Abhängigkeit werden beide durch den Anstieg der Geraden $s(t)$ repräsentiert.

9. $h = \dfrac{g}{2}\, t^2,\ v = g\, t,\ t = \dfrac{v}{g},\ v = \sqrt{2\, g\, h}.$

10. Positiv in s-Richtung bedeutet, daß die Beschleunigung in Richtung positiver Wegrichtung wirkt. Daher sind Kurve 2, aber auch Kurve 1 (gebremste Bewegung in negativer Richtung) positiv beschleunigt.

11. 15 s, 3, 33 m. **12.** 3, 5 s. **13.** Um 0, 5 s auf 3, 0 s.

14. $s_B = 38, 6$ m, 154, 3 m, 347, 2 m, $t_B = 5, 6$ s, 11, 1 s, 16, 7 s.

15. $t_{ges} = t_1 + t_2;\ v_{max} = a_1\, t_1 = a_2\, t_2$, also $t_2 = \dfrac{a_1}{a_2}\, t_1$. Über den

zurückgelegten Weg $s = \dfrac{a_1}{2}\, t_1^2 + \dfrac{a_2}{2}\, t_2^2$ ergibt sich $t_1^2 = \dfrac{2\, s\, a_2}{a_1(a_1 + a_2)}$,

$t_1 = 5, 16$ s, $t_{ges} = t_1\left(1 + \dfrac{a_1}{a_2}\right) = 12, 9$ s, $v_{max} = 15, 5\ \mathrm{m \cdot s^{-1}}$.

16. $s_n = \dfrac{g}{2}\, (n \cdot \Delta t)^2$; $s_1 = 0, 44$ m; $s_2 = 1, 77$ m; $s_3 = 3, 97$ m usw.

17. 6 Schwingungen entsprechen 0, 06 s. Aus den Messungen ergibt sich die folgende Tabelle:

Nr.	t in s	$s(t)$ in m
1	0,06	0,018
2	0,12	0,071
3	0,18	0,159
4	0,24	0,283
5	0,30	0,441

Eine Potenzfunktion der Form $s(t) = \dfrac{a}{2}\, t^n$ ergibt in doppelt-logarithmischer Darstellung eine Gerade mit dem Anstieg n. $\lg\left(\dfrac{s_2}{s_1}\right) = n\,\lg\left(\dfrac{t_2}{t_1}\right)$. Eine Untersuchung dieser Geraden ergibt gemäß Tabelle $n = 2$. Aus den einzelnen Wertepaaren folgt $\dfrac{a}{2} = 5$ m $\cdot$ s^{-2}, $4,93$ m $\cdot$ s^{-2}, $4,91$ m $\cdot$ s^{-2}, $4,91$ m $\cdot$ s^{-2}, $4,90$ m $\cdot$ s^{-2} und ein Mittelwert $\dfrac{a}{2} = 4,93$ m $\cdot$ s^{-2}. Verwendet man nur die drei letzten (genaueren) Messungen, folgt $a = 9,81$ m $\cdot$ s^{-2}.

18. $a = g \cdot \sin 40^\circ$; $t = \sqrt{\dfrac{2s}{a}} = 1,78$ s.

19. $v(t_d) = v_o + a_o\, t_d + \dfrac{b}{2}\, t_d^2 = 2\, v_o$, also $t_d = \dfrac{1}{b}\left(-a_o^2 + \sqrt{a_o^2 + 2\, v_o\, b}\right) = 5,57$ s, $s(t_d) = v_o\, t_d + \dfrac{a_o}{2}\, t_d^2 + \dfrac{b}{6}\, t_d^3 = 42,8$ m.

20. $x(t) = x_m \cos(\omega t + \beta)$; $v(t) = -x_m\, \omega \sin(\omega t + \beta)$; $a(t) = -x_m\, \omega^2 \cos(\omega t + \beta)$. $v(t)$ ist um -90°, $a(t)$ um $\pm 180^\circ$ gegenüber $x(t)$ phasenverschoben, da $-\sin\alpha = \cos(\alpha - 90^\circ)$ und $-\cos\alpha = \cos(\alpha \pm 180^\circ)$.

7.1.2 Kreisbewegung

1. $\varphi(t)$, $\omega(t)$, $\alpha(t)$.   **2.** $\omega = \dfrac{d\varphi}{dt}$, $\alpha = \dfrac{d\omega}{dt} = \dfrac{d^2\varphi}{dt^2}$.

3. $\omega(t) = \dfrac{r}{3}\, t^3 + q\, t + \omega_o$, $\varphi(t) = \dfrac{r}{12}\, t^4 + \dfrac{q}{2}\, t^2 + \omega_o\, t + \varphi_o$.

4. Werte für $t = 0$.   **5.** $\omega = 2\,\pi\, f$.

6. Die Winkelgrößen gelten allgemein für den rotierenden Körper, die Bahngrößen hängen vom Radius ab: $s = \varphi\, r$; $v = \omega\, r$; $a_t = \alpha\, r$; $\boldsymbol{v} = \boldsymbol{\omega} \times \boldsymbol{r}$, $\boldsymbol{a_t} = \boldsymbol{\alpha} \times \boldsymbol{r}$.

7. $\alpha = 0$; $\omega(t) = \omega_o$; $\varphi(t) = \omega_o t + \varphi_o$ (Abb. L1.2.7).

8. $\alpha = \alpha_o$; $\omega(t) = \alpha_o t + \omega_o$; $\varphi(t) = \dfrac{\alpha_o}{2}\, t^2 + \omega_o t + \varphi_o$ (Abb. L1.2.8).

9. Die senkrecht zur Bewegung gerichtete Beschleunigungskomponente, die nur die Richtung, nicht den Betrag der Geschwindigkeit ändert.

10. Gemäß 9. muß wegen der zur Richtungsänderung notwendigen Radialbeschleunigung jede nicht geradlinige Bewegung beschleunigt sein, auch wenn der Betrag der Geschwindigkeit unverändert bleibt.
11. Siehe 6.

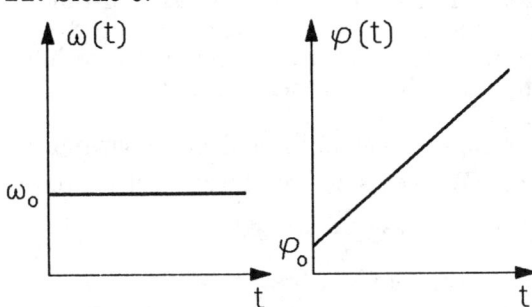

Abb. L1.2.7   zu Frage 7.

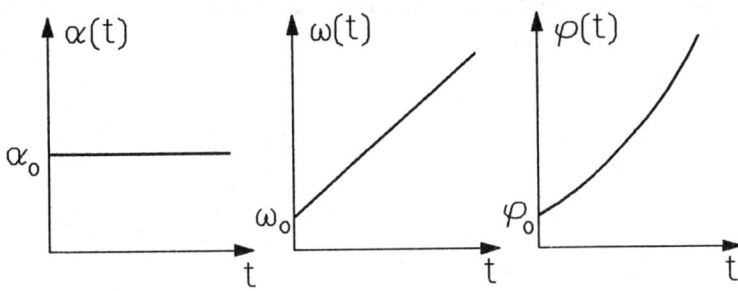

Abb. L1.2.8   zu Frage 8.

12. Mit $v = \omega \times r$ wird $a = \dfrac{d\omega}{dt} \times r + \omega \times \dfrac{dr}{dt} = \alpha \times r + \omega \times v = a_t + a_r$.

13. $7,29 \cdot 10^{-5}$ s^{-1} (Sterntag verwenden!).

14. $v = \omega_E \, r_E \cos\varphi = 295$ m $\cdot$ s^{-1}.   15. 1432 min^{-1}.

16. (a) $27,65$ s^{-1}.   (b) Die momentane Drehachse geht durch den Auflagepunkt des Rades, für die Achse gilt $v_A = \omega_H \cdot r = 9,68$ m $\cdot$ s^{-1}, für den höchsten Punkt des Rades $v_{max} = \omega_H \cdot 2\,r = 19,35$ m $\cdot$ s^{-1}. Daher werden Sie von hinten bespritzt, wenn Sie bei Regen ohne Schutzblech fahren. (c) $34,8$ km.

17. (a) $f = \dfrac{v_o}{2\pi\,r} = 1,59$ s^{-1}; $T = 0,63$ s.   (b) (c) Man rechnet entweder in Bahn- oder in Winkelgrößen. Für letztere gilt $\omega_o - \alpha_B\,t_B = 0$ und $\varphi_B = \dfrac{s_B}{r} = \omega_o\,t_B - \dfrac{\alpha_B}{2}\,t_B^2$. Dieses Gleichungssystem ergibt

$$\alpha_B = \frac{v_o^2}{2s_B\,r} = 5 \text{ s}^{-2} \text{ und } t_B = \frac{v_o}{\alpha_B\,r} = 2 \text{ s}.$$

18. $8,5$ m $\cdot$ s^{-1}.   19. 21 min^{-1}.   20. $25,8$ s.

7.1.3 Überlagerung von Bewegungen

1. Bewegungen überlagern sich ohne gegenseitige Beeinflussung, das Resultat ist die Summe der Bewegungen, die zum Erreichen des Endzustandes auch nacheinander ausgeführt werden könnten.

2. $v = v_1 + v_2$, geometrisch bildet man das Vektorparallelogramm, rechnerisch addiert man die Komponenten bzw. Koordinaten der Vektoren.

3. $v_{Sch} = v_o \cos \beta$; $v_{St} = v_o \sin \beta$.

4. Man erhält wieder eine gleichförmige Bewegung mit dem Geschwindigkeitsbetrag $v = \sqrt{v_x^2 + v_y^2}$, die Winkel sind gegenüber der x-Achse arc tan $\dfrac{v_y}{v_x}$ und gegenüber der y-Achse arc tan $\dfrac{v_x}{v_y}$.

5. Eine Kurve 2. Ordnung, z. B. die bekannte Wurfparabel.

6. Beide kommen zugleich an, da für die Vertikalkomponente der Geschwindigkeit beim horizontalen Abwurf ebenfalls die Fallbeschleunigung maßgebend ist und die vertikale Bewegung unabhängig von der horizontalen (ungestörte Superposition) erfolgt.

7. 90°.

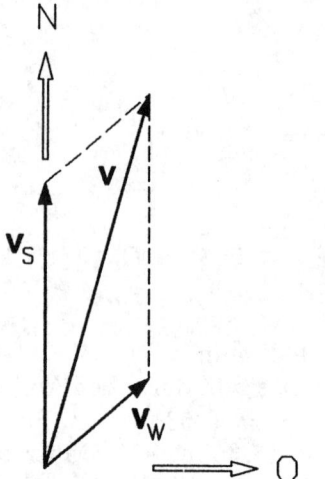

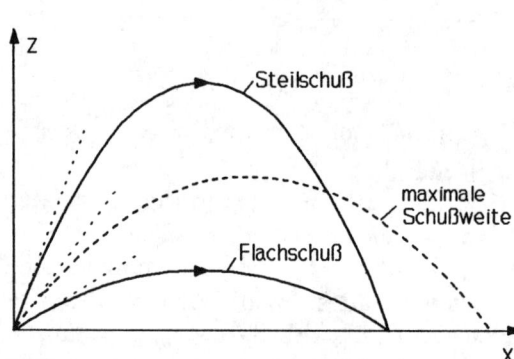

Abb. L1.3.11   Zu Aufgabe 11.   Abb. L1.3.15   Schiefer Wurf

8. Über die Wegkomponenten $x = v_{xo}t$ und $z = v_{zo}t - \dfrac{g}{2}t^2$ erhält man mit $t = \dfrac{x}{v_{xo}}$ als Bahnkurve $z(x) = \dfrac{v_{zo}}{v_{xo}}x - \dfrac{g}{2\,v_{xo}^2}x^2$.

9. $v_o = \sqrt{v_{xo}^2 + v_{yo}^2}$; $\beta = $ arc tan $\dfrac{v_{zo}}{v_{xo}}$; die Wurfhöhe ergibt sich als Maximum der Bahnkurve aus $\dfrac{dz}{dx} = 0$ zu $\dfrac{v_o^2 \sin^2 \beta}{2g}$, die Wurfweite als Nullstelle der Bahnkurve zu $\dfrac{v_o^2 \sin (2\beta)}{g}$. Die maximale Wurfweite ist für $\sin 2\,\beta = 1$, also $\beta = 45^{\circ}$ erreicht.

10. $z(t) = h + v_{zo}t - \dfrac{g}{2}t^2$, also $z(x) = h + \dfrac{v_{zo}}{v_{xo}}x - \dfrac{g}{2\,v_{xo}^2}x^2$.

11. Gemäß Abb. L1.3.11 gilt $v_{SN} = 40$ km · h^{-1}, $v_{SO} = 0$, $v_{WN} = v_{WO} = 14,14$ km · h^{-1}. Also $v_N = v_{SN} + v_{WN} = 54,14$ km · h^{-1} und $v_O = 14,14$ km · h^{-1}. Die nördliche Komponente erhöht sich um $14,14$ km · h^{-1}; für den neuen Kurs gilt $\varphi = \text{arc}\tan \dfrac{v_O}{v_N} = 14,64^{\circ}$.

12. $v_F = v_M \cdot \dfrac{35}{100} = 0,175$ m · s^{-1}.

13. Mit 10. folgt für $v_{zo} = 0$: $x = v_{xo}\sqrt{\dfrac{2h}{g}} = 3,5$ m.

14. Der Abstand vom Mast bleibt Null, da sich Schiff und Schraube gleichförmig mit 30 km · h^{-1} nach vorn bewegen.

15. $\sin 2\,\beta = \dfrac{x_w\,g}{v_o^2}$. Daraus ergeben sich die Lösungen $\beta_1 = 25,85^{\circ}$ und $\beta_2 = 64,15^{\circ}$, die dem Steil- und Flachschuß entsprechen (Abb. L1.3.15).

16. Gemäß Aufgabe 8. gilt $z(x) = ax - bx^2$ mit $a = 0,484$; $1,000$; $2,064$ und $b = 2,42$; $3,92$; $10,32 \cdot 10^{-5}$ m^{-1} für Flachschuß, Weitschuß bzw. Steilschuß.

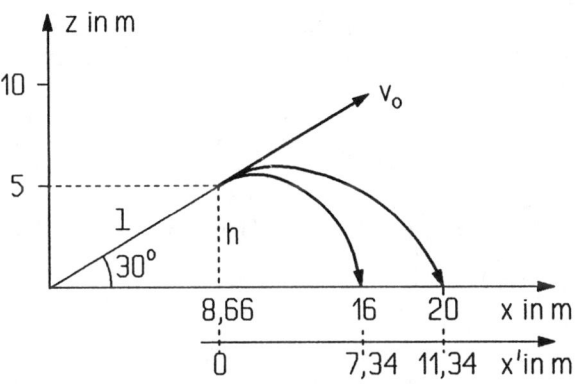

Abb. L1.3.17
Zu Aufgabe 17.

17. Gemäß Abb. L1.3.17 gilt $h = l \sin 30^{\circ}$ und $x - x' = l \cos 30^{\circ}$. Die Bahnkurve lautet $z(x') = x' \cdot \tan 30^{\circ} - \dfrac{g}{2v_o^2 \cos^2 30^{\circ}} x'^2$. Für $z = 0$ erhält man $v_o = \sqrt{\dfrac{g\,x'^2}{2 \cos^2 30^{\circ}\,(h + x' \tan 30^{\circ})}} = 6,18$ bzw. $8,53$ m · s^{-1}.

18. $x = \dfrac{a_x}{2}t^2$; $z = \dfrac{a_z}{2}t^2$; die Bahnkurve lautet $z(x) = \dfrac{a_z}{a_x}x$: Der Winkel der Geraden zur x-Achse ist $\text{arc}\tan \left(\dfrac{a_z}{a_x}\right)$.

19. $\beta = \text{arc cot} \left(\dfrac{a_z}{a_x} \right) = \text{arc cot} \left(\dfrac{g}{a_x} \right) = 11,5^{\circ}.$

20. Die Abtriebstrecke ergibt sich als $y = \displaystyle\int_0^t v_y(t)\, \mathrm{d}t.$

Über $x = v_x t$ erhält man mit $\mathrm{d}t = \dfrac{\mathrm{d}x}{v_x}$ die Substitition

$$y = \int_0^b v_y(x)\, \frac{\mathrm{d}x}{v_x} = \frac{4v_m}{b^2\, v_x} \int_0^b (bx - x^2)\, \mathrm{d}x = 53,3 \text{ m}.$$

7.1.4 Newtonsche Axiome

1. Beispiele aus dem täglichen Leben sind für das erste Axiom die gleichförmige Bewegung eines Kraftfahrzeuges, wenn die Antriebskraft die Reibungskräfte kompensiert, für das zweite die unterschiedliche Beschleunigung unterschiedlich beladener Kraftfahrzeuge bei gleicher Antriebskraft und für das dritte der Rückstoß, den ein Boot bei Fortbewegung durch Ruder erfährt.
2. Da die Schleifspäne nach dem Ablösen bei Vernachlässigung der Reibung und der Fallbeschleunigung kräftefrei sind, fliegen sie in Richtung der momentanen Geschwindigkeit beim Ablösen tangential geradlinig weiter.
3. $v = \int a\, \mathrm{d}t = v_0$ für $a = 0$.
4. In beiden Fällen $F = m\, g$, um die Gewichtskraft zu kompensieren.
5. Die Proportionalität beider. $F = m_t\, a$ ergibt für große Massen kleine Beschleunigungen und umgekehrt.
6. Siehe 5. und 1.   **7.** Siehe 1.
8. Der Ausstoß der Verbrennungsgase erzeugt wegen actio = reactio an der Rakete eine Gegenkraft.
9. Beide werden gleich gespannt.
10. Bei gedehnter Feder gilt $F = kx$. Aus der Dehnung x läßt sich bei bekannter Federkonstante k die Kraft bestimmen, die der rücktreibenden Federkraft entgegengerichtet ist.
11. Gemäß 10. gilt $k = 0,5$ N $\cdot$ mm^{-1}.
12. Nein, die Federwaage zeigt wegen der veränderten Fallbeschleunigung in Jena $0,033$ % und in München $0,072$ % weniger an, die Balkenwaage arbeitet in dieser Beziehung exakt.
13. $1,4$ m $\cdot$ s^{-2}.

14. Die Bremsbeschleunigung ergibt sich gemäß Komplex 1.1 zu $a = \dfrac{v_o^2}{2s}$, also $F = m\, a = 3,86 \cdot 10^5$ N.
15. $2,94 \cdot 10^6$ N.
16. Wenn man den Winkel α der Steigung ermittelt hat, lassen sich die Kraft auf das Zugseil (Hangabtriebskraft) $F_H = m\, g \sin \alpha = 1,67 \cdot 10^4$ N und die Kraft auf die Schiene (Normalkraft) $F_N = m\, g \cos \alpha = 9,42 \cdot 10^4$ N berechnen.

17. (a) $a = \dfrac{F}{m} = \dfrac{m_1 g - m_3 g \sin \alpha}{m_1 + m_2 + m_3}$, (b) $3,82 \text{ m} \cdot \text{s}^{-2}$.

18. (a) $a = \dfrac{F}{m} = \dfrac{m_1 g - m_2 g\, \mu_G - m_3 g \sin \alpha - m_3 g \mu_G \cos \alpha}{m_1 + m_2 + m_3}$.

(b) $0,64 \text{ m} \cdot \text{s}^{-2}$.

19. $F_B = F_P - F_R$, $F_P = m_P a_P$; $a_B = \dfrac{F_B}{m_B} = \dfrac{m_P\, a_P - F_R}{m_B} =$

$0,25 \text{ m} \cdot \text{s}^{-2}$.

20. (a) Wegen actio = reactio wird die kleinere Masse stärker beschleunigt.

(b) $s = \dfrac{a_B}{2} t^2$; $t = \sqrt{\dfrac{2s\, m_B}{F}} = 2,22 \text{ s}$. (c) $s = \dfrac{a_A}{2} t^2 = \dfrac{F}{2 m_A} t^2 = 5,88 \text{ m}$.

7.1.5 Arbeit, Energie, Leistung

1. Arbeit ist das Resultat des Wirkens einer Kraft längs einer Wegstrecke, die Energie die Fähigkeit eines Systems, Arbeit zu leisten. Die Leistung beschreibt die Änderungen von Arbeit oder Energie je Zeit.

2. Umwandlung von kinetischer in potentielle Energie und umgekehrt.

3. Beispiel: $W_{rot} = \dfrac{1}{2}\, J\, \omega^2$ (J Massenträgheitsmoment, ω Winkelgeschwindigkeit) usw.

4. Beispiel: Durch Induktion Umwandlung von mechanischer in elektrische Energie, Anwendung beim Generator.

5. $W = m\, g\, \mu_G\, s = 1177 \text{ N} \cdot \text{m}$.

6. Die aufzuwendende Hubarbeit ist für alle Winkel gleich: $W = m\, g\, h = 4905 \text{ N} \cdot \text{m}$.

7. $\Delta E_{pot} = m\, g\, h = \Delta E_{kin} = \dfrac{m}{2}\, v^2$, also $v = \sqrt{2\, g\, h} = 19,81 \text{ m} \cdot \text{s}^{-1}$.

8. Der Energieerhaltungssatz benötigt die Winkelangabe nicht, denn $\dfrac{m}{2}\, v^2 = \dfrac{m}{2}\, v_o^2 + m\, g\, h$ und $v = \sqrt{v_o^2 + 2\, h} = 14,87 \text{ m} \cdot \text{s}^{-1}$.

9. Siehe 8. **10.** $P = \dfrac{\dfrac{m}{2}\, v^2}{t} = 30,86 \text{ kW}$.

11. (a) $19,62 \text{ kJ}$. (b) $W = m\, g\, h + m\, g\, \mu_G \cos \beta \cdot \dfrac{h}{\sin \beta} = 35,79 \text{ kJ}$.

12. (a) $W = m\, g\, h = 34,3 \text{ kJ}$. (b) 50 % von (a).

13. (a) $\dfrac{m}{2}\, v_o^2 = m\, g\, \mu_G\, s$, also $\mu_G = 0,038$.

(b) $\dfrac{m}{2}\, v_{max}^2 = \dfrac{k}{2}\, x_{max}^2$, denn $W = \int_0^{x_{max}} kx\, \mathrm{d}x = \dfrac{k}{2}\, x_{max}^2$,

$x_{max} = 0,28 \text{ m}$.

(c) $m\, g\, h = \dfrac{k}{2}\, x_{max}^2$, $h = 2 \text{ m} + 0,4 \text{ m}$; $k = 2,06 \cdot 10^4 \text{ N} \cdot \text{m}^{-1}$.

(d) $m\, g\, h = \dfrac{m}{2}\, v_o^2$, also $h = 39,3 \text{ m}$ und $s = 393,3 \text{ m}$.

14. $a = \dfrac{v_o^2}{2s} = 193 \text{ m} \cdot \text{s}^{-2}; \ 494 \text{ m} \cdot \text{s}^{-2}; \ 772 \text{ m} \cdot \text{s}^{-2}; \ 1736 \text{ m} \cdot \text{s}^{-2}.$

15. (a) $E = \eta \, \varrho \, V \, g \, h = 6,94 \cdot 10^8 \text{ kW} \cdot \text{h}.$ **(b)** $P = \eta \, \varrho \, \dot{V} \, g \, h = 250 \text{ MW}.$

16. $m \, c \, \Delta T = \gamma \, m \, m_E \left(\dfrac{1}{r_E} - \dfrac{1}{r} \right)$. Hier wird die Wärmeenergie aus dem Verlust potentieller Energie im Erdschwerefeld erzeugt. Die einfache Näherung $\Delta E_{pot} = m \, g \, h$ ist dabei leider nicht mehr zulässig. Nach Umstellen folgt $r = 6,409 \cdot 10^6$ m und $h = r - r_E = 34,3$ km.

17. Die Höhendifferenz $h = h_1 - h_2 = r \, (\cos \varphi_2 - \cos \varphi_1)$ ergibt sich zu $34,2$ m. Nun gilt nach dem Energiesatz $m \, g \, h - W_R = \dfrac{m}{2} \, v^2$. Die Reibungsarbeit W_R hängt, da sie der Normalkraft proportional ist, vom Winkel ab. Für sie gilt: $W_R = \displaystyle\int_s \mu \, F_N \, \mathrm{d}s$. Mit $F_N = m \, g \, \cos \varphi$ und $\mathrm{d}s = r \, \mathrm{d}\varphi$ wird $W_R = \displaystyle\int_{\varphi_1}^{\varphi_2} \mu \, m \, g \, \cos \varphi \, r \, \mathrm{d}\varphi = m \cdot 29,06 \text{ m}^2 \cdot \text{s}^{-2}$. So ergibt sich schließlich $v = \sqrt{2 \dfrac{\Delta E_{pot} - W_R}{m}} = 24,75 \text{ m} \cdot \text{s}^{-1}$.

18. (a) $m \, g \, h = m \, g \, s \, \sin \beta = \dfrac{m}{2} \, v^2, \ v = 11,6 \text{ m} \cdot \text{s}^{-1}$.

(b) $m \, g \, s \, \sin \beta = \dfrac{m}{2} \, v^2 + \dfrac{J_s}{2} \, \omega^2; \ J_s = \dfrac{m}{2} \, r^2$, daraus folgt mit $v = \omega \, r \quad v = 9,46 \text{ m} \cdot \text{s}^{-1}$.

19. Durch die Leistung P wird in der Zeit $\mathrm{d}t$ die differentielle Hubarbeit $\mathrm{d}m \, g \, h(t)$ erbracht. Mit $\mathrm{d}m = \varrho \, \mathrm{d}V = \varrho \, A \, \mathrm{d}h$ ergibt sich

$P = \varrho \, A \, g \, h(t) \, \dfrac{\mathrm{d}h}{\mathrm{d}t}$. Diese Differentialgleichung für $h(t)$ löst man durch

Trennung der Variablen gemäß $\dfrac{P}{\varrho \, A \, g} \, \mathrm{d}t = h \, \mathrm{d}h$. Die Integration ergibt

$h(t) = \sqrt{\dfrac{2 \, P \, t}{\varrho \, A \, g}}$, und für $h = 10$ m folgt $t = 0,856$ h.

20. $P = F \, v = m \, a \, v = 6 \text{ kW}$.

7.1.6 Impuls

1. $\boldsymbol{F} = m \, \boldsymbol{a} = m \, \dfrac{\mathrm{d}\boldsymbol{v}}{\mathrm{d}t}, \ \boldsymbol{F} \, \mathrm{d}t = m \, \mathrm{d}\boldsymbol{v}, \ \int \boldsymbol{F} \, \mathrm{d}t = \boldsymbol{K} = \Delta\boldsymbol{p}$, Impulserhaltung, falls $\boldsymbol{F} = 0$ oder $\boldsymbol{K} = 0$ ($\boldsymbol{K}$ Kraftstoß).

2. (a) $\boldsymbol{F} = \dfrac{\mathrm{d}\boldsymbol{p}}{\mathrm{d}t} = m \, \dfrac{\mathrm{d}\boldsymbol{v}}{\mathrm{d}t} = m \, \boldsymbol{a}.$ **(b)** $\boldsymbol{F} = \dfrac{\mathrm{d}\boldsymbol{p}}{\mathrm{d}t} = \dfrac{\mathrm{d}(m\boldsymbol{v})}{\mathrm{d}t} = m \, \dfrac{\mathrm{d}\boldsymbol{v}}{\mathrm{d}t} + v \, \dfrac{\mathrm{d}m}{\mathrm{d}t}$ bei $\dfrac{\mathrm{d}m}{\mathrm{d}t} \neq 0.$

3. (a) $t_B = \dfrac{m_S - m_l}{\dot{m}}$, $m(t) = m_S - \dot{m}\,t$.   **(b)** $\boldsymbol{F} = \dot{m}\,\boldsymbol{v_T}$.

(c) $a(t) = \dfrac{\dot{m}\,\boldsymbol{v_T}}{m_S - \dot{m}\,t}$.   **(d)** $v(t) - v_o = \int a(t)\,\mathrm{d}t = \int \dfrac{\dot{m}\,v_T}{m_S - \dot{m}\,t}\,\mathrm{d}t$. Die

Substitution $x = m_S - \dot{m}\,t$, $\mathrm{d}t = -\dfrac{\mathrm{d}x}{\dot{m}}$ ergibt $v(t) - v_o = v_T \ln \dfrac{m_S}{m_S - \dot{m}\,t}$.

(e) Aus **(d)** ergibt sich für $t = t_B$ die Ziolkowski-Gleichung.

4. Der Massenmittelpunkt der Bruchstücke bewegt sich weiter auf der parabelförmigen Flugbahn.

5. $\dfrac{1}{2}\,m_1\,v_1^2 + \dfrac{1}{2}\,m_2\,v_2^2 = \dfrac{1}{2}\,m_1\,v_1'^2 + \dfrac{1}{2}\,m_2\,v_2'^2$,

$m_1\,\boldsymbol{v_1} + m_2\,\boldsymbol{v_2} = m_1\,\boldsymbol{v_1'} + m_2\,\boldsymbol{v_2'}$.

6. $\dfrac{1}{2}\,m\,v_1^2 = \dfrac{1}{2}\,m\,v_1'^2 + \dfrac{1}{2}\,m\,v_2'^2$, $v_1^2 = v_1'^2 + v_2'^2$. Gemäß Abb. L1.6.6

ergibt sich der Radius zu $\dfrac{v_1}{2}$.

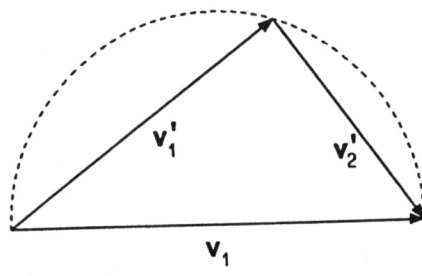

Abb. L1.6.6
Elastischer Stoß zwischen
Körpern gleicher Masse

7. $p = 0,67$ N · s, $E_{kin} = 11,1$ J.   **8.** 20 m · s^{-1}, 10 m · s^{-1}.

9. $v_B = 0,35$ m · s^{-1}, $v_S = 0,89$ m · s^{-1}.

10. $K = m_1\,v_1 = m_2\,v_2$, $v = v_1 + v_2 = K\left(\dfrac{1}{m_1} + \dfrac{1}{m_2}\right)$, $K = \dfrac{m_1\,m_2}{m_1 + m_2}\,v =$
42,86 N · s.

11. 3-stufig: $v_1 = 2,785$ km · s^{-1}, $v_2 = 2,760$ km · s^{-1}, $v_3 = 4,852$ km · s^{-1}, $v_{max} = 10,397$ km · s^{-1}.   1-stufig: $v_{max} = 4,852$ km · s^{-1}.

12. $3,01 \cdot 10^7$ m · s^{-1}, 9,4 MeV.

13. $v_\alpha' = -1,37 \cdot 10^7$ m · s^{-1}, $v_{Cu}' = 1,83 \cdot 10^6$ m · s^{-1}.

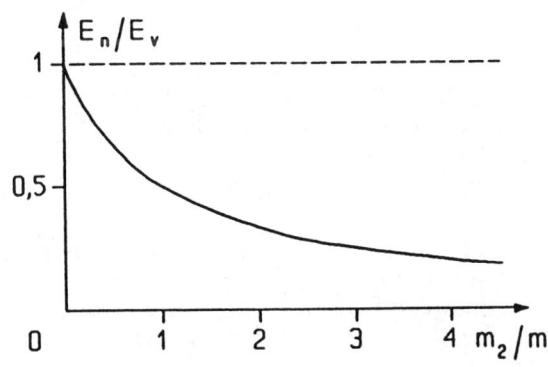

Abb. L1.6.17
Zu Aufgabe 17.

14. Gesamtimpuls von Vogel und Pfeil $7,81$ N $\cdot$ s, Geschwindigkeit unmittelbar nach Treffer $19,5$ m $\cdot$ s^{-1}, Auftreffpunkt $27,9$ m vom Trefferort entfernt.

15. $4,18$ m $\cdot$ s^{-1}.   **16.** $0,046$ m $\cdot$ s^{-1}.   **17.** $\dfrac{E_n}{E_v} = \dfrac{1}{1+\dfrac{m_2}{m_1}}$, s. Abb. L1.6.17.

18. $E_v - E_n = \dfrac{1}{4}\, m\, (v_1 + v_2)^2 = m\, c\, \Delta T,\ \Delta T = 0,032$ K.

19. Nach Abb. L1.6.19 gilt $\varphi = \text{arc cos}\ \dfrac{l-h}{l} = 16,42^{\circ}$, denn $h = \dfrac{v^2}{2g} = \dfrac{K^2}{2g\, m^2}$.

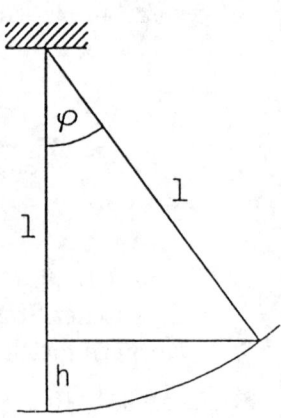

Abb. L1.6.19
Zu Aufgabe 19.

20. Stellt man 19. nach v um und wendet auf den Einfang der Kugel den Impulserhaltungssatz an, gilt $v_K = \dfrac{m_K + m_A}{m_K}\, v = 710$ m $\cdot$ s^{-1}.

7.1.7 Träge und schwere Masse, Gravitation

1. (a) $F = m_t\, a$, je größer die träge Masse eines Körpers ist, desto kleiner ist bei gleichbleibender Kraft seine Beschleunigung.
(b) Die schwere Masse ist die Quelle des Gravitationsfeldes.
2. (a) Im Gravitationsfeld erhalten alle Körper die gleiche Beschleunigung.
(b) Lesen Sie dazu in A. Einstein, Über die spezielle und allgemeine Relativitätstheorie (gemeinverständlich) den § 20 über die Gedankenversuche zur Äquivalenz von träger und schwerer Masse (Fahrstuhlexperimente).
3. Siehe Formelteil.
4. Wegen des veränderten Abstandes zum Massenmittelpunkt der Erde Abnahme mit der Höhe und Zunahme mit der geographischen Breite.
5. Abweichungen des Gravitationsfeldes der Erde von der Kugelsymmetrie.
6. Proportionalitätsfaktor ist die schwere Masse des Probekörpers.

7. $0,5$ kg.   **8.** 3 kg.

9.

h in km	0	10	100	10000
F in N	$78,5$	$78,3$	$76,1$	$11,9$

10. 3924 N.

11. (a) 1385 N.   **(b)** $F_G = F_Z = \dfrac{m\, v^2}{r}$, $v = 5,77$ km $\cdot$ s^{-1}.

12. $F_Z = F_G$, $r = \sqrt[3]{\dfrac{\gamma m_E}{\omega_E^2}}$, $h = 35796$ km, $E_{kin} = 4,73 \cdot 10^9$ N $\cdot$m.

13. $3,463 \cdot 10^5$ km vom Erdmittelpunkt entfernt.   **14.** Fallbeschleunigung.

15. $W_1 = m\,g\,h$, $W_2 = \gamma\, m\, m_E \left(\dfrac{1}{r_E^2} - \dfrac{1}{(r_E + h)^2} \right)$, $\dfrac{\Delta W}{W} = 0,189\,\%$.

16. , 17.

h in km	0	10	100	10000	∞
W in J	0	$7,85 \cdot 10^5$	$7,74 \cdot 10^6$	$3,06 \cdot 10^8$	$5,01 \cdot 10^8$
φ in J$\cdot$kg^{-1}	$-6,26 \cdot 10^7$	$-6,25 \cdot 10^7$	$-6,16 \cdot 10^7$	$-2,44 \cdot 10^7$	0

Es gilt $\varphi - \varphi(0) = \dfrac{1}{m}\, W$.

18. Siehe Abb. L1.7.18.

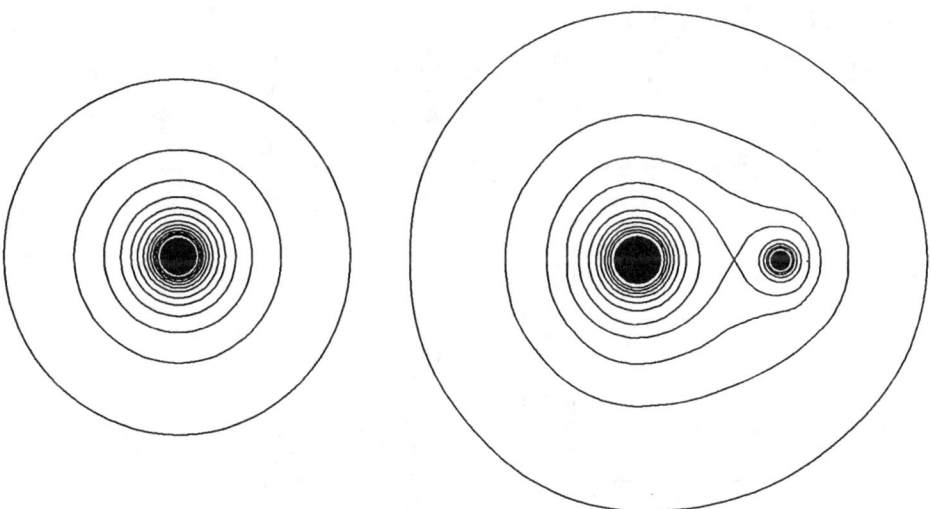

Abb. L1.7.18
Gravitationspotential einer Punktmasse und von Erde und Mond

19. $5,78 \cdot 10^{10}$ J, $(E_{kin} + E_{pot})$ muß ermittelt werden.

20. (a) $11,19$ km $\cdot$ s^{-1}.   **(b)** $42,14$ km $\cdot$ s^{-1}.

7.1.8 Trägheitskräfte

1. (a) Es ist das System, auf das man sich bei der Beobachtung physikalischer Vorgänge bezieht.   **(b)** Sie sind unbeschleunigt.   **(c)** Nein.
(d) In jedem beschleunigten Bezugssystem.   **(e)** Trägheitskräfte treten nur als Folge der Beschleunigung des Bezugssystems auf.
(f) Beispiel: Zentrifugalkraft.

2. (a) $x'(t) = x'_o$, $y'(t) = y'_o$, $z'(t) = z'_o - \frac{g}{2} t^2$.

(b) $x(t) = v_{ox} t + x_o$, , $y(t) = y_o$, $z(t) = z_o - \frac{g}{2} t^2$ (siehe Abb. L1.8.2).   **(c)** $a' = a = g$, $F' = F = m\,g$.

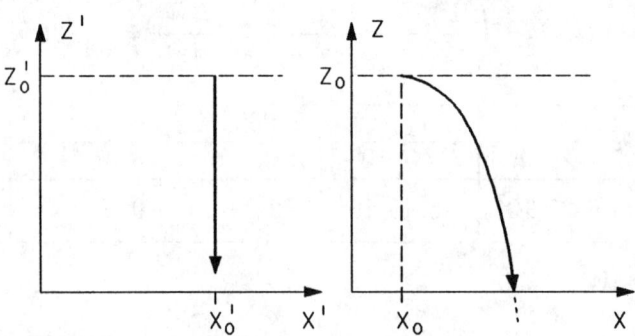

Abb. L1.8.2   zu Frage 2.

3. (a) $x'(t) = x'_o - \frac{a_x}{2} t^2$, $y'(t) = y'_o$, $z'(t) = z'_o - \frac{g}{2} t^2$, $x(t) = v_{ox} t + x_o$,

$y(t) = y_o$, $z(t) = z_o - \frac{g}{2} t^2$ (siehe Abb. L1.8.3).   **(b)** $a' = g - a_x$,

$a = g$, $F' = m\,g - m\,a_x$, $F = m\,g$, $F_t = -m\,a_x$.

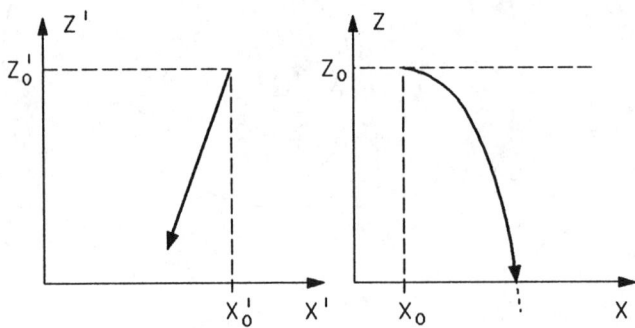

Abb. L1.8.3   zu Frage 3.

4. Weil die Summe F_R aus Gewichts- und Trägheitskraft (Betrag $m\,g\,\sin\beta$) senkrecht zur Ebene zeigt (Abb. L1.8.4).
5. Bewegungen auf gekrümmten Bahnen sind immer beschleunigte Bewegungen.

6. Im ruhenden System fliegen die Späne kräftefrei tangential zum Kreis. Im rotierenden System wirken Zentrifugal- und Corioliskraft.

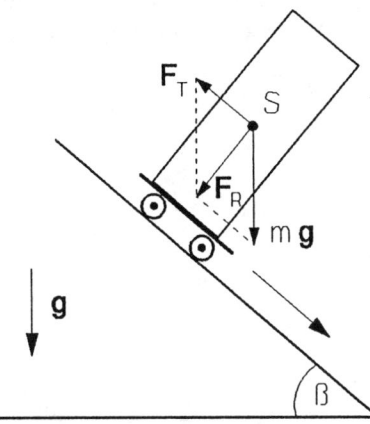

Abb. L1.8.4
Trägheitskraft beim
Rollen auf schiefer
Ebene

7. Die Corioliskraft infolge der Vertikalkomponente von ω_E ergibt auf der Nordhalbkugel Rechts-, auf der Südhalbkugel Linksabweichung von der Geraden. Daraus folgen für radial aus dem Hochdruckgebiet abströmende Luftmassen die Strömungen gemäß Abb. L1.8.7. Bei Tiefdruckwirbeln, die ohne Corioliskraft radial aufgefüllt werden würden, ergeben sich infolge Corioliskraft und Sog des Zentrums die von der Wetterkarte her bekannten Wirbel.

Nordhalbkugel   Südhalbkugel

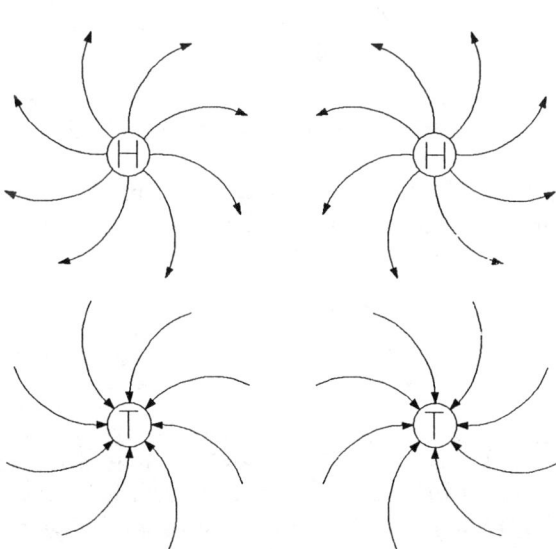

Abb. L1.8.7
Ablenkung von Luft-
massen in der
Erdatmosphäre durch
die Corioliskraft

8. Ostabweichung durch die Corioliskraft infolge der Tangentialkomponente von ω_E.

9. $3,57 \text{ m} \cdot \text{s}^{-2}$.　**10.** $30,9$ N.
11. (a) $F' = m\,(g + a) = 430,85$ N (auf), $F' = m\,(g - a) = 285,85$ N
(ab).　(b) $F' = m\,g = 343,35$ N.　(c) Wie (a), aber auf und ab
vertauscht.　(d) $F' = 0$.　(e) Beschleunigte Abwärts- oder gebremste
Aufwärtsfahrt mit $a > g$.
12. $8,94 \text{ s}^{-1}$.

13. Gemäß Abb. L1.8.13 gilt $r = l + s \cdot \sin \varphi$ und $\tan \varphi = \dfrac{F_Z}{F_G}$,
$\omega = 0,981 \text{ s}^{-1}$.

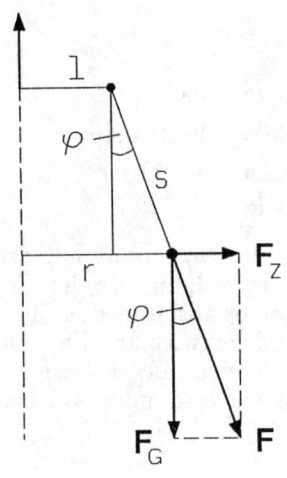

Abb. L1.8.13
Zu Aufgabe 13.

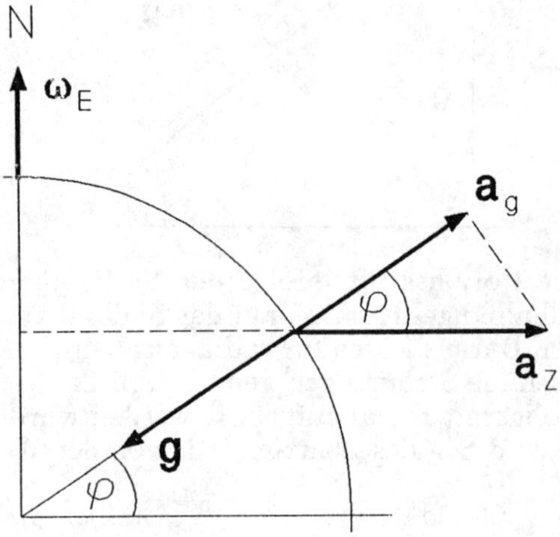

Abb. L1.8.18
Zu Aufgabe 18.

14. $F_Z \geq m\,g$, $v \geq 5,42 \text{ m} \cdot \text{s}^{-1}$.　**15.** $49,15 \text{ km} \cdot \text{h}^{-1}$.　**16.** 187 mm.
17. Es entsteht ein gleichseitiges Dreieck mit Winkeln von 60°, die entsprechende Drehzahl ist $66,9 \text{ min}^{-1}$.
18. Gemäß Abb. L1.8.18 gilt $g' = g - a_g = g - a_z \cos \varphi$, die Reduzierung
beträgt $0,35$ %. Ein weiterer Grund zur Erniedrigung von g bei kleineren
Breitengraden ist die rotationsbedingte Abplattung der Erde.
19. $3,124$ N.　**20.** 495 N nach Osten.

7.1.9 Reibung

1. Trockene Reibung (Haft-, Gleit-, Rollreibung) tritt bei Bewegung von
Festkörpern gegeneinander auf, viskose Reibung bei laminar umströmten
Körpern und turbulente Reibung bei turbulent umströmten Körpern.
2. Reibungskräfte wirken entgegen der Bewegungsrichtung, Beträge siehe
Formelteil.
3. (a) Deformation und Abrieb der Oberfläche, Anregung von Gitterschwingungen.

(b) Diffusions- und Stoßprozesse der Flüssigkeitsmoleküle.
(c) Erzeugung von Wirbeln.
4. Strömungen ohne bzw. mit Wirbelbildung.   **5.** Siehe Formelteil.
6. Die dynamische Viskosität η ist ein durch das Reibungsgesetz von Newton festgelegter temperaturabhängiger Materialparameter, der die Zähigkeit von Flüssigkeiten beschreibt. Wasser fließt am schnellsten aus, es hat mit $1 \cdot 10^{-3}$ Pa $\cdot$ s bei 20^0 die kleinste Viskosität (Alkohol $1,2 \cdot 10^{-3}$ Pa $\cdot$ s, Silikonöl > 10 Pa $\cdot$ s).
7. Reibungskraft nach Stokes.
8. Form, Oberflächenbeschaffenheit und Anströmrichtung des Körpers.
9. Geringere Wirbelbildung.
10. Viskose Reibungskräfte sind kleiner als die Gleitreibungskraft.
11. $0,577.$ **12.** $0,4.$
13. Belastung der kleinen Platte mit 10 kg oder entsprechende Entlastung der großen Platte durch senkrecht nach oben wirkende Kräfte.
14. $F_{RG}\, s_B = \dfrac{m}{2}\, v^2$, $\mu_G = 0,23.$ **15.** $5,65 \cdot 10^{-2}$ N.

16. $x = \dfrac{6\,\pi\,\eta\,r\,v}{k}.$

17. $F_{RV} = 2,26 \cdot 10^{-4}$ N, $F_G = 9,81 \cdot 10^{-3}$ N, $F_A = 3,70 \cdot 10^{-3}$ N, $F_G > F_R + F_A$, also Beschleunigung.
18. $0,68$ N.
19. Halbkugel $10,18$ N·m, Stromlinienprofil $0,46$ N·m, Einsparung $95,5\%$.
20. $5,64$ m $\cdot$ s^{-1}.

7.1.10 Ruhende Fluide

1. Ursache ist die gegenüber Flüssigkeiten hohe Kompressibilität der Gase.
2. Wägung in Luft: $F_L = m\, g = \varrho_{Fk}\, V\, g$ (Auftrieb ist vernachlässigbar). Wägung in Wasser: $F_W = F_L - F_A = (\varrho_{Fk} - \varrho_{Fl})\, V\, g$. Also
$$\frac{F_L}{F_W} = \frac{\varrho_{Fk}}{\varrho_{Fk} - \varrho_{Fl}} = 1,055 \text{ (Au) bzw. } 1,105 \text{ (Ag)}.$$
3. Durch Erhöhung des Wasserdruckes wird die Luft im Taucher komprimiert, sein scheinbares Volumen nimmt ab, er sinkt wegen der Verkleinerung der Auftriebskraft. In ähnlicher Weise wirkt die Schwimmblase von Fischen.
4. Die Dichte von Wasser ist bei 0 $^{\circ}$C kleiner als bei 4 $^{\circ}$C. Daher ist oben das kälteste Wasser.
5. Das Tropfensystem geht in den Zustand der kleinsten Oberflächenenergie und damit der kleinstmöglichen Oberfläche über.
6. $3 \cdot 10^4$ Pa.   **7.** $16,35$ MPa.   **8.** 39 MPa.
9. $5 \cdot 10^{-6}$ m^3.   **10.** $9,81$ N, 52 mm.
11. Wegen der Wasserverdrängung des Schiffes bleibt die Belastung gleich.
12. Der Fehler ist im unterschiedlichen Auftrieb von Butter und Eisen begründet. $\dfrac{\Delta F_A}{m\, g} = \dfrac{F_{A,Bu} - F_{A,Fe}}{m\, g} = \varrho_L \left(\dfrac{1}{\varrho_{Bu}} - \dfrac{1}{\varrho_{Fe}} \right) = 1,17 \cdot 10^{-3}.$
13. $1,981.$ **14.** 4707 m.   **15.** $7,21 \cdot 10^4$ m^3.

16. $F = \dfrac{1}{8}\, F_L = \dfrac{1}{8}\, p_L\, A$, $p_L = p_o\, e^{-\dfrac{\varrho_o\, g\, h}{p_o}} = 0,0968$ MPa, $F = 1676$ N.

17. 92 mm, nein.   **18.** $5 \cdot 10^{-4}$ J.   **19.** $72,8 \cdot 10^{-3}$ N · m^{-1}.

20. $\Delta W = \displaystyle\int_{r_1}^{r_1} \Delta p\, dV = \int_{r_1}^{r_1} \dfrac{4\sigma}{r}\, 4\,\pi\, r^2\, dr = \int_{r_1}^{r_1} 16\pi\,\sigma\, r\, dr =$
$3,62 \cdot 10^{-3}$ J. $\Delta p_1 = 3$ Pa, $\Delta p_2 = 1,5$ Pa.

7.1.11 Strömende Fluide

1. Siehe Bernoulli-Gleichung: $p_s + p_d = p_{ges}$ für horizontale Strömungen.
2. Strömungen ohne bzw. mit Wirbelbildung.
3. Die hydrodynamischen Auftriebskräfte entstehen, weil infolge des asymmetrischen Flügelprofils der statische Druck unter dem Flügel größer als über dem Flügel ist.
4. Hohe Strömungsgeschwindigkeiten erzeugen wegen der mit ihnen verbundenen kleinen statischen Drücke den zum Funktionieren der angeführten Geräte notwendigen Unterdruck.
5. Siehe Abb. L1.11.5.

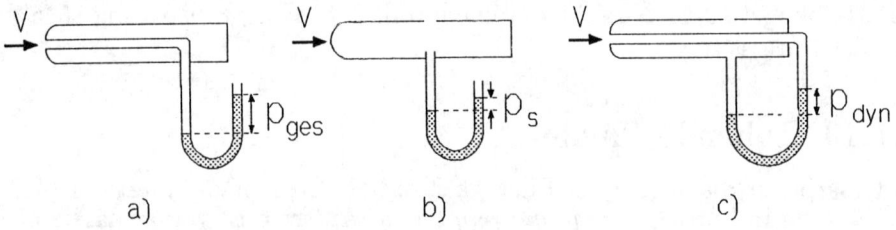

a)   b)   c)

Abb. L1.11.5   Druckmeßsonden
a) Gesamtdruck (Pitotrohr)   b) statischer Druck
c) dynamischer Druck (Prandtlsches Staurohr)

6. Die vernachlässigbar kleine Kompressibilität.
7. Aus dem gemessenen dynamischen Druck wird sie berechnet.
8. 500 Pa.   **9.** 2,55 m · s^{-1}.   **10.** 0,06 m · s^{-1}.
11. $v_3 = v_{12}\, \dfrac{A_1 + A_2}{A_3} = 0,17$ m · s^{-1}.
12. $\Delta p = \dfrac{\varrho}{2}\, v_1^2 - \dfrac{\varrho}{2}\, v_2^2$, $A_1\, v_1 = A_2\, v_2$, $v_1 = 0,1$ m · s^{-1}, $v_2 = 0,5$ m · s^{-1}.
13. $\dfrac{\varrho}{2}\, v^2 = \varrho\, g\, h$, $v = \sqrt{2g\, h} = 9,9$ m · s^{-1}.
14. $\Delta p = \dfrac{\varrho}{2}\, v^2 = 2,5 \cdot 10^5$ Pa.
15. Gemäß Abb. L1.11.15 und Aufgabe 13. gilt $v_o = \sqrt{2g\,(H - h)}$. Nach der Parameterdarstellung der Wurfparabel wird $h = \dfrac{g}{2}\, t^2$ und $x = v_o t$, also

$x = \sqrt{4\,(H-h)\,h}$. Die Lösung des Extremwertproblems ergibt $h = \dfrac{H}{2} = 0,25$ m.

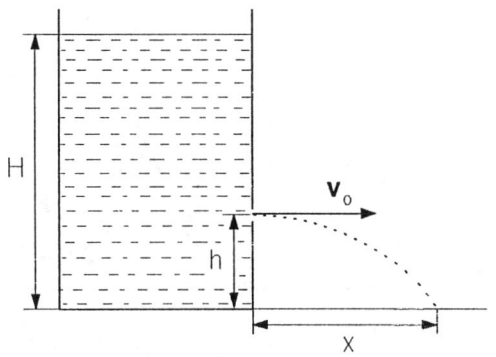

Abb. L1.11.15
Ausfluß aus
seitlicher Öffnung

16. $\dfrac{\varrho}{2}\,v^2 = \varrho\,g\,h + \Delta p$, $v = 7,72$ m $\cdot$ s^{-1}.

17. $v(r) = \dfrac{\Delta p}{4\,\eta\,l}\,(R^2 - r^2)$, $v_{max} = v(r = 0) = 25$ mm $\cdot$ s^{-1}.

18. $0,0141$ m$^3 \cdot$ h^{-1}.

19. Als charakteristische Größe wählt man üblicherweise den Kugelradius, $Re = 1$ bzw. $5 \cdot 10^5$.

20. 6 mm $\cdot$ s^{-1}.

7.1.12 Dynamik der Rotationsbewegung

1. Massenträgheitsmoment, Winkelgeschwindigkeit, Winkelbeschleunigung, Drehmoment, Drehimpuls, Rotationsenergie.

2. $M = F\,r\,\sin\alpha$, $M = 0$, wenn die Kraft in Richtung des Radiusvektors oder entgegengesetzt wirkt, $M = F\,r$ (maximal), wenn die Kraft senkrecht zum Radiusvektor wirkt.

3. M steht senkrecht auf F und r in Richtung der Drehachse.

4. Der Hebel vergrößert das Drehmoment einer Kraft. Beispiele: Schlüsselgriff, Schraubenschlüssel, Schraubendreher, Türklinke, Lenkrad, Zange usw.

5. Der Drehpunkt ist links unten, B ergibt das größere Drehmoment.

6. Je weiter entfernt von der Drehachse sich Massenelemente befinden, desto größer ist ihr Beitrag zum Massenträgheitsmoment, denn sie besitzen wegen $v = \omega\,r$ bei Rotation mit der Winkelgeschwindigkeit ω größere kinetische Energien als Massenelemente, die sich näher an der Drehachse befinden.

7. (a) $\dfrac{1}{2}\,m\,v^2$. **(b)** $\dfrac{1}{2}\left(\dfrac{1}{2}\,m\,v^2\right)$. **(c)** $\dfrac{3}{2}\left(\dfrac{1}{2}\,m\,v^2\right)$.

8. $M = m\,g\,r\,\sin\beta = 4,16 \cdot 10^4$ N $\cdot$ m (Abb. L1.12.8).

9. Je nach Zugrichtung kann das Drehmoment in die Zeichenebene hinein oder aus der Zeichenebene heraus gerichtet sein. Der Grenzfall $M = 0$

ist in Abb. L1.12.9 dargestellt. Für den Grenzfall gilt $\sin(90° - \beta) = \cos\beta = \dfrac{r_1}{r_2}$, $\beta = 36,9°$.

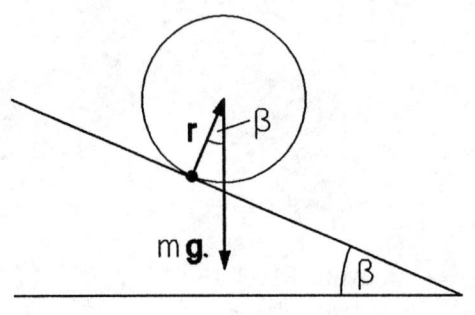

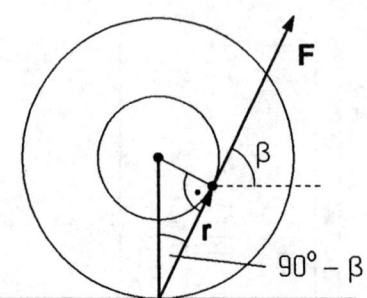

Abb. L1.12.8

Abrollen auf schiefer Ebene

Abb. L1.12.9

Zu Aufgabe 9.

10. $\alpha = \dfrac{M}{J}$, $J = \dfrac{3}{2}\,m\,r^2$, $\alpha = \dfrac{2}{3}\,g\,\dfrac{\sin\beta}{r} = 2,31\ \text{s}^{-2}$. $a_S = \alpha\,r = \dfrac{2}{3}\,g\,\sin\beta = 4,62\ \text{m}\cdot\text{s}^{-2}$.

11. $M = r\,F$, $\alpha = \dfrac{r\,F}{J}$, $\omega = \alpha\,t$, $\varphi = \dfrac{\alpha}{2}\,t^2$, $t = \dfrac{\omega}{\alpha}$

$s = \varphi\,r = \dfrac{\omega^2\,r}{2\alpha}$, $\omega = \sqrt{\dfrac{2\,s\,\alpha}{r}} = 2\,\pi\,f$, $f = 97,9\ \text{min}^{-1}$.

12. $\dfrac{m}{2}\,v^2 + \dfrac{J}{2}\,\omega^2 = m\,g\,h$, $\omega = 15,31\ \text{s}^{-1}$.

13. $\varphi = \dfrac{\alpha}{2}\,t^2$, $t = \sqrt{\dfrac{2\,\varphi}{\alpha}}$, $\alpha = \dfrac{M}{J}$, $\varphi_K = \varphi_Z$, $M_K = M_Z$, $\dfrac{t_K}{t_Z} = \sqrt{\dfrac{J_K}{J_Z}} = 0,967$, $t_K = 9,67\ \text{s}$.

14. $2,58\cdot10^{29}\ \text{N}\cdot\text{m} = 7,17\cdot10^{22}\ \text{kW}\cdot\text{h}$.   **15.** $130,8\ \text{s}^{-1}$.

16. $0,267\ \text{kg}\cdot\text{m}^2$.   **17.** $\dfrac{J}{2}\,\omega^2 = Pt$, $J = \dfrac{m}{2}\,r^2 = \dfrac{2\,Pt}{\omega^2}$, $d = 2\,r = 0,18\ \text{m}$.

18. $E = E_{tr} + E_{rot} = \dfrac{m_{tr}}{2}\,v^2 + 6\,\dfrac{J_R}{2}\,\omega^2 = 4,98\cdot10^5\ \text{N}\cdot\text{m}$.

19. (a) $77,70\ \text{kg}\cdot\text{m}^2$.   (b) $262,29\ \text{kg}\cdot\text{m}^2$.

20. (a) $M = m\,g\,r\,\sin\beta$, $J = \dfrac{3}{2}\,m\,r^2$, $\alpha = \dfrac{2}{3}\,g\,\dfrac{\sin\beta}{r}$, $\varphi = \dfrac{\alpha}{2}\,t^2$, $t = \sqrt{\dfrac{2\varphi}{\alpha}}$,

$\omega = \alpha\,t = \sqrt{2\,\varphi\,d} = \sqrt{\dfrac{4\,s\,g\,\sin\beta}{3\,r^2}} = 12,5\ \text{s}^{-1}$.

(b) $m\,g\,h = \dfrac{J}{2}\,\omega^2$, $h = s\cdot\sin\beta$, $\omega = \sqrt{\dfrac{4\,s\,g\,\sin\beta}{3\,r^2}} = 12,5\ \text{s}^{-1}$.

Mit dem Energiesatz kommt man bei diesem oder ähnlichen Problemen schneller zur Lösung als mit dem Newtonschen Ansatz.

7.1.13 Drehimpuls

1. $L_h : L_m : L_s = 1 : 60 : 3600$.

2. (a) Senkrecht in die Ebene hinein. **(b)** Senkrecht aus der Ebene heraus.

3. $E = \dfrac{L^2}{2\,J}$, $L = \sqrt{2\,J\,E}$.

4. Die Stabilisierung der Drehachse infolge Drehimpulserhaltung erzeugt während der absteigenden Flugphase einen Segeleffekt.

5. Die Drehimpulserhaltung stabilisiert die Drehachse. Der Ausgleich des reibungsbedingten bremsenden Drehmomentes erfolgt durch den Antrieb.

6. $J \,\hat{=}\, m$, $\dfrac{1}{2}\,J\,\omega^2 \,\hat{=}\, \dfrac{1}{2}\,m\,v^2$, $J\,\omega \,\hat{=}\, m\,v$, $\boldsymbol{M} = \dfrac{\mathrm{d}\boldsymbol{L}}{\mathrm{d}t} \,\hat{=}\, \boldsymbol{F} = \dfrac{\mathrm{d}\boldsymbol{p}}{\mathrm{d}t}$.

7. $\boldsymbol{L} = \boldsymbol{r} \times \boldsymbol{p} = \boldsymbol{r} \times m\,\boldsymbol{v}$, siehe Abb. L1.13.7.

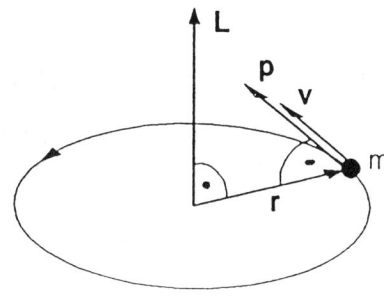

Abb. L1.13.7
Zur Definition des
Drehimpulses

8. Beispiele: Fahrrad, Kreiselkompaß, Salto, Pirouette.

9. Am Körper soll ein Drehimpuls "nach vorn" entgegen dem Umfallen erzeugt werden. Da insgesamt $L = 0$, dreht man die Arme entgegengesetzt, also oben nach hinten.

10. Durch Verändern der Massenträgheitsmomente (Salto, Pirouette) Änderung der Drehzahl bzw. Stabilität der Drehachse (Tellertrick).

11. $p = 5 \cdot 10^{-2}$ kg $\cdot$ m $\cdot$ s^{-1}, $L = 10^{-2}$ kg $\cdot$ m^2 $\cdot$ s^{-1}.

12. $L_E = 7{,}08 \cdot 10^{33}$ kg $\cdot$ m^2 $\cdot$ s^{-1}, $L_B = 2{,}66 \cdot 10^{40}$ kg $\cdot$ m^2 $\cdot$ s^{-1}.

13. $L_S = \pm\dfrac{1}{2} \cdot \dfrac{h}{2\,\pi} = \pm 5{,}27 \cdot 10^{-35}$ kg $\cdot$ m $\cdot$ s^{-1}, $l = 0\ :\ L_B = 0$,

$l = 1\ :\ L_B = \dfrac{h}{2\,\pi} = 1{,}054 \cdot 10^{-34}$ kg $\cdot$ m^2 $\cdot$ s^{-1}.

14. (a) $10{,}05$ kg $\cdot$ m^2 $\cdot$ s^{-1}. **(b)** $35{,}19$ kg $\cdot$ m^2 $\cdot$ s^{-1}.

15. $E = 88$ N $\cdot$ m, $L = 17{,}6$ kg $\cdot$ m^2 $\cdot$ s^{-1}. **16.** $202{,}8$ kg $\cdot$ m^2 $\cdot$ s^{-1}.

17. $\boldsymbol{M} = \boldsymbol{r} \times \boldsymbol{F} = \boldsymbol{r} \times m\,\boldsymbol{a} = \boldsymbol{r} \times m\,\dfrac{\mathrm{d}\boldsymbol{v}}{\mathrm{d}t} = \boldsymbol{r} \times \dfrac{\mathrm{d}\boldsymbol{p}}{\mathrm{d}t} = \dfrac{\mathrm{d}}{\mathrm{d}t}\,(\boldsymbol{r} \times \boldsymbol{p}) = \dfrac{\mathrm{d}\boldsymbol{L}}{\mathrm{d}t}$.

Das vorletzte Gleichheitszeichen gilt für $\boldsymbol{r} = $ const.

18. (a) $L_1 = J_1\,\omega_1 = m\,r_1^2\,\omega_1$.

(b) $L_2 = J_2\,\omega_2 = m\,r_2^2\,\omega_2$, $\omega_2 = \omega_1\,\dfrac{r_1^2}{r_2^2}$ wegen $L_1 = L_2 = L = $ const.

(c) $\Delta E = E_2 - E_1 = \dfrac{J_2}{2} \, \omega_2^2 - \dfrac{J_1}{2} \, \omega_1^2 = E_1 \, \left(\dfrac{r_1^2}{r_2^2} - 1 \right) > 0.$

(d) $W = -\displaystyle\int_{r_1}^{r_2} F_z \, \mathrm{d}r = \int_{r_1}^{r_2} m \, \omega^2 \, r \, \mathrm{d}r = \dfrac{L^2}{m} \int_{r_1}^{r_2} \dfrac{1}{r^3} \, \mathrm{d}r =$

$\dfrac{L^2}{2 \, m} \, \left(\dfrac{1}{r_2^2} - \dfrac{1}{r_1^2} \right)$, $\Delta E = W$, die höhere Rotationsenergie im Fall 2 entsteht durch Arbeitsleistung gegen die Zentrifugalkraft.

19. (a) $J_1 \, \omega_1 = J_2 \, \omega_2$, $J_1 \, f_1 = J_2 \, f_2$, $J_1 = \dfrac{m_R}{2} \, r_R^2 + 2 \, m \, r_m^2$, $J_2 = \dfrac{m_R}{2} \, r_R^2 + 2 \, m \, r_R^2$, $f_2 = 1,34 \text{ s}^{-1}$.   (b) $E_1 = 10,7 \text{ N} \cdot \text{m}$, $E_2 = 28,7 \text{ N} \cdot \text{m}$, $\Delta E = 18 \text{ N} \cdot \text{m}$, siehe Aufgabe 18.

20. (a) $107,7 \text{ s}^{-1}$.   (b) $\Delta Q = m \, c \, \Delta T = 196780 \text{ N} \cdot \text{m}$, $\Delta T = 180,2 \text{ K}$.

7.1.14 Freie ungedämpfte mechanische Schwingungen

1. Schwingungen sind zeitlich periodische Änderungen einer physikalischen Größe, als harmonisch bezeichnet man sinus- bzw. cosinusförmige Zeitabhängigkeit.

2. $F = m \, a = m \, \ddot{x} = -k \, x$, $\ddot{x} + \dfrac{k}{m} \, x = 0.$

3. $x(t) = x_m \cos (\omega_o \, t + \beta)$, $y(t) = y_m \sin (\omega_o \, t + \beta)$, $\omega_o = \sqrt{\dfrac{k}{m}}.$

4. x_m: Amplitude, ω_o: Eigenkreisfrequenz, β: Phasenwinkel für $t = 0$ (Nullphasenwinkel).

5. Kreisfrequenz - Winkelgeschwindigkeit, Frequenz - Drehzahl, Amplitude - Radius, Nullphasenwinkel - Anfangswinkel für $t = 0$, Schwingungsdauer - Umlaufzeit.

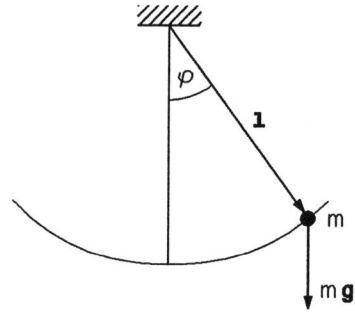

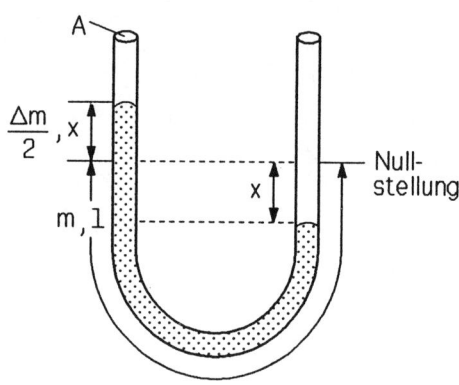

Abb. L1.14.7
Mathematisches Pendel

Abb. L1.14.20
Schwingende Wassersäule

6. Ein linearer Zusammenhang zwischen Auslenkung und rücktreibender Größe ergibt harmonische Schwingungen, z. B. $F = -k\,x$, $M = -D\,\varphi$. Aus letzterem folgt mit $M = J\,\alpha = J\,\ddot{\varphi}$ die Gleichung der harmonischen Drehschwingung $\ddot{\varphi} + \dfrac{D}{J}\,\varphi = 0$.

7. Nach Abb. L1.14.7 gilt $M = J\,\alpha = m\,l^2\cdot\ddot{\varphi}$, andererseits $M = -\,m\,g\,l\,\sin\varphi$. Daraus folgt die Gleichung einer anharmonischen Schwingung $\ddot{\varphi} + \dfrac{g}{l}\,\sin\varphi = 0$, die bei kleinen Auslenkungen für $\varphi \to 0$ wegen $\sin\varphi \approx \varphi$ in die für die harmonische Pendelschwingung $\ddot{\varphi} + \dfrac{g}{l}\,\varphi = 0$ übergeht.

8. Generell hängt wegen $\omega_o = \sqrt{\dfrac{g}{l}}$ die Schwingungsdauer von der Fallbeschleunigung ab. Das Reversionspendel erlaubt als physikalisches Pendel die genauere Ermittlung der Pendellänge (hier reduzierte Pendellänge), als das bei einfachen Pendeln möglich ist.

9. $f = 8,33\ \text{s}^{-1}$, $\omega_o = 52,4\ \text{s}^{-1}$.

10. (a) $1\ \text{s}^{-1}$, $1\ \text{s}$.   **(b)** $y_1(t) = y_2(t + \Delta t)$, $y_m \sin \omega_o t = y_m \sin(\omega_o t + \omega_o\Delta t + \beta)$, $\beta = -\omega_o\,\Delta t = -0,63$, $y_2(t) = 40\ \text{mm} \cdot \sin(6,28\ \text{s}^{-1}\cdot t - 0,63)$. **(c)** $y_3(t) = -y_m \sin \omega_o t = y_m \sin(\omega_o t \pm \pi)$.

(d) $y_4(t) = y_m \sin\left(\omega_o t \mp \dfrac{\pi}{2}\right) = \pm y_m \cos \omega_o t$.   **(e)** Siehe Abb. L1.14.10.

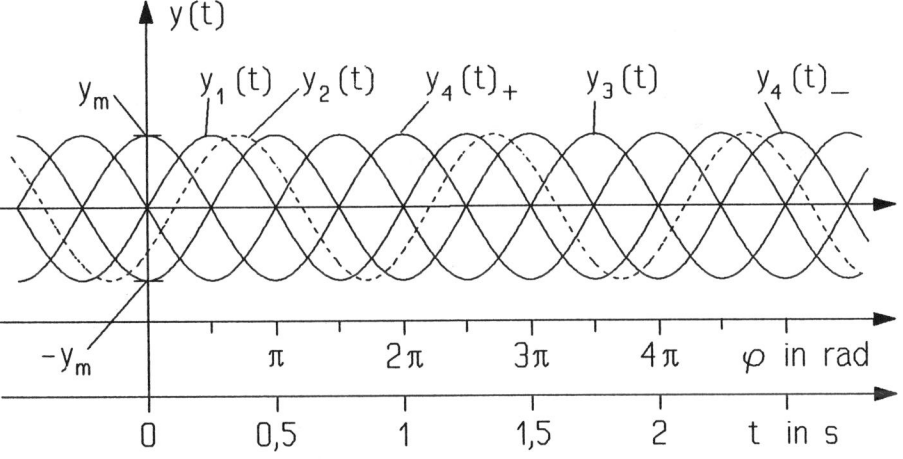

Abb. L1.14.10   Zu Aufgabe 10

11. (a) $4,44\ \text{s}$.   **(b)** $6,95\ \text{s}$.   **(c)** $9,42\ \text{s}$.

12. (a) $v(t) = \omega_o\,x_m \cos(\omega_o t + \beta)$, $a(t) = -\omega_o^2\,x_m \sin(\omega_o t + \beta)$.

(b) $-19,7\ \text{mm}$, $-23\ \text{mm} \cdot \text{s}^{-1}$, $4,9\ \text{mm} \cdot \text{s}^{-2}$.

13. (a) $0,5\ \text{N} \cdot \text{m}$.   **(b)** $5 \cdot 10^{-4}\ \text{N} \cdot \text{m}$.   **(c)** $5,92\ \text{N} \cdot \text{m}$.

14. Pendeluhr: $T_E = 2\,\pi\,\sqrt{\dfrac{l}{g_E}}$, $T_M = 2\,\pi\sqrt{\dfrac{l}{g_M}}$, Quarzuhr: $T_E = T_M$,

$\dfrac{T_M}{T_E} = \sqrt{6}$, da $g_M \approx \dfrac{1}{6}\,g_E$, $\Delta t_M = \dfrac{1}{\sqrt{6}}\,\Delta t_E = 73,48$ min, die Pendeluhr
zeigt auf dem Mond um 10 : 00 : 00 die Zeit 8 : 13 : 29 an.

15. 68670 N $\cdot$ m^{-1}, 0, 97 Hz.   **16.** 2, 19 s, 1, 19 m.

17. Von 5, 0000 s auf 5, 0125 s.

18. $T_1 = 2\,\pi\,\sqrt{\dfrac{J_s}{D}}$, $T_2 = 2\,\pi\,\sqrt{\dfrac{J_s + m\,r^2}{D}}$, $\dfrac{J_s + m\,r^2}{J_s} = \left(\dfrac{T_2}{T_1}\right)^2$.

(a) $J_s = 1,29 \cdot 10^{-3}$ kg $\cdot$ m$^2 = \dfrac{1}{2}\,m_s\,r^2$, $m_s = 0,257$ kg.

(b) $D = 5,64 \cdot 10^{-3}$ N $\cdot$ m .

19. $D = 6,18 \cdot 10^{-2}$ N $\cdot$ m, $G = 7,87 \cdot 10^{10}$ Pa.

20. Nach Abb. L1.14.20 gilt für die rücktreibende Kraft $F = \Delta m\ g = \varrho\,\Delta V\ g = 2\,\varrho\,A\,g\,x$. Wegen der Proportionalität von F und x ist die Schwingung harmonisch. Es gilt $m\,\ddot{x} + 2\,\varrho\,A\,g\,x = 0$ und $T = 2\,\pi\,\sqrt{\dfrac{l}{2\,g}} = 0,63$ s.

7.1.15 Gedämpfte und erzwungene mechanische Schwingungen

1. (a) $F_R = \mu\,m\,g$: Reibungskraft konstant.
(b) $F_R = $ const $\cdot\eta \cdot v$: Reibungskraft geschwindigkeitsproportional, hier existiert der lineare Zusammenhang.   (c) $F_R = c_W\,\dfrac{\varrho}{2}\,v^2\,A$: Reibungskraft dem Geschwindigkeitsquadrat proportional.

2. $F = m\,a = m\,\ddot{x}$, $F = -k\,x - b\,\dot{x}$, $\ddot{x} + \dfrac{b}{m}\,\dot{x} + \dfrac{k}{m}\,x = 0$.

3. Siehe Formelteil.

4. $f(t) = $ e$^{-\delta t}$, $\Lambda = \ln\dfrac{x_n}{x_{n+1}} = \ln\dfrac{\text{e}^{-\delta t}}{\text{e}^{-\delta(t+T)}} = \delta T$.

5. $\omega = \sqrt{\omega_o^2 - \delta^2}$, $\omega_o > \delta$: Schwingfall ($\omega > 0$), $\omega_o = \delta$: aperiodischer Grenzfall ($\omega = 0$), $\omega_o < \delta$: Kriechfall, keine reelle Lösung für ω.

6. Schnelle Einstellung des Endzustandes (Meßgeräte, Federung von Maschinen und Kraftfahrzeugen, zeitoptimale Dämpfung schwingender Systeme).

7. $F = m\,a = m\,\ddot{x}$, $F = -k\,x - b\,\dot{x} + F_m \cos \omega t$, $\ddot{x} + \dfrac{b}{m}\,\dot{x} + \dfrac{k}{m}\,x = \dfrac{F_m}{m} \cos \omega t$.

8. Die Amplitude nimmt vom Wert $\dfrac{F_m}{m\,\omega_o^2}$ (für $\omega \to 0$) mit wachsendem ω zu, erreicht (bei $\omega = \omega_r \approx \omega_o$) ein Maximum und sinkt dann gegen Null (für $\omega \to \infty$) ab. Bei kleiner Dämpfung ist das Maximum hoch (Resonanzkatastrophe). Die Phasenverschiebung wächst von Null ($\omega \to 0$) über $\dfrac{\pi}{2}$ (Resonanz) gegen π ($\omega \to \infty$).

9. $x(t) = x_m \sin(\omega t + \varphi)$, $\dot{x}(t) = \omega\, x_m \cos(\omega t + \varphi)$. Für Resonanz ($\varphi = \dfrac{\pi}{2}$) wird $\dot{x}(t) = \omega\, x_m \sin \omega t$, also gleichphasig mit der Erregerschwingung.

10. Dämpfung reduzieren bzw. vergrößern; Erregerfrequenz der Resonanzfrequenz angleichen bzw. nicht; Erregeramplitude vergrößern bzw. reduzieren; Resonanzbereich möglichst schnell durchfahren.

11. Die Metallzungen unterschiedlicher Länge bzw. Masse haben verschiedene Resonanzfrequenzen.

12. (a) $6,93 \cdot 10^{-3}$. (b) $0,347 \text{ s}^{-1}$. (c) $1,03 \text{ s}$.

13. $\mathrm{e}^{-\delta_1 t} = 0,8$, $\mathrm{e}^{-\delta_2 t} = 0,6$, $\dfrac{\delta_2}{\delta_1} = 2,29$.

14. Der aperiodische Grenzfall ergibt $\delta = 7,85 \text{ s}^{-1}$.

15. (a) $T = 0,5 \text{ s}$. (b) $\delta = 12,6 \text{ s}^{-1}$.

16. (a) $0,628 \text{ s}$. (b) $\delta = \dfrac{b}{2\,m}$, $b = \dfrac{F_R}{v} = 6\,\pi\,\eta\,r$, $\eta = \dfrac{m\,\delta}{3\,\pi\,r}$, $\delta = -\dfrac{\ln 0,001}{10\,T} = 1,099 \text{ s}^{-1}$, $\eta = 1,74 \text{ Pa} \cdot \text{s}$.

17. $\omega_r = \sqrt{\omega_o^2 - 2\,\delta^2}$, $\omega_r^2 = \dfrac{k}{m} - 2\,\delta^2$, $k = m\,(\omega_r^2 + 2\,\delta^2) = 2985 \text{ N} \cdot \text{m}^{-1}$.

18. $0,5 \text{ Hz}$.

19. Die Resonanzkreisfrequenz beträgt $5,66 \text{ s}^{-1}$. Die den Drehzahlen 500 min^{-1}, 800 min^{-1} bzw. 1500 min^{-1} entsprechenden Kreisfrequenzen betragen $52,4 \text{ s}^{-1}$, $83,8 \text{ s}^{-1}$ bzw. $157,1 \text{ s}^{-1}$. Sie liegen alle in dem Bereich, in dem die Amplitude mit wachsender Frequenz abnimmt. Die stärkste Auslenkung tritt daher bei 500 min^{-1} auf. Mit $x_m = \dfrac{F_m}{m\sqrt{(\omega_o^2 - \omega^2)^2 + (2\,\delta\,\omega)^2}}$ erhält man $\dfrac{x_{m,500}}{x_{m,800}} = 2,578$ und $x_{500} = 3,87 \text{ mm}$. Der Abstand zur Wand sollte mindestens 4 mm betragen.

20. $\delta_1 = \dfrac{1}{2}\sqrt{\omega_o^2 - \omega_r^2} = 0,883 \text{ s}^{-1}$, der Vergleich der Amplituden für $\omega = \omega_r$ ergibt: $x_{m1} = \sqrt{(\omega_o^2 - \omega_r^2)^2 + (2\,\delta_1\,\omega_r)^2} = x_{m2} = \sqrt{(\omega_o^2 - \omega_r^2)^2 + (2\,\delta_2\,\omega_r)^2}$, mit $x_{m2} = \dfrac{1}{2} x_{m1}$ folgt $\delta_2 = 1,78 \text{ s}^{-1}$.

7.1.16 Überlagerung harmonischer Schwingungen

1. Die Auslenkungen der unabhängigen Einzelschwingungen werden zu jedem Zeitpunkt zur Auslenkung der resultierenden Schwingung addiert. Das gilt ebenso für die dabei auftretenden Geschwindigkeiten und Beschleunigungen.

2. $\cos(2\,n\,\pi) = 1$, $x_m = \sqrt{(x_{m1} + x_{m2})^2} = x_{m1} + x_{m2}$, $\cos[(2\,n-1)2\,\pi] = -1$, $x_m = \sqrt{(x_{m1} - x_{m2})^2} = x_{m1} - x_{m2}$.

3. $x_m = 2\,x_{m1}$ bzw. $x_m = 0$.   **4.** 120° (z. B. Drehstrom).

5. Bei gleicher Belastung (Amplitude) kompensieren sich die drei Ströme, so daß die Rückleitung eingespart werden kann. Man benötigt für nicht vollständige Kompensation bei Sternschaltung als Rückleitung nur den Nullleiter. Ein weiterer Vorteil ist die einfache Erzeugung von Drehfeldern in Elektromotoren.

6. Bei kleinen Frequenzunterschieden ($\omega_1 \approx \omega_2$) treten Zeitbereiche mit genäherter Gleichphasigkeit und dazwischen mit genäherter Gegenphasigkeit beider Schwingungen auf. Dem entspricht eine maximale Verstärkung (Addition der Amplituden) bzw. Schwächung (Substraktion der Amplituden). Die maximale Amplitude der Grundschwingung (Kreisfrequenz $\dfrac{\omega_1 + \omega_2}{2}$) ergibt sich für $\dfrac{\omega_1 - \omega_2}{2}\,t = 0,\ \pi,\ 2\,\pi, \ldots$ zu $2\,x_m$.

7. Es tritt eine unreine Schwebung auf, bei der die minimale Amplitude nicht Null wird, sondern nur periodisch ein Minimum erreicht.

8. Die Spitze des resultierenden Schwingungsvektors bewegt sich auf einer Geraden, einem Kreis oder einer Ellipse (s. Abb. L1.16.8). Der Umlauf kann bei zirkularen und elliptischen Schwingungen jeweils in oder entgegen dem Uhrzeigersinn sein (s. Abb. L1.16.17).

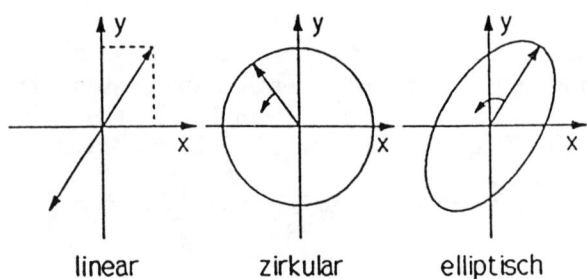

linear   zirkular   elliptisch

Abb. L1.16.8.
Lineare, zirkulare
und elliptische
Schwingungen

9. Andere Orientierung der resultierenden linearen Schwingung.

10. Man ändert die Phase einer Schwingung und damit den Phasenunterschied beider um 180°.

11. $23,1$ mm.

12.

	(a)			(b)		
β	0	$\dfrac{\pi}{4}$	$\dfrac{\pi}{2}$	0	$\dfrac{\pi}{4}$	$\dfrac{\pi}{2}$
x_m in mm	$150,0$	$139,9$	$111,8$	$100,0$	$92,4$	$70,7$
φ in Grad	0	$30,36$	$63,43$	0	$22,5$	$45,0$

13. $\beta = 20^O$, $\varphi = 10^O$, also $x_{m1} = x_{m2}\left(\dfrac{\sin\beta}{\tan\varphi} - \cos\beta\right) = 50$ mm.

14. $0,2$ s.

15. $\dfrac{f_1 + f_2}{2} = 500 \text{ s}^{-1}$, $f_1 - f_2 = \dfrac{1}{5} \text{ s}^{-1}$, also $f_1 = 500,1 \text{ s}^{-1}$, $f_2 = 499,9 \text{ s}^{-1}$.

16. $x_m = 94$ mm, $\gamma = 58,0^\circ$, siehe Abb. L1.16.16, Tabelle zur Abbildung:

t in s	ωt	$x(t)$	$y(t)$
0	0	x_m	$-y_m$
0,25	$\dfrac{\pi}{2}$	0	0
0,5	π	$-x_m$	y_m
0,75	$\dfrac{3}{2}\pi$	0	0
1,0	2π	x_m	$-y_m$

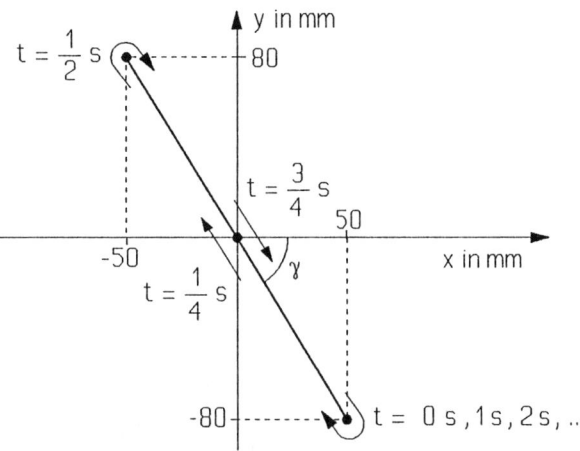

Abb. L1.16.16   Zu Aufgabe 16.

17. Siehe Abb. L1.16.17. Linear ist die Schwingung für $\beta = 0,\ \pi,\ 2\pi, \ldots$, zirkular für $\beta = \dfrac{\pi}{2},\ \dfrac{3}{2}\pi,\ \dfrac{5}{2}\pi, \ldots$.

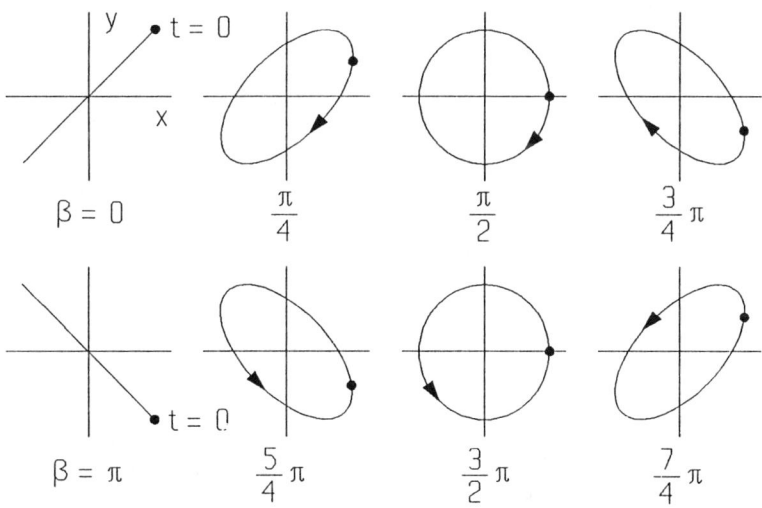

Abb. L1.16.17   Zu Aufgabe 17.

18. $16,4$ mm, $11,5$ mm.

19. $y(t) = x_m \sin\left[\omega t + \left(n + \dfrac{2}{3}\right)\pi\right]$, $n = 0,\ \pm 1,\ \pm 2, \ldots$.

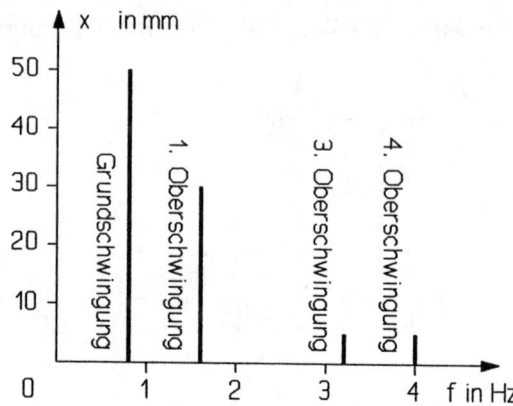

Abb. L1.16.20
Zu Aufgabe 20.

20. Die Fourierzerlegung teilt eine nichtharmonische Schwingung in Grund- und Oberschwingungen auf, wobei die Frequenzen der Oberschwingungen Vielfache der Frequenz der Grundschwingung sind. $x(t) = x_{m0} \sin \omega_0 t + x_{m1} \sin 2\omega_0 t + x_{m2} \sin 3\omega_0 t + \ldots$, $f_0 = 0,80$ Hz, $f_1 = 1,59$ Hz, $f_2 = 2,39$ Hz, $f_3 = 3,18$ Hz, $f_4 = 3,98$ Hz. Amplituden: zweite Oberschwingung Null, 3. Oberschwingung 5 mm, siehe Abb. L1.16.20.

7.1.17 Mechanische Wellen

1. Siehe Formelteil.
2. Die Wellenfronten sind Kreise, Kugeln, Zylinder bzw. Ebenen.
3. Die Energie bleibt konstant, daher nimmt die Intensität (Energie pro Zeit und Fläche) bei Kugelwellen quadratisch mit dem Abstand r vom Sender ab. $I \sim r^{-2}$. Bei Kreis- und Zylinderwellen gilt entsprechend $I \sim r^{-1}$, für ebene Wellen bleibt die Intensität (theoretisch) konstant. Da die Intensitäten proportional dem Quadrat der Amplituden sind, gilt für letztere $w_m \sim r^{-1}$ (Kugelwellen) und $w_m \sim r^{-\frac{1}{2}}$ (Kreis- und Zylinderwellen).
4. Longitudinalwellen sind nicht polarisierbar.
5. Reflexion: Richtungsänderung durch Spiegelung.
Brechung: Richtungsänderung beim Übergang in Medium mit anderer Phasengeschwindigkeit.
Beugung: Richtungsänderung an Hindernissen, deutlich sichtbar wird sie, wenn die Abmessungen der Hindernisse (Durchmesser, Spaltabstand, Spaltbreite) von der Größenordnung der Wellenlänge sind.
Interferenz: Überlagerung·von Wellen, bei kohärenten Wellen ergeben sich stabile Interferenzbilder.
6. Jeder Ort der Wellenfront ist Ausgangspunkt von Elementarwellen. Damit lassen sich Reflexion, Brechung und Beugung erklären. Letztere ist im angegebenen Fall die Ursache dafür, daß Schallwellen auch hinter das Gebäude gelangen.

7. Kohärente Wellen haben bei gleicher Frequenz bzw. Wellenlänge zueinander stabile Phasenbeziehungen und ergeben dadurch stabile Interferenzfiguren.

8. Ganzzahlige Vielfache der Wellenlänge ergeben Interferenzmaxima, ungeradzahlige Vielfache der halben Wellenlänge Minima (siehe auch Formelteil).

9. Eine stehende Welle ist die Interferenzfigur einer hin- und einer rücklaufenden (z. B. am Seilende reflektierten) Welle.

10. Geräuschänderung vorbeifahrender Fahrzeuge.

11. $T = 0,01$s, $\omega = 628$ s^{-1}, $\lambda = 3,40$ m, $k = 1,85$ m^{-1}.

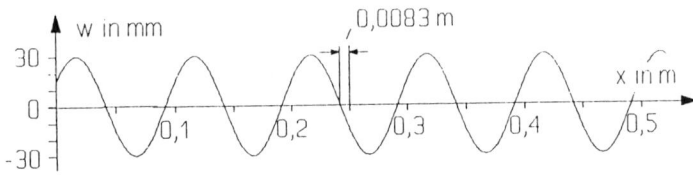

Abb. L1.17.12b   Zu Aufgabe 12b

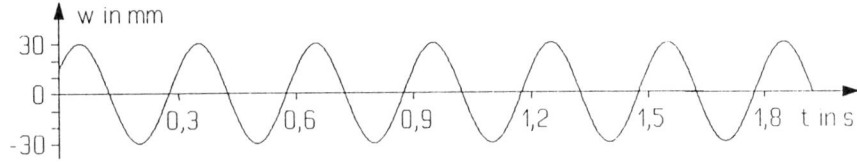

Abb. L1.17.12c   Zu Aufgabe 12c

12. (a) $\lambda = 0,1$ m, $T = 0,3$ s, $c = 0,33$ m $\cdot$ s^{-1}.

(b) $w(x,\ 1\ \text{s}) = 30$ mm $\cdot \sin\left(2,61 - \dfrac{2\,\pi}{0,1\ \text{m}}x\right)$, siehe Abb. L1.17.12b.

(c) $w(0,5\ \text{m},\ t) = 30$ mm $\cdot \sin\left(\dfrac{2\,\pi}{0,3\ \text{s}} \cdot t + 0,52\right)$, siehe Abb. L1.17.12c.

13. $E = 189,9$ GPa, $G = 79,1$ GPa.   **14.** $2,2$ GPa (Wasser), $1,08$ GPa (Ethanol).

15. $1,37$, der theoretische Wert beträgt für zweiatomige Gase $1,40$.

16. Nach Abb. L1.1.17.16 gilt $\dfrac{t_1}{t_2} = \dfrac{l_1}{l_2}$, $l_2 = 1,045$ km, $s = 151$ m.

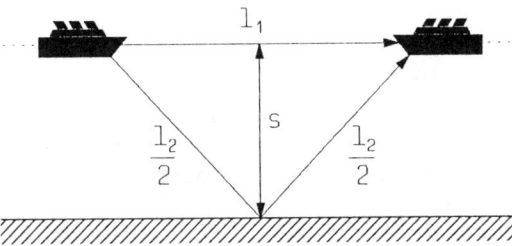

Abb. L1.17.16
Zu Aufgabe 16.

17. (a) $0, \dfrac{1}{8}\,\lambda, \dfrac{1}{4}\,\lambda, \dfrac{3}{8}\,\lambda, \dfrac{1}{2}\,\lambda, \dfrac{3}{4}\,\lambda, \lambda, \dfrac{3}{2}\,\lambda$.   **(b)** $2\,w_m, 1,85\,w_m, 1,41\,w_m,$
$0,77\,w_m, 0, 1,41\,w_m, 2\,w_m, 0$.

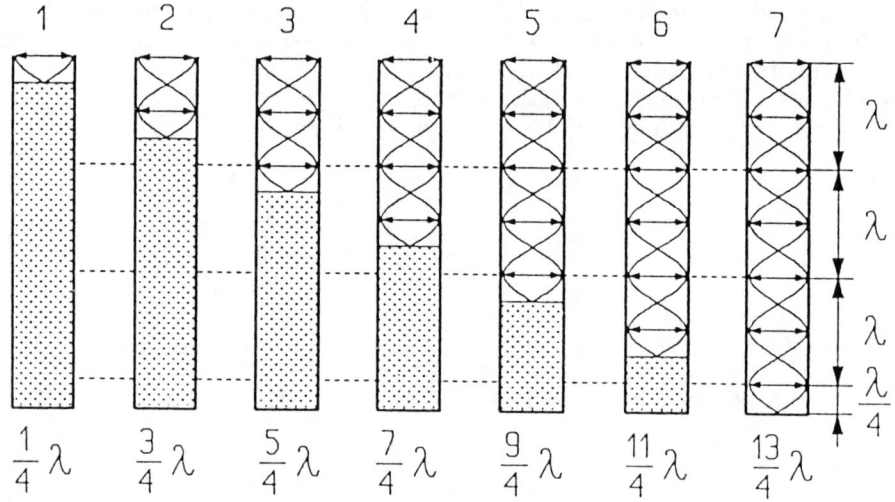

Abb. L1.17.19   Zu Aufgabe 19.

18. Für die Hyperbelgleichung $\dfrac{x^2}{a^2} - \dfrac{y^2}{b^2} = 1$ mit $a^2 + b^2 = e^2$ gilt $\Delta = 2a$

und $d = 2e$, also $b = \dfrac{1}{2}\,\sqrt{d^2 - \Delta^2}$, daher ergibt sich für unseren Fall

$$\dfrac{x^2}{\dfrac{\Delta^2}{4}} - \dfrac{y^2}{\dfrac{d^2 - \Delta^2}{4}} = 1$$ und speziell für $\Delta = \lambda$ bzw. $2\,\lambda$:

$$\dfrac{x^2}{0,0025\ \mathrm{m}^2} - \dfrac{y^2}{0,02\ \mathrm{m}^2} = 1 \quad \text{bzw.} \quad \dfrac{x^2}{0,01\ \mathrm{m}^2} - \dfrac{y^2}{0,0125\ \mathrm{m}^2} = 1.$$

19. (a) $0,34$ m.   **(b)** Bauch am oberen Rohrende, Knoten an Wasseroberfläche.   **(c)** $1,105$ m.   **(d)** Siehe Abb. L1.17.19.
20. (a) $f_e = 462$ Hz (E) bzw. 544 Hz (A), (E) - Entfernung, (A) - Annäherung.   **(b)** $f_e = 459$ Hz (E) bzw. 541 Hz (A).   **(c)** $f_e = 424$ Hz (E) bzw.
589 Hz (A).

7.1.18 Relativistische Mechanik

1. Siehe Aufgabe 1.8.1.
2. Kein Widerspruch. Beim Beschleunigen der Masse m im System 1
erhält die starr mit dem System 1 verbundene Systemmasse m_s wegen
der Impulserhaltung die kinetische Energie $\dfrac{1}{2}\,m_s\,v_s^2$. Die Gesamtenergie

ist $E = \frac{1}{2} m v^2 + \frac{1}{2} m_s v_s^2 = \frac{1}{2} m v^2 (1 + \frac{m}{m_s})$ wegen $v_s = v \frac{m}{m_s}$. Der an System 1 abgegebene Energiebetrag wird normalerweise nicht bemerkt, da $m_s \gg m$ und daher $v_s \ll v$ ist. Die Betrachtung von System 2 aus ergibt die gleiche Energie E als Differenz von $E_{nach} = \frac{1}{2} m_s (v + v_s)^2$ und

$E_{vor} = \frac{1}{2} (m + m_s) v^2$.

3. Der Übergang ergibt sich, da $\gamma \to 1$ und $\frac{v}{c_o^2} \to 0$ geht.

4. Konstanz der Vakuumlichtgeschwindigkeit unabhängig von der Relativbewegung von Lichtquelle und Beobachter in allen Systemen. Nachweis durch Versuch von Michelson.

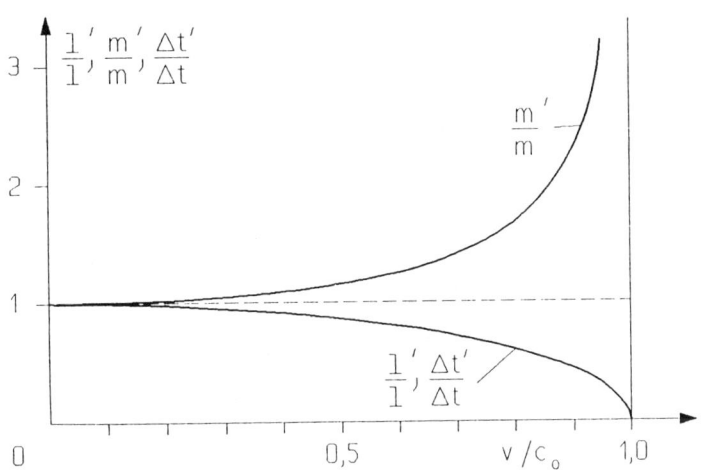

Abb. L1.18.9   Zu Aufgabe 9.

5. c_o.   **6.** $254 \text{ km} \cdot \text{h}^{-1}$ bzw. $146 \text{ km} \cdot \text{h}^{-1}$.   **7.** c_o.

8. Die Weltpunkte in System 2 sind A : $(11,47 \text{ Ls}, 0, 0, -10,3 \text{ s})$, B : $(-29,8 \text{ Ls}, 0, 0, 35,6 \text{ s})$, $\Delta x' = -41,27 \text{ Ls}$, $\Delta t' = 45,9 \text{ s}$.

9. $\frac{l'}{l} = \left[1 - \left(\frac{v}{c_o}\right)^2\right]^{\frac{1}{2}}$, $\frac{\Delta t'}{\Delta t} = \left[1 - \left(\frac{v}{c_o}\right)^2\right]^{-\frac{1}{2}}$, $\frac{m'}{m_o} = \left[1 - \left(\frac{v}{c_o}\right)^2\right]^{-\frac{1}{2}}$, siehe Abb. L1.18.9.

10. 373 m.   **11.** 3203 s. Bei Systemtausch gleiches Resultat (Zwillingsparadoxon).

12. $v_{rel} = 0,997 c_o$ gegenüber $1,84 c_o$ klassisch.   **13.** 512 kV.

14. $m c_o^2 = m_o c_o^2 + e U = 9,79 \cdot 10^{-14} \text{ J} = 0,611 \text{ MeV}$, $m = 1,081 \cdot 10^{-30} \text{ kg}$,

$v = c_o \sqrt{1 - \left(\frac{m_o}{m}\right)^2} = 1,64 \cdot 10^8 \text{ m} \cdot \text{s}^{-1} = 0,548 c_o$.

15. (a) $e\,U = m\,c_o^2 - m_o\,c_o^2 = m_o\,c_o^2 \left[\dfrac{1}{\sqrt{1 - \left(\dfrac{v}{c_o}\right)^2}} - 1\right]$, schließlich

$$v = c_o \left[1 - \left(1 + \dfrac{e\,U}{m_o\,c_o^2}\right)^{-2}\right]^{\frac{1}{2}} = 2{,}9943 \cdot 10^8 \text{ m} \cdot \text{s}^{-1}.$$

(b) $p = 0$ bzw. $5{,}61{\cdot}10^{-21}$ kg $\cdot$ m $\cdot$ s^{-1}, $a = 8{,}79{\cdot}10^{16}$ m $\cdot$ s^{-2} bzw. $1{,}01{\cdot}10^{13}$ m $\cdot$ s^{-2}.

16. $m = 1{,}38 \cdot 10^{-30}$ kg, $E = 1{,}24 \cdot 10^{-13}$ J, $E_{kin} = 4{,}19 \cdot 10^{-14}$ J $= 2{,}62 \cdot 10^5$ eV, also $U = 2{,}62 \cdot 10^5$ V.

17. Das Photon muß mindestens die Energie besitzen, die der Ruhmasse des Elektron-Positron-Paares entspricht, d. h. $E_{phot} = 2\,m_{eo}\,c_o^2$. Mit $E_{phot} = \dfrac{h\,c_o}{\lambda}$ folgt $\lambda_{min} = \dfrac{h}{2\,m_{eo}\,c_o} = 1{,}21 \cdot 10^{-12}$ m.

18. $0{,}175$ kg.   **19.** $8{,}98 \cdot 10^{13}$ J.

20. $11{,}27 \cdot 10^3$ km $\cdot$ s^{-1}, $150{,}2$ Mpc $= 4{,}635 \cdot 10^{21}$ km.

7.2   Thermodynamik

7.2.1   Temperatur und Wärme

1. Das Kelvin (K) ist der $273{,}16$te Teil der thermodynamischen Temperatur des Tripelpunktes des Wassers. $\vartheta = T - 273{,}15$, ϑ in $^\circ$C, T in K.

2. Gasthermometer, Flüssigkeitsthermomenter, Widerstandsthermometer, Thermoelemente, Pyrometer.

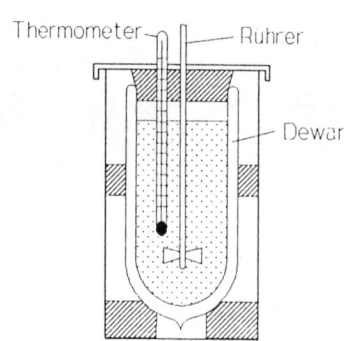

Abb. L2.1.3
Mischungskalorimeter

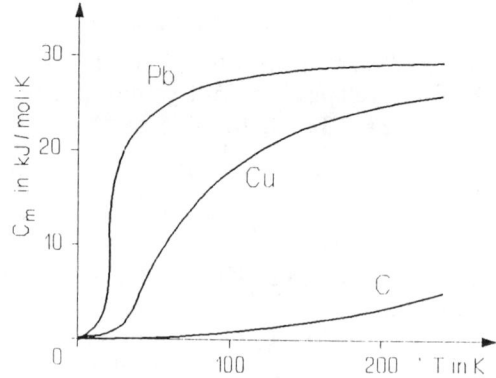

Abb. L2.1.9
Temperaturabhängigkeit der molaren Wärmekapazität einiger Elemente.

3. Kalorimeter dienen zur Messung von Wärmeenergien, Wärmekapazitäten und spezifischen Wärmekapazitäten.

4. $\gamma = 3\,\alpha$.

5. Die Zahl der Freiheitsgrade f ist gleich der Anzahl der voneinander unabhängigen Koordinaten zur eindeutigen Bestimmung eines Systems. Jedes Gasmolekül hat 3 Freiheitsgrade der Translation. Bei einem zweiatomigen Molekül kommen zwei Freiheitsgrade der Rotation hinzu. Ein mehr als zweiatomiges Molekül hat im allgemeinen drei Freiheitsgrade der Rotation.

$$C_{mv} = \frac{1}{2}\,f\,R.$$

6. Infolge der Ausdehnungsarbeit bei konstantem Druck gilt $C_{mp} > C_{mv}$. $C_{mp} = C_{mv} + R$.

7. Für alle Festkörper ist bei hoher Temperatur $C_{mv} \approx 3\,R$.

8. Die für den Übergang eines Stoffes von einer thermodynamischen Phase in eine andere erforderliche bzw. freiwerdende Energie heißt Umwandlungswärme.

9. Bei hohen Temperaturen ist $C_{mv} \approx 3\,R$. Für $T \to 0$ strebt C_{mv} mit T^3 gegen Null.

10. Die Clausius-Clapeyronsche Gleichung gibt bei einer isothermen Phasenumwandlung den Zusammenhang zwischen Umwandlungswärme, Volumendifferenz beider Phasen, der Umwandlungstemperatur und dem Sättigungsdruck wieder.

11. $V_1 = 57,7\,\text{l}\ (\vartheta_1 = 75\ ^\circ\text{C})$, $V_2 = 92,3\,\text{l}\ (\vartheta_2 = 10\ ^\circ\text{C})$.

12. $\Delta l = -255$ mm.   **13.** $\Delta T = 0,07$ K.   **14.** $\Delta T = 23$ K.

15. $Q = 3,3$ MJ.   **16.** $Q = 367,5$ kWh.

17. $\Delta\varrho = -485,2\ \text{kg} \cdot \text{m}^{-3}$.   **18.** $c = 393\ \text{J} \cdot \text{kg}^{-1} \cdot \text{K}^{-1}$.

19. Erster Hauptsatz der Thermodynamik:

$$\mathrm{d}U = \mathrm{d}Q + \mathrm{d}W = \nu C_{mp}\,\mathrm{d}T - p\,\mathrm{d}V;\ \mathrm{d}U = \nu C_{mv}\,\mathrm{d}T;\ C_{mp} - C_{mv} = \frac{p}{\nu}\,\frac{\mathrm{d}V}{\mathrm{d}T}.$$

Zustandsgleichung des idealen Gases: $\dfrac{\mathrm{d}V}{\mathrm{d}T} = \nu\,\dfrac{R}{p}$. $C_{mv} - C_{mv} = R$.

20. $\kappa(\text{He}) = 1,67$, $\kappa(\text{O}_2) = 1,40$, $\kappa(\text{CO}_2) = 1,33$.

7.2.2 Kinetische Gastheorie

1. $T_n = 273,15$ K $(\vartheta_n = 0\ ^\circ\text{C})$, $p_n = 101\,325$ Pa.

2. Die gesamte Energie U eines thermodynamischen Systems heißt innere Energie. Bei idealen Gasen ist U nur von der Temperatur abhängig.

3. Die thermische Energie eines Moleküls verteilt sich auf alle Freiheitsgrade gleichmäßig (je Freiheitsgrad $\frac{1}{2}\,kT$).

4. Die Temperatur ist ein Maß für die mittlere kinetische Energie der Moleküle.

5. Der Druck auf die Gefäßwand ist eine Folge der elastischen Stöße der Gasmoleküle. Er ist dem mittleren Geschwindigkeitsquadrat proportional.

6. Als Brownsche Molekularbewegung bezeichnet man die regellose Zitterbewegung kleinster Teilchen in einem Gas oder in einer Flüssigkeit infolge der Zusammenstöße mit Molekülen.

7.

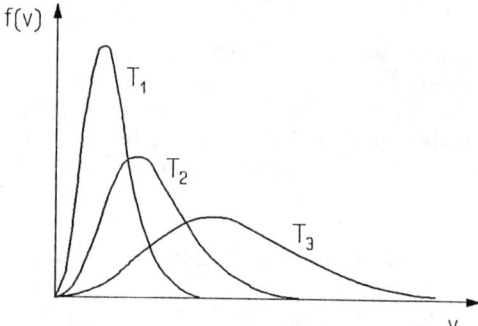

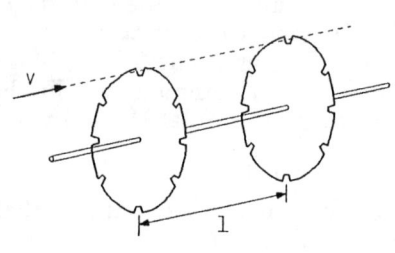

Abb. L2.2.7

Maxwell-Verteilung der Molekül-
geschwindigkeiten für verschiedene
Temperaturen $(T_1 < T_2 < T_3)$.

Abb. L2.2.9

Zahnradmethode zur Messung
der Molekülgeschwindigkeit.

8. Der Gesamtdruck eines Gasgemisches ist gleich der Summe der Parti-
aldrücke der einzelnen Gase.
9. Zwei mit der Winkelgeschwindigkeit ω rotierende Zahlräder befinden sich
im Abstand l auf einer gemeinsamen Achse. Ein Molekülstrahl passiert nur
dann zwei Lücken, wenn gilt $v = \dfrac{l\,\omega}{N\,\alpha}$ (α - Winkelabstand benachbarter
Lücken, N ganze Zahl).
10. Die mittlere freie Weglänge ist umgekehrt proportional zur Molekülzahl-
dichte und zum Quadrat des Moleküldurchmessers.
11. $f(\text{He}) = 3$, $f(\text{H}_2) = 5$, $f(\text{H}_2\text{O}) = 6$.
12. $\bar{E}_{kin} = 1,88 \cdot 10^{-21}$ J, $E(\text{H}_2) = 9,4$ k $\cdot 10^{-21}$ J.
13. $v_w = 1501,06$ m $\cdot$ s^{-1}, $\bar{v} = 1696,2$ m $\cdot$ s^{-1}, $\sqrt{\overline{v^2}} = 1831,3$ m $\cdot$ s^{-1}.
14. $E_{kin} = 377,1 \cdot 10^{-23}$ J $= 0,024$ eV.   **15.** $N = 2,7 \cdot 10^{25}$.
16. $\varrho = 174$ kg $\cdot$ m^{-3}.   **17.** $T = 4046$ K.   **18.** $\bar{l} = 40$ nm.
19. $d = 2 \cdot 10^{-10}$ m.   **20.** $\sqrt{\overline{v^2}} = 322$ m $\cdot$ s^{-1}, $t = 0,62$ s, $z = 1,89$ m.

7.2.3   Zustandsänderung der Gase

1. Das ideale Gas ist eine gedachte Substanz mit folgenden Eigenschaften:
Zwischen den Teilchen gibt es keine Wechselwirkungen; das Eigenvolumen
der Teilchen ist vernachlässigbar; die Teilchen befinden sich in ungeordne-
ter Bewegung. Für das ideale Gas ist das Boyle-Mariottesche Gesetz streng
gültig.
2. Das Mol (mol) ist die Stoffmenge eines Systems, das aus so vielen elementaren Teilchen besteht, wie Atome in 0,012 kg des Kohlenstoffs mit der
Nukleonenzahl 12 enthalten sind.

3. Gesetz von Boyle-Mariotte: $pV = $ const bei $T = $ const. Gesetze von Gay-Lussac: $\dfrac{p}{T} = $ const bei $V = $ const und $\dfrac{V}{T} = $ const bei $p = $ const.

4. Abb. L2.3.4

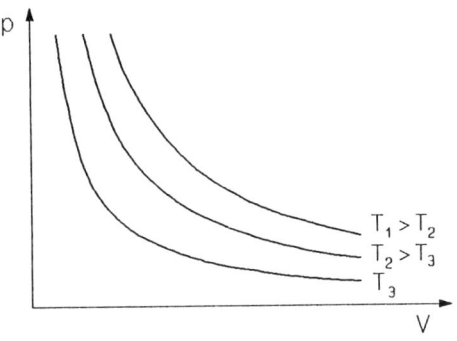

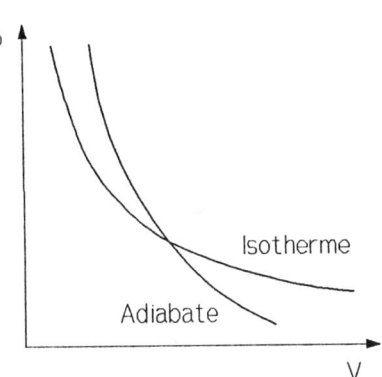

Abb. L2.3.4 p-V-Isothermen.

Abb. L2.3.7
Adiabate und Isotherme im
p-V-Diagramm.

5. $\dfrac{pV}{T} = $ const; $pV = m\,R_i\,T$, $pT = \nu\,RT$, $pV = N\,kT$.

6. Bei adiabatischen (isentropen) Zustandsänderungen findet kein Austausch von Wärmeenergie mit der Umgebung statt ($dQ = 0$). Sie lassen sich durch sehr gute Wärmeisolation oder schnellen Ablauf der Zustandsänderung näherungsweise verwirklichen.

7. Abb. L2.3.7

8. $\left(p + \dfrac{\nu^2\,a}{V^2}\right)(V - \nu\,b) = \nu\,RT$.

Die van der Waalssche Zustandsgleichung unterscheidet sich von der allgemeinen Zustandsgleichung idealer Gase durch zwei Korrektionsglieder. Der Ausdruck $\dfrac{\nu^2\,a}{V^2}$ heißt Binnendruck, er berücksichtigt die zwischenmolekularen Anziehungskräfte. Das van der Waalssche Kovolumen νb entspricht etwa dem vierfachen Molekülvolumen aller beteiligten Moleküle.

9. Abb. 2.3.9

Im Bereich der Kondensation verläuft die Isotherme T_1 zwischen den Punkten $1 - 2 - 3$ nicht S-förmig, sondern geradlinig, wobei $A_1 = A_2$ ist. Der Punkt K heißt kritischer Punkt. Oberhalb von K läßt sich das Gas nicht verflüssigen.

10. Unter dem Joule-Thomson-Effekt versteht man die Temperaturänderung eines Gases bei der Drosselentspannung durch eine poröse Trennwand. Der Joule-Thomson-Effekt wird in der Technik zur Gasverflüssigung verwendet.

11. $N = 2{,}68 \cdot 10^{25}$.   **12.** $p = 205$ kPa.   **13.** $m = 1{,}15$ kg.

14. $p = 1{,}69$ MPa.   **15.** $\varrho = 2{,}409$ kg $\cdot$ m^{-3}.

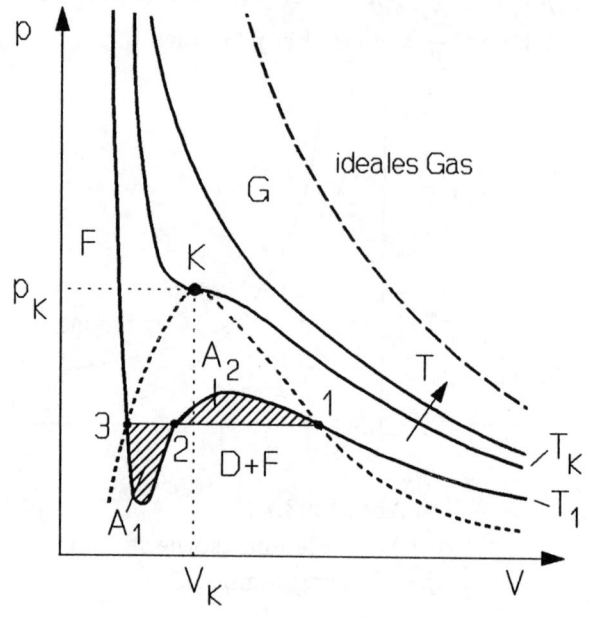

Abb. 2.3.9
Isothermen des realen
Gases
(G Gebiet des Gases,
F Gebiet der Flüssigkeit,
$D + F$ Koexistenz von
Dampf und Flüssigkeit,
K kritischer Punkt,
$A_1 = A_2$).

16. $R_i = 286,8$ J $\cdot$ kg$^{-1} \cdot$ K^{-1}.   **17.** $T = 823$ K.

18. $\Delta T = -23,7$ K.   **19.** $p_n = p_o \left(\dfrac{V_o}{V_o + V_1} \right)^n$.

20. Der kritische Punkt ist ein Wendepunkt mit horizontaler Tangente. Mit

Hilfe der Bedingungen $\left(\dfrac{\partial p}{\partial V} \right)_{T_k} = \left(\dfrac{\partial^2 p}{\partial V^2} \right)_{T_k} = 0$ erhält man $V_k = 3\,\nu\,b$,

$p_k = \dfrac{1}{27} \dfrac{a}{b^2}$, $T_k = \dfrac{8}{27} \dfrac{a}{bR}$.

7.2.4   Hauptsätze der Thermodynamik

1. Zustandsgrößen und Zustandsvariable sind: Masse, chemische Zusammensetzung einzelner Phasen, Temperatur, Druck, Volumen. Zustandsfunktionen sind: Energie, Enthalpie, Entropie.

2. Die Änderung der inneren Energie eines abgeschlossenen Systems ist gleich der Summe von übertragener Wärmeenergie und mechanischer Arbeit: dU = dQ + dW.

3. Unter einem Perpetuum mobile erster Art versteht man eine hypothetische Maschine, die mehr Energie nach außen abgibt, als ihr in irgendeiner Form zugeführt wird. Es ist unmöglich, eine solche Maschine zu konstruieren.

4. Die Summe aus innerer Energie und dem Produkt aus Druck und Volumen heißt Enthalpie: $U + p\,V = H$. Diese Zustandsgröße vereinfacht thermodynamische Berechnungen bei isobaren Zustandsänderungen. Für p = const kann der erste Hautpsatz in die Form $dQ = dU + p\,dV = dH$ gebracht werden.

5. Irreversible Prozesse verlaufen von selbst nur in einer Richtung. Die Entropie wird hierbei stets vermehrt. Beispiele für irreversible Vorgänge: Reibung, Wärmeübergang, Diffusion, von selbst ablaufende chemische Reaktionen.

6. Die Zustandsänderungen in einem abgeschlossenen thermodynamischen System verlaufen so, daß die Entropie wächst: $\Delta S > 0$.

7. Eine periodisch arbeitende Maschine, die Wärmeenergie einem Reservoir entnimmt und vollständig in mechanische Arbeit umwandelt, wird als Perpetuum mobile zweiter Art bezeichnet. Eine solche Maschine gibt es nicht.

8. Der bei einem reversiblen Kreisprozeß vom Weg unabhängige Quotient aus ausgetauschter Wärme und absoluter Temperatur beim Austausch heißt

Entropie: $dS = \dfrac{d\,Q_{rev}}{T}$. Die Entropie ist ein Maß für die Unordnung eines Systems.

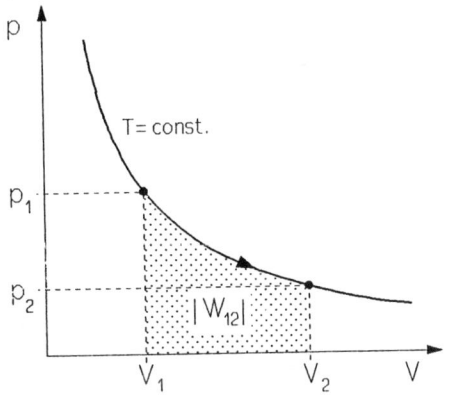

Abb. L2.4.11
Volumenarbeit bei isothermer
Expansion eines idealen Gases

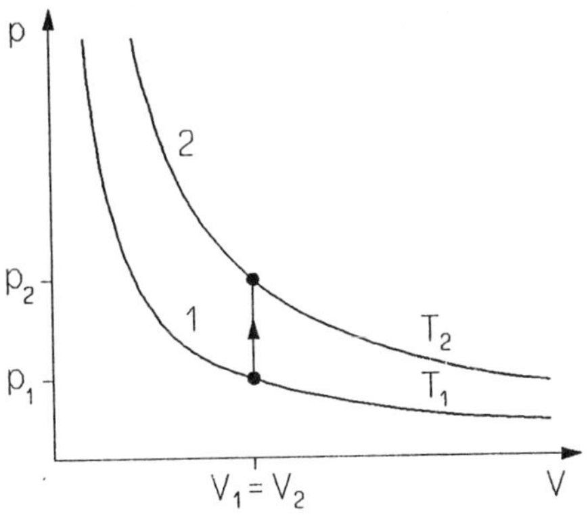

Abb. L2.4.12
Isochore Druckerhöhung
eines idealen Gases

9. Unter der thermodynamischen Wahrscheinlichkeit P_{th} versteht man die Anzahl der Mikrozustände, mit denen ein gegebener Makrozustand realisiert werden kann. P_{th} ist bei einem Vielteilchensystem eine sehr große Zahl. Zwischen der Entropie und der thermodynamischen Wahrscheinlichkeit besteht der Zusammenhang $S = k \ln P_{th}$.

Die mathematische Wahrscheinlichkeit P_m ist die Anzahl der günstigen Fälle dividiert durch die Zahl aller möglichen Fälle. P_m kann nur Werte zwischen 0 und 1 annehmen.

10. Der dritte Hauptsatz der Thermodynamik besagt, daß man sich dem absoluten Temperaturnullpunkt zwar beliebig nähern kann, ihn aber nie erreicht.

11. $W_{12} = -\nu\,R\,T \ln \left(\dfrac{V_2}{V_1}\right)$.   **12.** $Q_{12} = C_{mv}\,(T_2 - T_1)$.

13. $W_{12} = \nu\, R\, (T_1 - T_2)$.

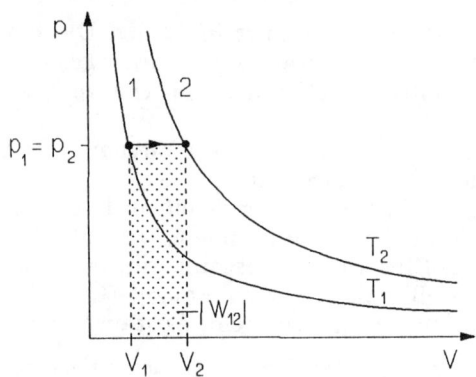

Abb. L2.4.13   Abb. L2.5.7

Volumenarbeit bei isobarer $p\text{-}V$-Diagramm des

Expansion eines idealen Gases   Stirling-Prozesses

14. $W_{12} = C_{mv}\,(T_2 - T_1)$.   **15.** $Q = \dfrac{\kappa}{\kappa - 1}\, p_o\, V_o$, $Q = 252,6$ J.

16. $dQ = 4,23 \cdot 10^6$ J, $dU = 2,57 \cdot 10^6$ J, $dW = -1,66 \cdot 10^6$ J.

17. $W_{12} = -2,08 \cdot 10^5$ J.   **18.** $Q = \dfrac{\kappa}{\kappa - 1}\, p_o\, V_o$, $Q = 3500$ J.

19. $\Delta S = \nu\, C_{mv} \ln \dfrac{T}{T_0}$, $C_{mv} = \dfrac{R}{\kappa - 1}$, $\Delta S = 7$ kJ $\cdot$ K^{-1}.

20. $T_m = 346,16$ K, $\Delta S = m\, c \ln \dfrac{T_m}{T_0} - m_1\, c \ln \dfrac{T_1}{T_0} - m_2\, c \ln \dfrac{T_2}{T_0}$, $\Delta S = 5,2$

J $\cdot$ K^{-1}.

7.2.5 Kreisprozesse

1. Bei einem Kreisprozeß kehrt ein System nach dem Durchlaufen einer Folge von Zustandsänderungen wieder in den Anfangszustand zurück.

2. Beim Carnotschen Kreisprozeß durchläuft das Gas die folgenden vier Zustandsänderungen: isotherme Expansion, adiabatische Expansion, isotherme Kompression, adiabatische Kompression (s. Abb. L2.5.11).

3. Auf den Isothermenästen ändert sich die innere Energie auf Grund der Temperaturkonstanz nicht. Auf den Adiabatenästen wird dagegen keine Wärme ausgetauscht, so daß sich nur $U = f(T)$ ändert. Da beide Temperaturänderungen gleich sind, gilt $dU_{BC} = -\,dU_{DA}$ (s. Abb. L2.5.11). Somit ist insgesamt beim Carnotschen Kreisprozeß $dU = 0$.

4. Es wird angenommen, es gäbe eine Maschine mit einem Wirkungsgrad η_M größer dem der Carnot-Maschine η_C. Man betreibt M als Wärmekraftmaschine (rechtsläufiger Prozeß). Sie möge gerade die Arbeit verrichten, die von der als Kälteaggregat (linksläufiger Prozeß) arbeitenden Carnot-Maschine benötigt wird, d. h. $|W_M| = W_C$. Auf Grund ihres höheren Wirkungsgrades entnimmt M weniger Wärmeenergie Q_{1M} aus dem "oberen" Reservoir der Temperatur T_1, als dies für eine Wärmekraftmaschine C zur Verrichtung der gleichen Arbeit erforderlich wäre. Sie gibt auch eine geringere Wärmeenergie $|Q_{2M}|$ an das "untere" Reservoir der Temperatur T_2 ab. Führt man nun der Kältemaschine C diese Wärmeenergie zu, so benötigt diese noch mehr Wärmeenergie aus dem "unteren" Reservoir, insgesamt Q_{2C}. Alle verbleibenden Änderungen beständen somit im Übergang der Wärmeenergie $Q_{2C} - |Q_{2M}|$ vom Reservoir der niedrigen Temperatur T_2 in das Reservoir der höheren Temperatur T_1. Die Kombination der beiden Maschinen M und C entspräche somit einem Perpetuum mobile zweiter Art, was im Widerspruch zum zweiten Hauptsatz der Thermodynamik steht.

5. Die Beweisführung erfolgt analog der zu 4.

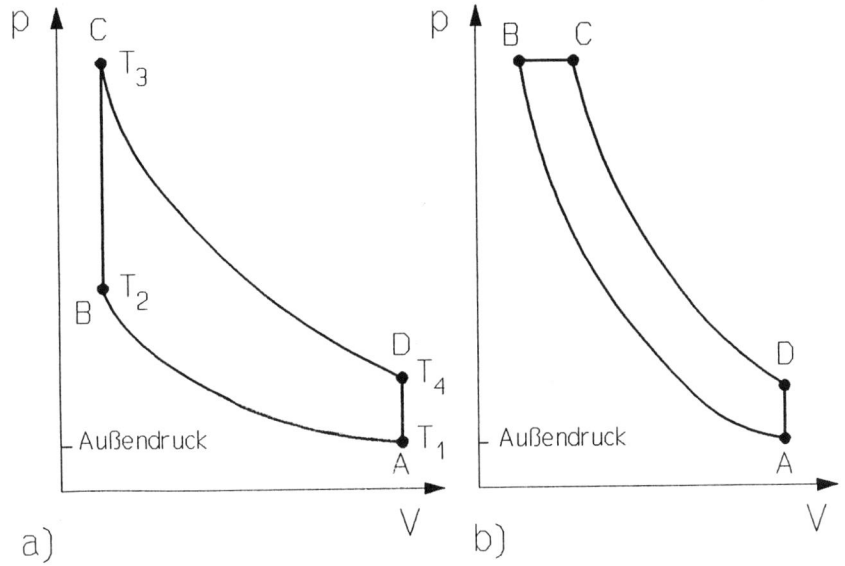

Abb. L2.5.8 $p\text{-}V$-Diagramme

a) Otto-Prozeß: 2 Adiabaten, 2 Isochoren

b) Diesel-Prozeß: 2 Adiabaten, 1 Isochore, 1 Isobare

6. Der Carnotsche Kreisprozeß gestattet eine von der Thermometersubstanz unabhängigen Definition der thermodynamischen Temperatur. Beim Carnot-Prozeß verhalten sich aufgenommene und abgegebene Wärmeenergien wie die zugehörigen Temperaturen der entsprechenden Reservoire:

$\dfrac{Q_1}{|Q_2|} = \dfrac{T_1}{T_2}$. Liegt eine Temperatur fest (z. B. die des Tripelpunktes des Wassers), kann jede andere durch Messung der Wärmeenergien Q_1 und $|Q_2|$ bestimmt werden.

7. Abb. L2.5.7 $p\text{-}V$-Diagramm des Stirling-Prozesses

Als Arbeitsmedium dient beim Stirling-Prozeß ein Gas, meist Luft.

Einzelprozesse: isotherme Expansion ($A - B$), isochore Abkühlung ($B - C$), isotherme Kompression $(C - D)$, isochore Erwärmung $(D - A)$. Der Wirkungsgrad des Stirling-Prozesses erreicht den eines Carnot-Prozesses. Dieser Kreisprozeß findet als Heißluftmotor sowie zur Erzeugung sehr tiefer Temperaturen Anwendung.

8. Abb. L2.5.8

9. Der inverse Carnot-Prozeß (linksläufiger Prozeß) kann als Kältemaschine oder Wärmepumpe genutzt werden.

10. Reversible Kreisprozesse: $\oint \dfrac{\mathrm{d}Q_{rev}}{T} = 0$; Irreversible Kreisprozesse:
$\oint \dfrac{\mathrm{d}Q_{irr}}{T} > 0$

11.

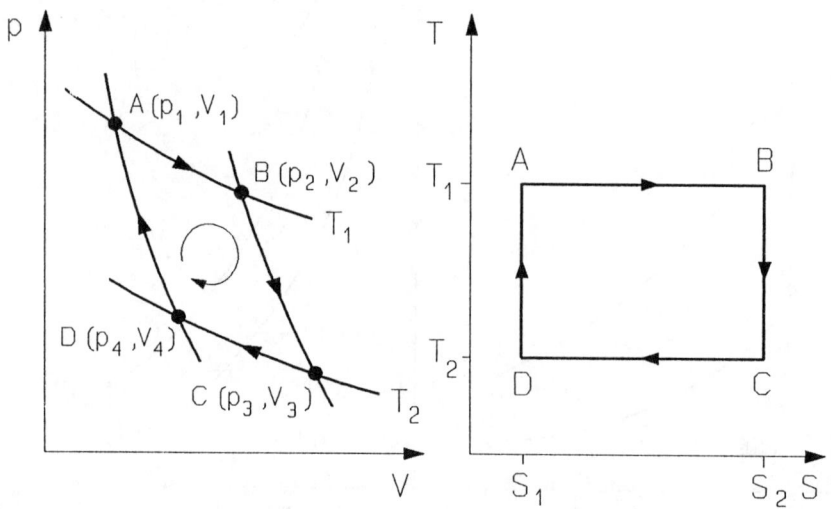

Abb. L2.5.11 Carnot-Prozeß

a) im p-V-Diagramm   b) im T-S-Diagramm

12. $-W = -(W_{AB} + W_{BC} + W_{CD} + W_{DA}) = -\nu\, R\,(T_1 - T_2)\ln\dfrac{V_B}{V_A} = Q_1 - |Q_2|.$

13. $-W_{BC} = \nu\, C_{mv}\,(T_1 - T_2); \quad -W_{DA} = \nu\, C_{mv}\,(T_2 - T_1).$

14. $T = 955$ K.   **15.** $F = 3140$ N, $W = 628$ J

16. $\Delta T = 252,6$ K.

17. $\eta = 0,214$, $Q_1 = 4,67 \cdot 10^5$ J, $Q_2 = 3,67 \cdot 10^5$ J.

18. $\varepsilon_{K,C} = 16,3.$ **19.** $P = 0,27$ MW.

20. $\varepsilon_{W,C} = 9,15$, $P = 2,19$ kW, $\dfrac{P}{\dot{Q}} = 11$ %.

7.2.6 Wärmeübertragung

1. Die Wärmeleitfähigkeit fester Körper wird durch die Schwingungen der Gitterbausteine (Phononen-Wärmeleitfähigkeit) und Elektronen als Träger thermischer Energie (elektronische Wärmeleitfähigkeit) verursacht.
2. Bei Metallen überwiegt die elektronische Komponente der Wärmeleitfähigkeit.
3. Freie Konvektion: Wärmemitführung in Flüssigkeiten und Gasen infolge von Temperatur- und damit Dichteunterschieden.
Erzwungene Konvektion: Bewegung des zum Wärmetransport dienenden Mediums durch äußere Kräfte.
4. Konvektiver Wärmetransport in der Natur: Wind- und Meeresströmungen (Passatwinde, Föhn, Monsun, Golfstrom u.a.).
Konvektiver Wärmetransport in der Technik: Warmwasserheizung, Autokühler, Gegenstromprinzip bei der Gasverflüssigung.
5. Wärmeübergang: Übertragung von Wärmeenergie von einem Gas oder einer Flüssigkeit auf einen Festkörper oder umgekehrt.
Wärmedurchgang: Eine feste Wand soll sich in einem Gas oder in einer Flüssigkeit befinden. Es vollzieht sich zunächst ein Wärmeübergang vom Gas (Flüssigkeit) auf den Festkörper, es folgt Wärmeleitung in der Wand und anschließend wieder Wärmeübergang an das Gas (Flüssigkeit).
6. Zur Vermeidung der Konvektion und Wärmeleitung der Luft ist ein Dewar-Gefäß als doppelwandiges Vakuumgefäß ausgebildet. Eine reflektierende Metallschicht auf der Vakuumseite des Glases vermindert den Wärmetransport durch Strahlung.
7. Eine Dampfschicht trägt auf Grund ihrer schlechten Wärmeleitung den Tropfen.
8. Die Strahlungsleistung ist proportional zur vierten Potenz der Temperatur und hängt außerdem von der Größe und Beschaffenheit der Oberfläche des Strahlers ab. Bei niedrigen Temperaturen liegen die Wellenlängen der Wärmestrahlung vorwiegend im Infrarot. Erst oberhalb von 500 $^\circ$C entfällt ein Teil auch in den sichtbaren Spektralbereich.
9. Sichtbares Licht dringt nur wenig geschwächt durch Glas. Die von erwärmten Körpern ausgehende Wärmestrahlung wird hingegen nicht vom Glas durchgelassen.
10. Ein elektrisch geheizter Draht ist im evakuierten Gefäß ausgespannt. Wärmeabgabe, Temperatur und elektrischer Widerstand sind vom Gasdruck abhängig.
11. Faktor 81. **12.** $T = 1152$ K.
13. $\phi = 74$ kW. **14.** $R_\lambda = 6,8$ K $\cdot$ m^{-2}, $\dot{Q} = 26,5$ kJ $\cdot$ h^{-1}.
15. $k = 1,280$ W $\cdot$ m$^{-2} \cdot$ K^{-1}, $\dot{Q} = 221$ MJ $\cdot$ d^{-1}.
16. $\dot{Q} = 1,4$ kW. **17.** $L = 2,2 \cdot 10^{-8}$ V$^2 \cdot$ K^{-2}.
18. $\vartheta = 123$ $^\circ$C. **19.** $\dot{m} = 0,56$ kg $\cdot$ s^{-1}.
20. Die Kühlleistung sinkt auf das 0,88-fache des ursprünglichen Wertes.

7.3   Elektrizität und Magnetismus

7.3.1   Elektrisches Feld im Vakuum

1. Zwischen Ladungen gleichen Vorzeichens wirken abstoßende, zwischen Ladungen ungleichen Vorzeichens anziehende Kräfte.

2. Das elektrische Feld beschreibt die Eigenschaft des Raumes, auf Ladungen Kräfte auszuüben.

3. Proportionalität gemäß $F = q\,E$.

4. In homogenen Feldern wirken Drehmomente, in inhomogenen zusätzlich Kräfte auf Dipole.

5. $E_{pot} = -\int\limits_{\infty}^{P} F(s)\,\mathrm{d}s;\ E_{pot}(P) = q\,\varphi(P);\ E = -\mathrm{grad}\ \varphi.$

6. Man setze $Q_1 = Q$ (felderzeugende Ladung) und $Q_2 = q$ (Probeladung im Feld von Q). Damit erhält man mit $F = q\,E$ für $E(r)$ die angegebene Beziehung. Die Integration von $E(r)$ über $\mathrm{d}r$ von ∞ (Festlegung des Potentialnullpunktes bei $r \to \infty$) bis r ergibt die angegebene Beziehung für das Potential.

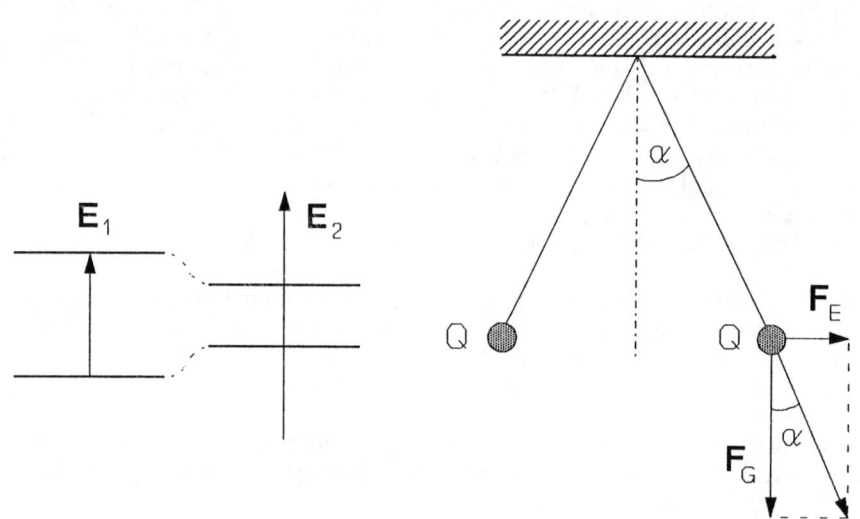

Abb. L3.1.8   Zu Frage 8.   Abb. L3.1.11   Zu Aufgabe 11.

7. $|\varphi(r)|$ wird für $r \to 0$ unendlich groß.

8. Dieser mathematisch begründete Zusammenhang läßt sich z. B. in folgender Weise veranschaulichen:

Der Vektor $\mathrm{grad}\ \varphi = i\,\dfrac{\partial\,\varphi}{\partial\,x} + j\,\dfrac{\partial\,\varphi}{\partial\,y} + k\,\dfrac{\partial\,\varphi}{\partial\,z}$ stellt nach Betrag und Richtung das "größte Gefälle" der Funktion $\varphi(r)$ dar. Er steht senkrecht auf den Äquipotentialflächen $\varphi = $ const. Sind zwei Vektoren E_1 und E_2 (s. Abb. L 3.1.8) parallel, aber unterschiedlich im Betrag, so haben die

Äquipotentialflächen senkrecht zu ihnen unterschiedlichen Abstand. Im Zwischenbereich müssen die Äquipotentialflächen daher gekrümmt sein und ihre Gradienten sind nicht mehr parallel zu E_1 und E_2.

9. Das Feld ist annähernd homogen, wenn die Ausdehnung der Platten groß gegen deren Abstand ist und man nicht am Rand des Kondensators mißt. Das kugelsymmetrische Feld einer Punktladung ist nicht homogen, in großem Abstand von der Ladung kann es aber als homogen angenommen werden, so, wie die Strahlen eines Fixsterns als paralleles Licht erscheinen, obwohl sie denselben in radialer Richtung verlassen.

10. Homogene Felder ergeben als Äquipotentialflächen Ebenen gleichen Abstands, radialsymmetrische Felder Kugeln, deren Abstand mit r zunimmt.

11. Gemäß Abb. L 3.1.11 gilt $\tan \alpha = \dfrac{F_E}{F_G}$ und $Q = 7,88 \cdot 10^{-8}$ A $\cdot$ s.

12. $5,44 \cdot 10^{-7}$ m.

13. (a) Auf jede Ladung wirkt die abstoßende Kraft der beiden anderen in Richtung der Dreieckseiten. Die Resultierende in Richtung der Winkelhalbierenden hat den Betrag $1,56$ N. **(b)** $2,89 \cdot 10^{-8}$ A $\cdot$ s.

14. (a) (1) $E = -\dfrac{\mathrm{d}\varphi}{\mathrm{d}x} = -k = -1,5$ V $\cdot$ m^{-1};

(2) $E = 2kx = 0,4$ V $\cdot$ m$^{-2} \cdot x$;   (3) wie (2);

(4) $E = \dfrac{k}{x^2} = 5$ V $\cdot$ m $\cdot\dfrac{1}{x^2}$.   **(b)** Kein Einfluß.

15. x_1, x_3, x_5: positive stabil, negative labil,
x_2, x_4: negative stabil, positive labil

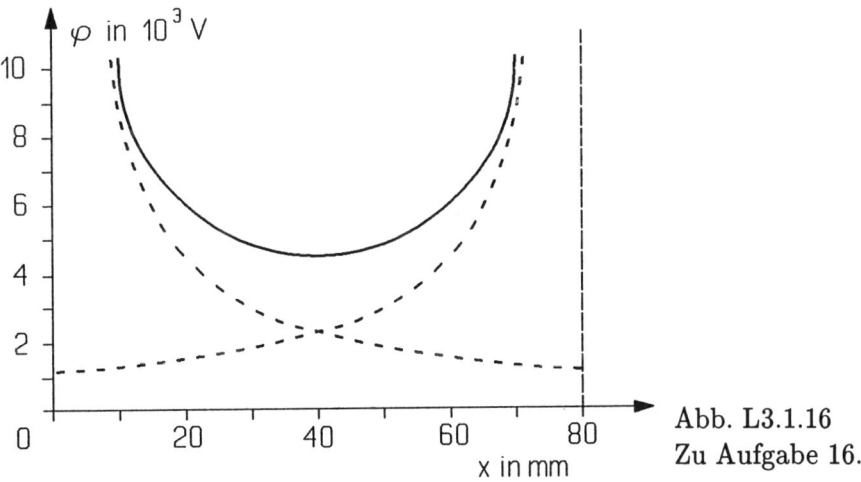

Abb. L3.1.16
Zu Aufgabe 16.

16. $\varphi(x) = \varphi_1(x) + \varphi_2(x) = \dfrac{Q}{4\pi\varepsilon_o}\left(\dfrac{1}{x} + \dfrac{1}{l-x}\right)$.

x in mm	0	10	20	30	40	50	60	70	80
φ in kV	∞	10,2	6,0	4,79	4,50	4,76	6,0	10,2	∞

(siehe Abb. L 3.1.16).

17.(a) $E = E_1 + E_2 = \dfrac{1}{4\pi\varepsilon_o}\left(\dfrac{Q_1}{x^2} - \dfrac{Q_2}{(l-x)^2}\right).$

$\varphi = \varphi_1 + \varphi_2 = \dfrac{1}{4\pi\varepsilon_o}\left(\dfrac{Q_1}{x} + \dfrac{Q_2}{l-x}\right).$

x in mm	0	10	20	30	40	50	60	70	80
E in 10^7 V·m^{-1}	∞	$18,7$	$5,5$	$3,4$	$3,4$	$4,7$	$9,5$	$36,3$	∞
φ in 10^5 V	∞	$12,8$	$3,0$	$-1,2$	$-4,5$	$-8,4$	$-15,0$	$-33,4$	$-\infty$

(siehe Abb. L 3.1.17a).

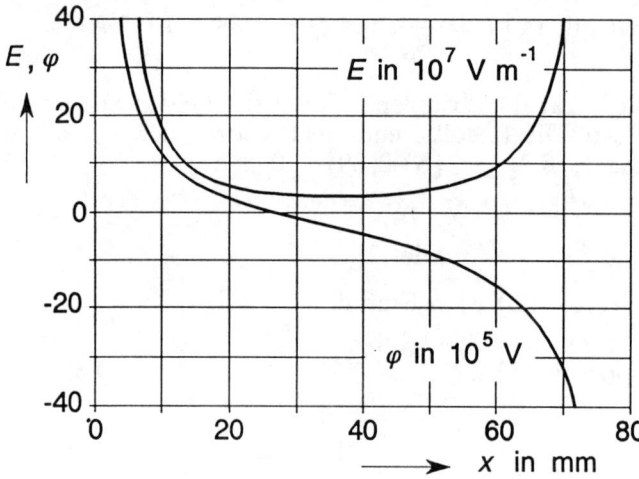

Abb. L3.1.17a

Zu Aufgabe 17a.

(b) E ist an keiner Stelle Null, daher wirkt auf eine Ladung beliebigen Vorzeichens immer eine Kraft.

18. $\Delta\varphi = \varphi(r_1) - \varphi(r_2) = 7,19$ MV.

19. (a) $E = 3,3\cdot 10^5$ V · m^{-1}.   **(b)** $F = e\,E = 5,34\cdot 10^{-14}$ N;

$a = \dfrac{F}{m_p} = 3,19\cdot 10^{13}$ m · s^{-2}.   **(c)** $W = e\,U = 1,6\cdot 10^{-16}$ N · m.

(d) Nach dem Energieerhaltungssatz gilt $\dfrac{m_e}{2}\,v^2 = \dfrac{e\,U}{2}$, also $v = 1,32\cdot 10^7$ m · s^{-1}.

20. $2,27\cdot 10^{39}$, die Gravitationskraft ist also im Atom gegenüber der Coulombkraft vernachlässigbar.

7.3.2 Leiter und Nichtleiter im elektrischen Feld

1. Ursache der Influenz ist die freie Beweglichkeit der Ladungen. Das Innere der Leiter ist feldfrei und die Oberfläche eine Äquipotentialfläche. Anwendungen: z. B. zur Abschirmung elektrischer Felder (Faraday-Käfig, Blitzableiter).

2. $90°$. **3.** $D = \varepsilon_o\,\varepsilon_r\,E$.

4. Induzierte oder vorhandene elektrische Dipole richten sich in Richtung des Feldes aus, das kann zu einer Längenveränderung des Festkörpers (Elektrostriktion) führen.

5. $P = \varepsilon_o\,\chi_e\,E$.

6. Die Leitergeometrie und das Medium zwischen den Leitern bestimmen die Kapazität der Leiteranordnung.

7. Hohe Dielektrizitätszahl und kleiner Abstand zwischen den Platten, dessen untere Grenze durch die Durchbruchfeldstärke bestimmt wird.

8. Wichtig für die Lösung ist, daß bei Parallelschaltung alle Kondensatoren die gleiche Spannung und bei Reihenschaltung die gleiche Ladung besitzen.

9. (a) $W = \int_0^d F\,ds = Q\int_0^d E\,ds = Q\,E\,d = Q\,U$.

(b) $W = \int_0^Q U\,(Q)\,dQ = \int_0^d \dfrac{Q}{C}\,dQ = \dfrac{Q^2}{2\,C} = \dfrac{Q\,U}{2}$.

10. Die Energie befindet sich als Feldenergie im wesentlichen im Kondensatorvolumen: $E_{pot} = \int_V w_e\,dV = \dfrac{\varepsilon_o\,\varepsilon_r}{2}\int_V E^2(r)\,dV$. Speziell Plattenkondensator: $E_{pot} = w_e\,dV = \dfrac{\varepsilon_o\,\varepsilon_r\,E^2}{2}Ad = \dfrac{Q\,U}{2}$.

11. (a) $Q = C\,U = 4\,\pi\,\varepsilon_o\,\varepsilon_r\,r\,U = 9{,}01\;\cdot\;10^{-10}\;A\cdot s$.

(b) $\sigma_A = D = 7{,}17\;\cdot\;10^{-7}\;A\cdot s\cdot m^{-2}$, $E = \dfrac{D}{\varepsilon_r\,\varepsilon_o} = 10^3\;V\cdot m^{-1}$.

(c) Wegen der Kugelsymmetrie und der Konstanz des elektrischen Flusses durch die Oberfläche von konzentrischen Kugeln um die geladene Kugel gilt $D(r)\cdot r^2 = $ const. Also: $D(100\,\text{mm}) = 7{,}17\cdot 10^{-9}\;A\cdot s\cdot m^{-2}$; $E(100\,\text{mm}) = 10$ $V\cdot m^{-1}$.   (d) Der Fluß durch geschlossene Flächen um Ladungen ist der Summe dieser gleich. Hier: $\Phi_{el} = 9{,}01\cdot 10^{-10}\;A\cdot s$.   (e) wie (d).

12. $Q = \sigma_A\,A = D\,A = \varepsilon_o\,E\,A = 5{,}87\cdot 10^5\;A\cdot s$.

13. Betrachten Sie die Kugel als Kondensator. Mit $U = \dfrac{Q}{C}$ und $Q = D\cdot A = \varepsilon_o\,\varepsilon_r\,E\,A$ folgt $U = E\,r = 4\cdot 10^4\;V$.

14. Die Ladung bleibt unverändert, also folgt mit $\dfrac{U}{d} = $ const:

(a) $U = 1600\;V$; (b) $U = 500\;V$.

15. $U_1 = U_2 = U = 300\;V$; $Q_1 = 3\cdot 10^{-4}\;A\cdot s$; $Q_2 = 6\cdot 10^{-4}\;A\cdot s$. Für den unteren Zweig ergibt sich als Gesamtkapazität $C_z = 2{,}92\;\mu F$. Weiter gilt $Q_5 = Q_3 + Q_4 = U\,C_{345}$. Also: $Q_5 = 8{,}75\cdot 10^{-4}\;A\cdot s$; $U_5 = 175\;V$; $U_3 = U_4 = U - U_5 = 125\;V$; $Q_3 = 3{,}75\cdot 10^{-4}\;A\cdot s$; $Q_4 = 5\cdot 10^{-4}\;A\cdot s$.

16. $Q = C_E\,U_E = C_W\,U_W$, also $\varepsilon_{rE} = \varepsilon_{rW}\dfrac{U_W}{U_E} = 3{,}18$.

17. (a) $D_L = D_P$; $E_L = 2\,E_p$.   (b) $U = U_L + U_P = E_L\,d_L + E_P\,d_P$; mit (a) ergibt sich $E_L = 3{,}33\cdot 10^4\;V\cdot m^{-1}$; $E_P = 1{,}67\cdot 10^4\;V\cdot m^{-1}$.

(c) $2,95 \cdot 10^{-7}$ A $\cdot$ s $\cdot$ m^{-2}.

(d) $Q = D\,A = 2,95 \cdot 10^{-9}$ A $\cdot$ s; $C = 5,9$ pF. **(e)** $E_{pot} =$

$E_{pot,L} + E_{pot,P} = \dfrac{D_L\,E_L}{2}\,V_L + \dfrac{D_P\,E_P}{2}\,V_P$; $D_P = D_L$; $V_P = V_L$; $E_P = \dfrac{E_L}{2}$,

also $E_{pot,P} = \dfrac{E_{pot}}{3}$. **(f)** $E_{pot} = \dfrac{QU}{2} = 7,38 \cdot 10^{-7}$ W $\cdot$ s.

18. (a) $P = D - \varepsilon_o\,E = 6,46 \cdot 10^{-7}$ A $\cdot$ s $\cdot$ m^{-2}. **(b)** $\chi_e = 1,82$,
$\varepsilon_r = 2,82$. **(c)** $\Delta p = P\,\Delta V = 1,29 \cdot 10^{-12}$ A $\cdot$ s $\cdot$ m .

19. (a) $w_e = \dfrac{1}{2}\,\varepsilon_o\,\varepsilon_r\,E^2 = \dfrac{Q^2}{32\,\pi^2\,\varepsilon_o^2\,\varepsilon_r^2\,r^4}$.

(b) $E_{pot} = \displaystyle\int_{r_1}^{r_2} w_e\,\mathrm{d}V = \int_{r_1}^{r_2} w_e \cdot 4\,\pi\,r^2\,\mathrm{d}r = 3,46$ W $\cdot$ s.

20. $\dfrac{F_V}{F_M} = \dfrac{1}{\varepsilon_r}$, also $F_M = 0,4\,F_V$.

7.3.3 Geladene Teilchen im elektrischen Feld

1. Proton, Elektron, Positron, α-Teilchen, Deuteron.
2. Es wird durch Beobachtung im Mikroskop die Bewegung elektrisch geladener Teilchen in einem elektrischen Feld untersucht. In die resultierende Kraft F gehen im allgemeinen elektrische Feldkraft, Schwerkraft und Auftrieb ein (Abb. L 3.3.2.). Für die Ladung Q der Teilchen erhält man stets ganzzahlige Vielfache der Elementarladung e.

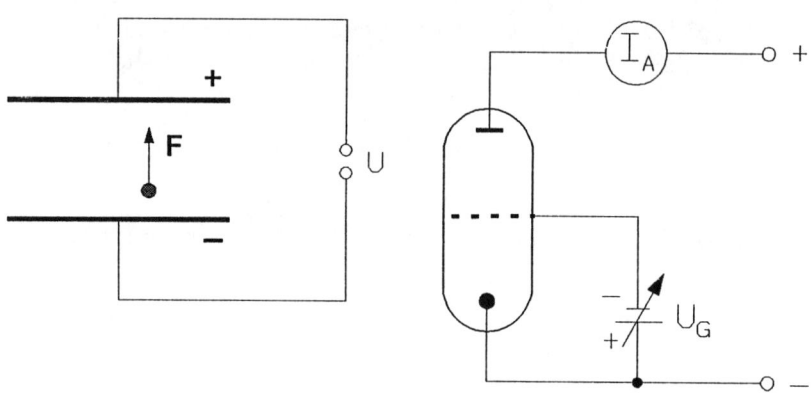

Abb. L3.3.2   Millikanversuch   Abb. L3.3.9   Triode

3. In A $\cdot$ s $\cdot$ kg^{-1} ergibt sich: Proton $9,58 \cdot 10^7$, Elektron und Positron $1,76 \cdot 10^{11}$, α-Teilchen $4,82 \cdot 10^7$, Deuteron $47,9 \cdot 10^7$, übrige Teilchen Null.
4. $1,602 \cdot 10^{-19}$ J, Atom- und Kernphysik.

5. Die kinetische Energie wird beim Abbremsen im Gegenfeld in potentielle umgewandelt: $\frac{1}{2} m v^2 = e\, U$.

6. Wurfparabel, das ist auch hier beim Plattenkondensator der Fall.

7. Siehe Abb. 3.3.18.

8. Fernsehbildröhre, zur Ablenkung der Elektronen kann auch die Lorentzkraft in magnetischen Feldern dienen.

9. Die gegenüber der Katode negative Spannung U_G des Gitters ermöglicht eine nahezu leistungslose Steuerung des Anodenstromes I_A (s. Abb. L 3.3.9.).

10. Relativistische Massenzunahme.

11. Proton $1{,}60 \cdot 10^{12}$ m $\cdot$ s^{-2}, Elektron, Positron $2{,}93 \cdot 10^{15}$ m $\cdot$ s^{-2}, α-Teilchen $8{,}04 \cdot 10^{11}$ m $\cdot$ s^{-2}, Deuteron $7{,}99 \cdot 10^{11}$ m $\cdot$ s^{-2}.

12. (a) Ohne Spannung: $m\, g = 6\,\pi\,\eta\,r\,v_1$, $v_1 = \dfrac{2}{9}\,\dfrac{g\,\varrho\,r^2}{\eta}$,

mit Spannung: $Q\,E - m\,g = 6\,\pi\,\eta\,r\,v_2$, $v_2 = \dfrac{1}{3\,\eta}\left(\dfrac{QU}{\pi r d} - \dfrac{2\varrho\,r^2\,g}{3}\right)$.

(b) $r = 3\left(\dfrac{v_1\,\eta}{2\,\varrho\,g}\right)^{1/2}$, $Q = \dfrac{18\,\pi\,\eta\,d\,(v_1 + v_2)}{U}\left(\dfrac{v_1\,\eta}{2\,\varrho\,g}\right)^{1/2}$.

(c) $Q = 6{,}357 \cdot 10^{-19}$ A $\cdot$ s, das Öltröpfchen trägt 4 Elementarladungen.

13. $v = \left(\dfrac{2\,E_{kin}}{m}\right)^{1/2}$: Elektron $5{,}93 \cdot 10^7$ m $\cdot$ s^{-1}, Proton $1{,}38 \cdot 10^6$ m $\cdot$ s^{-1}, α-Teilchen $6{,}94 \cdot 10^5$ m $\cdot$ s^{-1}, $U = 10^4$ V.

14. (a) v_{kl} siehe 13. **(b)** $v_{rel} = c_o\left(1 - \left(\dfrac{m_o\,c_o^2}{m_o\,c_o^2 + E_{kin}}\right)^2\right)^{1/2}$, also

	U in V	1	10	100	10^3
a)	v_{kl} in m·s^{-1}	$5{,}93 \cdot 10^5$	$1{,}88 \cdot 10^6$	$5{,}93 \cdot 10^6$	$1{,}88 \cdot 10^7$
b)	v_{rel} in m·s^{-1}	$5{,}93 \cdot 10^5$	$1{,}88 \cdot 10^6$	$5{,}93 \cdot 10^6$	$1{,}87 \cdot 10^7$

	U in V	10^4	10^5	10^6	10^7
a)	v_{kl} in m·s^{-1}	$5{,}93 \cdot 10^7$	$1{,}88 \cdot 10^8$	$5{,}93 \cdot 10^8$	$1{,}88 \cdot 10^9$
b)	v_{rel} in m·s^{-1}	$5{,}85 \cdot 10^7$	$1{,}64 \cdot 10^8$	$2{,}82 \cdot 10^8$	$2{,}99 \cdot 10^8$

(c) Oberhalb 255 kV wird $v_{kl} > c_o$.

15. (a) 20 kV. **(b)** 40 kV.

16. (a) 5 μs. **(b)** $y = \dfrac{a}{2}\,t^2 = \dfrac{e\,E}{m_\alpha}\,t^2 = 6{,}03 \cdot 10^{-3}$ m .

(c) $t = \dfrac{v_o}{x}$, $y = \dfrac{a}{2}\left(\dfrac{x}{v_o}\right)^2 = \dfrac{e\,E}{2\,m_\alpha\,v_o^2}\,x^2$.

(d) Aus $\dfrac{dy}{dx} = \tan\alpha$ folgt $\alpha = 13{,}56\,^{\circ}$, $v = 10{,}3$ km $\cdot$ s^{-1}.

17. $2{,}09 \cdot 10^7$ m $\cdot$ s^{-1}. **18.** 3 mm. **19.** 0,04 s. **20.** 2,87 A.

7.3.4   Ohmsches Gesetz, elektrischer Widerstand

1. $I = \dfrac{dQ}{dt}$, Gleichstrom $I = \dfrac{Q}{t} = $ const, Wechselstrom allgemein: $I = I(t) \neq $ const, speziell: $I(t) = I_0 \cos(\omega t + \beta)$. **2.** Ladungstransport, Joulesche Wärme, Magnetfeld.
3. Über die Kraft zwischen parallelen stromdurchflossenen Leitern.
4. Die negativ geladenen Elektronen in Metallen bewegen sich entgegengesetzt zur technischen Stromrichtung.
5. Im Ionenleiter (Elektrolyt, Alkalihalogenidkristall) bewegen sich Ionen, deren Beweglichkeit klein ist. Die metallische Leitfähigkeit beruht auf der Anwesenheit einer sehr großen Anzahl quasifreier Elektronen, die eine hohe Beweglichkeit haben. In Halbleitern hängt die Zahl und Art der quasifreien Ladungsträger von Dotierung, Temperatur, Lichteinstrahlung und anderen Parametern ab. Isolatoren besitzen keine oder nur sehr wenige quasifreie Ladungsträger.
6. Ladungstransport durch Bewegung von Ionen (Flüssigkeit) und Ionen und Elektronen (Gas).
7. Die Materialeigenschaften gehen über den spezifischen elektrischen Widerstand, die Geometrie über den Quotienten l/A in den elektrischen Widerstand eines Drahtes ein.
8. Ohmsches Gesetz: $\dfrac{U}{I} = $ const, U - Spannung, I - Stromstärke; die Konstante wird als Widerstand R bezeichnet.
9. Aufteilung der Gesamtspannung in die Teilspannungsabfälle an den einzelnen Widerständen.
10. Gemäß Abb. 3.5.13 gilt für $I_B = 0$ $I_1 = I_2$ und $I_v = I_x$. Damit ergeben sich gleiche Spannungsabfälle $U_{AD} = U_{AB}$ und $U_{DC} = U_{BC}$, also $R_x/R_v = R_1/R_2$ und $R_x = R_v \cdot R_1/R_2$.
11. $R = U^2/P = 48,4 \ \Omega$, $I_{220} = 4,55$ A, $I_{110} = 2,27$ A.   **12.** 8 V.
13. $R_{ges} = 3,75 \ \Omega$, $I_{ges} = 1,07$ A, $I = 0,267$ A.
14. (a) Cu: $0,107 \ \Omega$, Fe: $0,588 \ \Omega$.   **(b)** Cu: $0,141 \ \Omega$, Fe: $0,899 \ \Omega$.
(c) $0,695 \ \Omega$.   **(d)** $0,091 \ \Omega$.

15. (a) $I = \dfrac{U_e}{R_i + R_a} = \dfrac{U_e/R_i}{1 + R_a/R_i}$, $U_a = U_e \dfrac{R_a}{R_i + R_a} = \dfrac{U_e}{1 + (R_a/R_i)}$,

$P_a = I \, U_a = \dfrac{U_e^2}{R_i} \cdot \dfrac{R_a/R_i}{(1 + R_a/R_i)^2}$, siehe Abb. L 3.4.15a.
(b) Die Differentiation von P_a und R_a ergibt: $R_a = R_i$.
(c) $6,67 \ \Omega$.   **(d)** $I_1 = 0,255$ A, $I_2 = 0,075$ A, $I_3 = 0,3$ A.
16. Parallelschaltung von $8,89 \cdot 10^{-2} \ \Omega$ bzw. $8,08 \cdot 10^{-3} \Omega$.
17. (a) Der Widerstand wird wegen der Reihenschaltung mit dem Strommesser um dessen Innenwiderstand zu groß gemessen.   **(b)** $U_i \leq 0,01 \, U_R$, also $R_i \leq R/100 = 0,1 \ \Omega$.
18. (a) Der Widerstand wird zu klein gemessen, da der Spannungsmesser parallel geschaltet ist.   **(b)** $I_U \leq 0,01 \, I_R$, also $R_U \geq 100 \, R = 1 \ \mathrm{k}\Omega$.
19. $35 \ \mathrm{k}\Omega$.   **20. (a)** $\dfrac{U_a}{U} = \dfrac{R_a(R - R_1)}{R_a(R - R_1) + R_1(R_a + R - R_1)}$. **(b)** $\dfrac{R - R_1}{R}$.

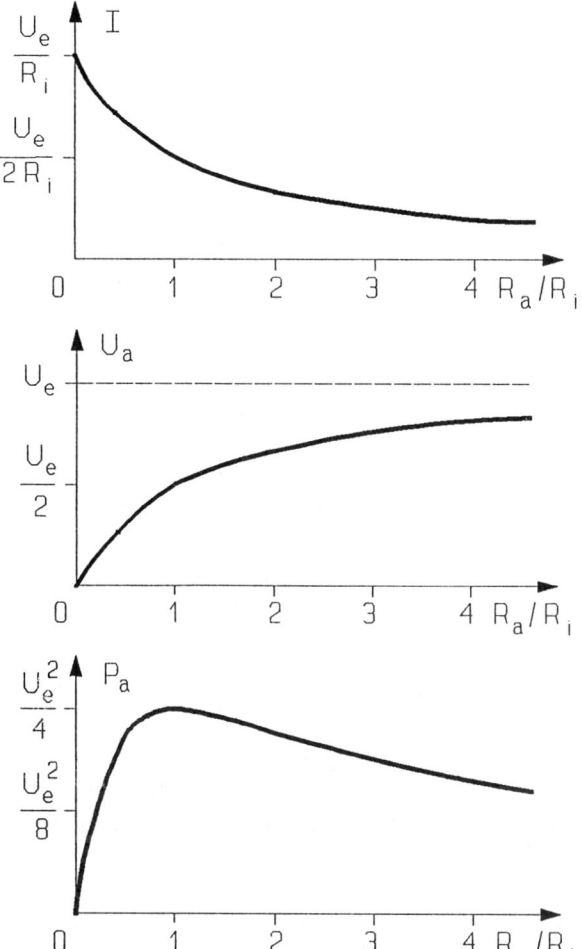

Abb. L3.4.15a
Zu Aufgabe 15a.

7.3.5   Kirchhoffsche Gesetze

1. Von den Knoten B, C, G und F sind B und G bzw. C und F äquivalent. Mit den Maschen $ABGH$, $BCFG$, $ACFH$, $BDEG$ und $ADEH$, deren Seiten teilweise kompatibel sind, ergeben sich 3 unabhängige Gleichungen. **2.** $U = R \cdot I$. **3.** Innere Widerstände der Spannungsquellen gehen wie äußere in die Maschensätze ein. **4.** Vom Minus- zum Pluspol.   **5.** Energieerhaltungssatz.   **6.** $W = I^2 R t$. **7.** Die in den Spannungsquellen gespeicherte potentielle Energie wandelt sich in Joulesche Wärme um, letztere ist das Resultat der Potentialunterschiede an den Widerständen.

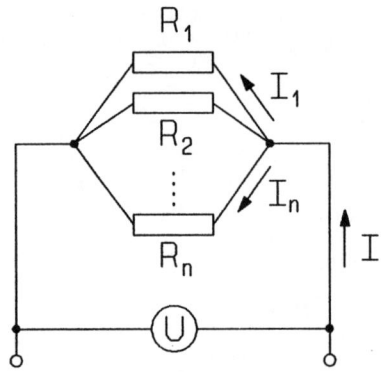

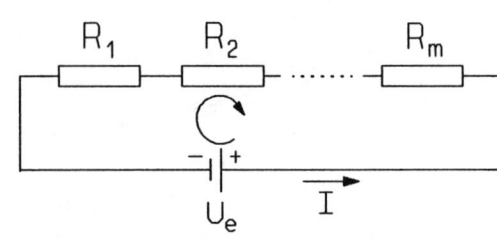

Abb. L3.5.9
Parallelschaltung von
Widerständen

Abb. L3.5.10
Reihenschaltung von
Widerständen

9. Gemäß Abb. L 3.5.9 gilt $I = \sum\limits_{j=1}^{n} I_j$. Mit $I_j = \dfrac{U}{R_j}$ folgt die gewünschte Beziehung.

10. Gemäß Abb. L 3.5.10 gilt $U_e = \sum\limits_{i=1}^{m} U_i$. Mit $U_i = I R_i$ folgt die gewünschte Beziehung.   **11.** -2 A.

12. (a) Nach dem Maschensatz ist $I_4 = \dfrac{1}{R_4} \left(U_e - I_1\, R_1 + I_2\, R_2 + I_3\, R_3 \right) = 4$ A.
(b) $I_a = 6$ A, $I_b = 3$ A, $I_c = -10$ A, $I_d = 1$ A.

13. $R_X\, I_X + R_B\, I_B - R_1\, I_1 = 0$, $R_V\, I_V - R_2\, I_2 - R_B\, I_B = 0$, mit $I_B = 0$ folgt $R_X\, I_X = R_1\, I_1$ und $R_V\, I_V = R_2\, I_2$. Da $I_V = I_X$ und $I_1 = I_2$, folgt $R_X = R_V\, \dfrac{R_1}{R_2}$.

14. (a) $U_e = I\, R_i + I\, R_a$, $I_k = \dfrac{U_e}{R_i}$.   **(b)** $I_k = 120$ A.

15. (a) Maschen: $U_e = I_2\, R_2 + I\,(R_1 + R_i)$, $I_2\, R_2 - I_a\, R_a = 0$,
Knoten: $I = I_a + I_2$, also $I_a = \dfrac{R_2\, U_e}{R_a\, R_2 + (R_2 + R_a)(R_1 + R_i)} = 0,139$ A.
(b) $U_a = 1,39$ V.

16. Maschen: $U_{e2} - U_{e1} = -I_1\, R_{i1} + I_2\, R_{i2}$, $-U_{e2} = -I\, R - I_2\, R_{i2}$.
Knoten: $I = I_1 + I_2$, also $I = \dfrac{R_{i2}\,(U_{e1} - U_{e2}) + U_{e2}\,(R_{i1} + R_{i2})}{R_{i1}\, R_{i2} + R(R_{i1} + R_{i2})} = 1$ mA.

17. (a) Untere Masche: $k\, U_e = k\, I_k\, R_i + I\, R_a$, Knoten: $I = j\, I_k$, Nebenbedingung: $n = k\, j$. Daraus folgt $I = \dfrac{k\, U_e}{R_a + \dfrac{k^2}{n} R_i}$, nach Nullsetzen von $\dfrac{\mathrm{d}I}{\mathrm{d}k}$ schließlich $\dfrac{R_a}{R_i} = \dfrac{k}{j}$. Also $k = 10$, $j = 5$.   **(b)** $I = 1,875$ mA.

18. R_1, R_2 und R_3 sind parallel geschaltet. $U_1 = U_2 = U_3 = 1,76$ V, $I_1 = 0,59$ A, $I_2 = 0,88$ A, $I_3 = 0,59$ A.

19. $I_4 = 0$, Maschen: $U_{e2} - U_{e1} = R_1\,I_1 + R_2\,I_2$, $U_{e3} + U_{e4} - U_{e2} = -I_2\,R_2 + I_3\,(R_3 + R_4 + R_5 + R_6)$, Knoten: $-I_1 + I_2 + I_3 = 0$, $I_1 = 0,536$ A, $I_2 = 0,232$ A, $I_3 = 0,304$ A.

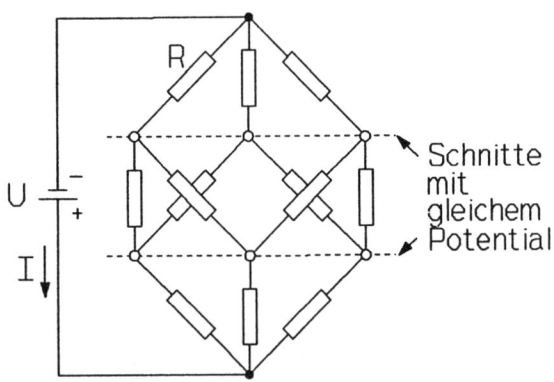

Abb. L3.5.20
Zu Aufgabe 20.

20. Gemäß Abb. L. 3.5.20 gilt für die linke Masche $U = \dfrac{I}{3}\,R + \dfrac{I}{6}\,R + \dfrac{I}{3}\,R$, der Spannungsabfall an den den Anschlußstellen benachbarten Widerständen beträgt 2 V, an den übrigen 1 V.

7.3.6 Arbeit und Leistung elektrischer Ströme

1. Zeitlich veränderliche Ströme: $W = \displaystyle\int U(t)\,I(t)\,\mathrm{d}t$, $P(t) = U(t)\,I(t)$, zeitlich konstante Ströme: $W = U\,I\,t$, $P = U\,I$.

2. Wärmeenergie im Ohmschen Widerstand, kinetische Energie bei Elektromotoren und potentielle Energie nach Arbeit gegen Feder- oder Gewichtskräfte bei Elektromagneten.

3. Die elektrische Energie wandelt sich in mechanische und Wärmeenergie um. Letztere entsteht durch Joulesche Wärme, Hystereseverluste und mechanische Reibung.

4. (a) Verhältnis von mechanischer Nutzleistung zu elektrischer Eingangsleistung.   (b) Verhältnis von nutzbarer Wärmeleistung zu elektrischer Eingangsleistung.

5. Durch Stoßprozesse mit den Metallatomen verlieren die Leitungselektronen die aus dem elektrischen Feld gewonnene kinetische Energie.

6. Die im Widerstandsdraht der Sicherung frei werdende Joulesche Wärme bringt diesen zum Schmelzen.

7. In den Fällen (a) und (b) Unterbrechen des Stromflusses durch das Bimetall nach dessen Erwärmung infolge des elektrischen Stromes.

8. Die Leitungsverluste $I^2 R t$ sind bei kleinen Strömen ebenfalls klein. Bei gleicher übertragener Leistung $P = U I$ ist der Strom um so kleiner, je größer die Spannung ist.

9. Da der innere Widerstand der Spannungsversorgung nicht zu vernachlässigen ist, führt jedes Hinzuschalten eines neuen Verbrauchers zum Absinken der Spannung.

10. Die thermische Ausdehnung eines stromdurchflossenen Drahtes wird zur Anzeige gebracht, diese ist dem Strom nicht proportional und außerdem infolge der endlichen Wärmekapazität der Meßanordnung relativ träge.

11. 196,8 V.

12. (a) $I_{ges} = 0,909$ A, $P = 200$ W.   (b) $I = 0,23$ A, $P = 50$ W.
(c) $W = 2$ kWh bzw. $0,5$ kWh.

13. $13,9\ \Omega$.

14. $P = \dfrac{U^2}{R} = \dfrac{dW}{dt} = m\ c\ \dfrac{dT}{dt}$, also $\dfrac{U_1}{U_2} = \sqrt{\left(\dfrac{dT}{dt}\right)_1 \Big/ \left(\dfrac{dT}{dt}\right)_2}$;
$U_2 = 20$ V.

15. (a) $\dfrac{R_1 R_2}{R_1 + R_2} : R_1 = R_1 : R_2 = R_2 : (R_1 + R_2)$, daraus folgt $R_2 = 1,618\ R_1$.   (b) $R_1 + R_2 = 48,4\ \Omega$, $R_1 = 18,5\ \Omega$, $R_2 = 29,9\ \Omega$.   (c) 1 kW, $1,618$ kW, $2,618$ kW, $4,236$ kW.

16. $14,2$ m.

17. Widerstand des Motors $9,68\ \Omega$, des Kabels $0,716\ \Omega$, es folgt eine Leistung von $3,68$ kW.   **18.** $22,9$ K.

19. (a) 153 kW.   (b) $0,85$ kWh.   (c) Nein, es muß längs der gesamten Wegstrecke die gleiche Kraft wie bei Aufwärtsbewegung zum Bremsen aufgebracht werden.

20. $64,9$ %.

7.3.7   Magnetisches Feld im Vakuum

1. Die Feldlinien sind geschlossene Kurven.

2. Ursachen magnetischer Felder sind bewegte elektrische Ladungen oder magnetische Momente der Elementarteilchen.

3. Von Nord nach Süd.

4. Die Feldlinien sind konzentrische Kreise um die Drahtachse. Die Feldstärke nimmt mit $\frac{1}{r}$ nach außen ab.

5. $U_{m1} = I_2 - I_1$, $U_{m2} = -I_2 - I_3$, $U_{m3} = 0$.

6. Magnetische Felder sind nachweisbar durch Kräfte und Drehmomente auf magnetische Dipole, Kräfte auf bewegte Ladungen und stromdurchflossene Leiter und bei zeitlich veränderlichen Feldern durch Induktionserscheinungen.

7. Das magnetische Feld der Erde ist in guter Näherung ein Dipolfeld, dessen Nord- bzw. Südpol sich in der Antarktis bzw. Arktis befinden. Der magnetische Nordpol der Kompaßnadel stellt sich daher in Nordrichtung, d. h. zum magnetischen Südpol der Erde, ein.

8. Die Deklination ist die Abweichung von der geographischen Nordrichtung, die dadurch entsteht, daß geographischer Nordpol und magnetischer Südpol nicht zusammenfallen, entsprechend ist die Inklination die Abweichung der Magnetnadel aus der Horizontalen.
9. Siehe Abb. L 3.7.9

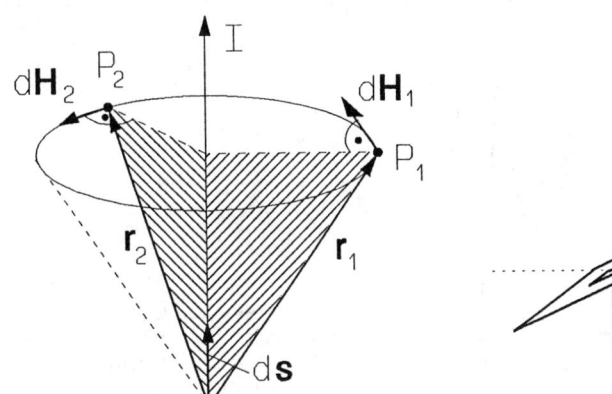

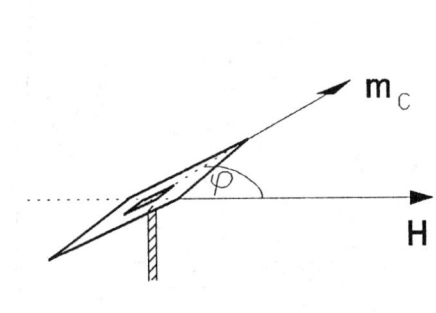

Abb. L3.7.9
Zum Biot-Savartschen Gesetz

Abb. L3.7.10
Drehbare Magnetnadel im
homogenen Magnetfeld

10. (a) Gemäß Abb. L 3.7.10 gilt $M_D = J\,\ddot{\varphi}$ und $M_D = -|m_C \times H| = -m_C\,H \sin \varphi$, also $\ddot{\varphi} + \dfrac{m_C\,H}{J} \sin \varphi = 0$.

(b) Für $\varphi \ll \dfrac{\pi}{2}$ gilt $\sin \varphi \approx \varphi$. **(c)** $T = 2\,\pi \sqrt{\dfrac{J}{m_C\,H}}$.

11. $M_D = 2,25 \cdot 10^{-7}$ N $\cdot$ m.
12. Mit $J = \dfrac{m_{Fe}}{12}\,l^2$ (m_{Fe} Masse der Magnetnadel) ergibt sich $T = 2,35$ s.

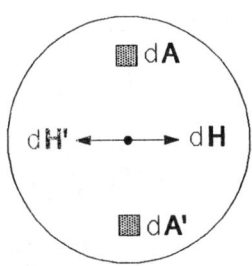

Abb. L3.7.13c.
Zu Aufgabe 13c.

13. (a) $H = \dfrac{I}{2\,\pi\,r} = 3820$ A $\cdot$ m^{-1} bzw. 1910 A·m^{-1} bzw. 191 A·m^{-1}.

(b) $H = \dfrac{jA}{2\,\pi\,r} = 0$ bzw. 764 A $\cdot$ m^{-1} bzw. 2292 A $\cdot$ m^{-1}. **(c)** Wegen der

Rotationssymmetrie (siehe Abb. L 3.7.13c) findet sich zu jedem Flächenelement dA genau ein bezüglich der Achse gegenüberliegendes Flächenelement dA', so daß die Summe beider Feldstärken in der Achse Null ist.
(d) Siehe Abb. L 3.7.13d.

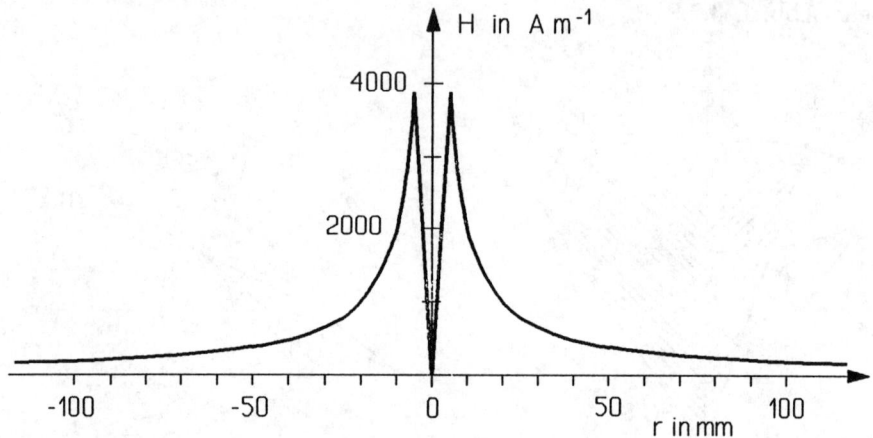

Abb. L3.7.13d.   Zu Aufgabe 13d.

14. (a) Gemäß Abb. L 3.7.14a fließt der Strom von unten nach oben. Weiter gilt $\dfrac{H_I}{H_E} = \tan 30^\circ$.   **(b)** 36,1 A.

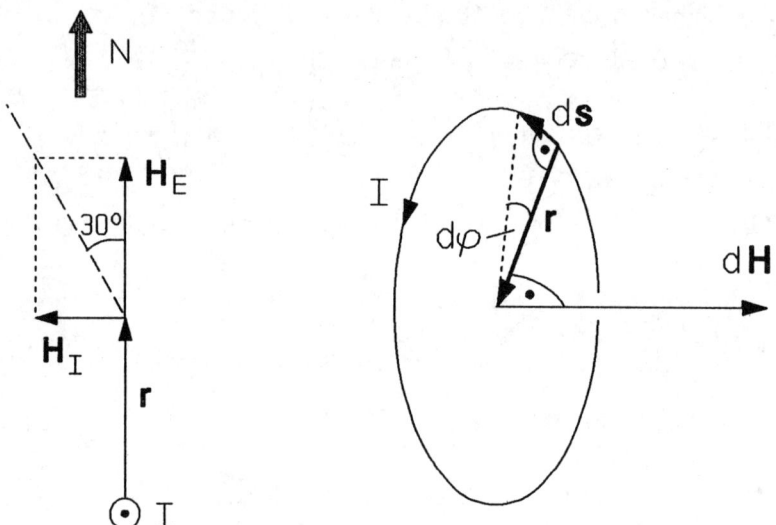

Abb. L3.7.14a Zu Aufgabe 14a.   Abb. L3.7.20   Zu Aufgabe 20.

15. Da das Dreieck rechtwinklig ist, stehen auch die Beiträge von I_1 und I_2 senkrecht aufeinander, die vektorielle Addition ergibt $H = 2,99\ \text{A} \cdot \text{m}^{-1}$ und $B = 3,76\ \mu\text{T}$.

16. $\phi_m = 5,90 \cdot 10^{-5}$ V $\cdot$ s.

17. $\phi_m(t) = \phi_{m0} \cos(\omega t + \beta)$, $\phi_{m0} = BA$, $\beta = 0$, also $\phi_m(t) =$
$6,28 \cdot 10^{-5}$ V $\cdot$ s $\cdot \cos \omega t$.

18. 500 Windungen. **19.** $H = \dfrac{N\,I}{2\,\pi\,r} = 796$ A $\cdot$ m^{-1}.

20. Gemäß Abb. L 3.7.20 gilt $dH = \dfrac{I}{4\,\pi\,r^3}\,ds \times r$ und $ds = r\,d\varphi$. Die

Integration von $\varphi = 0$ bis $\varphi = N \cdot 2\,\pi$ ergibt $H = \displaystyle\int_0^{N\cdot2\pi} dH = \int_0^{N\cdot2\pi} \dfrac{I\,d\varphi}{4\,\pi\,r} =$

30 A $\cdot$ m^{-1}.

7.3.8 Materie im Magnetfeld

1. $\mu_r = \dfrac{B}{\mu_o\,H}$, $\chi_m = \mu_r - 1$.

2.

	diamagnetisch	paramagnetisch	ferromagnetisch
μ_r	wenig kleiner als 1	wenig größer als 1	$\gg 1$
χ_m	Betrag klein negativ	Betrag klein positiv	$\gg 1$

3. Diamagnetische Dipolmomente entstehen durch Induzierung elektronischer Kreisströme in der Atomhülle beim Einbringen der Atome in ein Magnetfeld. Dadurch ergibt sich prinzipiell eine Schwächung des äußeren Magnetfeldes, die aber durch Paramagnetismus überdeckt werden kann.
4. Die Ursache des Paramagnetismus ist die Ausrichtung des resultierenden elektronischen Spinmomentes des Atoms oder Moleküls im äußeren Magnetfeld.
5. χ_m ist der absoluten Temperatur umgekehrt proportional (Curiesches Gesetz).
6. Die Ursache ist die Vorzugsorientierung der resultierenden magnetischen Spinmomente der Atome im Kristall in Weißschen Bezirken. Bei Antiferro- und Ferrimagnetismus treten antiparallele Orientierungen auf.
7. Oberhalb der Curietemperatur verschwindet der Ferromagnetismus. Unter Magnetostriktion versteht man Längenänderungen ferromagnetischer Materialien bei Änderung des äußeren Magnetfeldes.
8. Die Hysteresekurve (siehe Abb. 3.8.9.) beschreibt die Abhängigkeit der Flußdichte oder Magnetisierung von Materialien in Abhängigkeit von der magnetischen Feldstärke.
9. Die von der Hysteresekurve umschlossene Fläche ist ein Maß für die infolge der magnetischen Umpolung im Material auftretenden Energieverluste. Daher ist Material a wegen der kleineren Verluste besser für Trafobleche geeignet.
10. Diamagnetika werden aus Gebieten hoher Feldstärke herausgedrängt, Para- und Ferromagnetika hineingezogen.

11. $\mu_r = 20$, $B = 1,26 \cdot 10^{-3}$ T.

12. $\chi_m = 2,57 \cdot 10^{-4}$, paramagnetisches Material (Platin).

13. $\mu_r = 4421$.

14. $\phi_{m,Cu} = 1,256 \cdot 10^{-5}$ Wb, $\Delta\phi_m = 2,44 \cdot 10^{-6}$ Wb.

15. (a) $\phi_{m,V} = 6,28 \cdot 10^{-8}$ Wb. **(b)** $\phi_{m,Fe} = 3,77 \cdot 10^{-4}$ Wb.

16. (a) $M = 0,64$ A $\cdot$ m^1, $J = 8,04 \cdot 10^{-7}$ V $\cdot$ s $\cdot$ m^{-2}. **(b)** $m_A = 3,35 \cdot 10^{-7}$ A $\cdot$ m^2, $m_C = 4,21 \cdot 10^{-13}$ V $\cdot$ s $\cdot$ m.

17. $F = 2,1 \cdot 10^{-9}$ N.

18. Wegen $\phi_{m1} = \phi_{m2}$ gilt $\mu_{r1}\, H_1 = \mu_{r2}\, H_2$, also $H_1 = 2\, H_2$. Das Durchflutungsgesetz liefert $\oint H \; ds = H_1\, l_1 + H_2\, l_2 = N\, I$. $l_1 = l_2 = 2\, l$. Schließlich ergibt sich mit $\phi_{m2} = A\, B_2 = A\, \mu_{r2}\, \mu_o\, H_2$: $I = \dfrac{6\, \phi_m\, l}{A\, \mu_{r2}\, \mu_o\, N} = 0,477$ A.

19. $H_C = \dfrac{N\, I}{2\, \pi\, r}$, also $I = \dfrac{2\, \pi\, r\, H_C}{N} = 6,28$ A.

20. Das Durchflutungsgesetz ergibt $\oint H \; ds = (2\, \pi\, r - d)\, H_{Fe} + d\, H_L = N\, I$. Weiter gilt $H_L\, \mu_{rL} = H_{Fe}\, \mu_{rFe}$.
(a) $H_L = 7,87 \cdot 10^{-4}$ A $\cdot$ m^{-1}, $B_L = 0,1$ T. **(b)** $H_{Fe} = 262$ A $\cdot$ m^{-1}, $B_{Fe} = 0,1$ T.

7.3.9 Bewegte Ladungsträger im Magnetfeld

1. Das Magnetfeld der bewegten Ladung tritt mit dem äußeren Magnetfeld in Wechselwirkung.

2. Wegen der vektoriellen Multiplikation wirkt die Lorentzkraft stets senkrecht zum Geschwindigkeitsvektor, daher wirkt sie als Radialkraft, und das Teilchen beschreibt eine Kreisbahn. Der Betrag der Lorentzkraft ergibt sich zu $F_L = Q\, v\, B$.

3. (a) Kreis. **(b)** Gerade (keine Ablenkung). **(c)** Schraubenlinie: Überlagerung einer gleichförmigen (infolge der Geschwindigkeitskomponente parallel zum Feld) mit einer Kreisbewegung (Geschwindigkeitskomponente senkrecht zum Feld).

4. Eine Fernsehbildröhre arbeitet nach dem Prinzip der Braunschen Röhre (Abb. 3.3.18), wobei die vertikale und horizontale Ablenkung des Elektronenstrahls sowohl durch elektrische (Kondensatorplatten) als auch magnetische (Spulen) Felder erfolgen kann.

5. (a) Gemäß Abb. L 3.9.5 erfolgt die Beschleunigung der geladenen Teilchen durch zwei Duanten ("D"), die man sich als Teile einer halbierten runden Schachtel vorstellen kann, an denen eine hochfrequente Wechselspannung anliegt.

(b) Die Äquivalenz von Lorentz- und Radialkraft liefert $v = \dfrac{Q\, B\, r}{m}$, die Umlaufzeit auf dem Halbkreis ist also $T = \dfrac{\pi\, r}{v} = \dfrac{\pi\, m}{Q\, B}$, daher nicht vom Radius abhängig.

6. Die in ein Magnetfeld einfliegenden geladenen Ionen bewegen sich auf Kreisbahnen, deren Radius von ihrer Masse abhängt.

7. (a) $F_L = I\, l\, B$.   (b) Null.

8. Das Grundprinzip ist die Wechselwirkung des Magnetfeldes einer strom-durchflossenen Spule mit einem zweiten Magnetfeld.

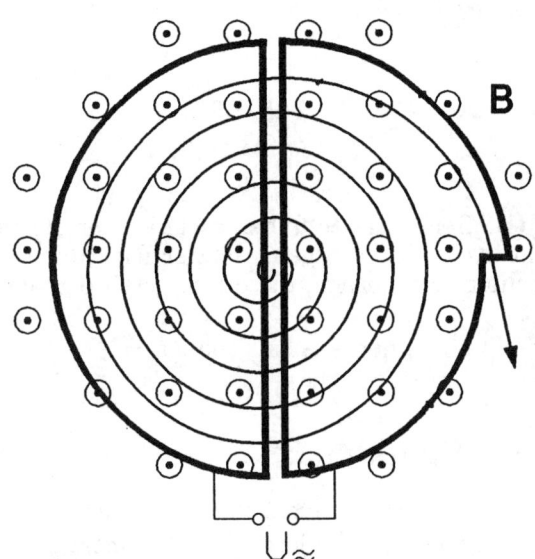

Abb. L3.9.5

Zyklotron

9. Von parallelen Strömen durchflossene Drähte ziehen sich an, antiparallel durchflossene Drähte stoßen sich ab. Das Ampere ist die Stärke des zeit-lich unveränderlichen elektrischen Stromes durch zwei geradlinige, parallele unendlich lange Leiter von vernachlässigbarem Querschnitt, die den Ab-stand von 1 m haben und zwischen denen die durch den Strom elektrodyna-misch hervorgerufene Kraft im leeren Raum je 1 m Länge der Doppelleitung $2 \cdot 10^{-7}$ N beträgt.

10. Polarlichter sind Leuchterscheinungen in der oberen Lufthülle der Erde, die durch den Solarwind hervorgerufen werden, der durch das Magnetfeld der Erde in die Polarzonen abgelenkt wird.

11. Gemäß Aufgaben 3.9.2 und 3.9.5 gilt $r = \dfrac{m\,v}{e\,B} = 1$ m.

12. (a) $r = \dfrac{m\,v_s}{2\,e\,B} = 72,6$ mm.   (b) $s = v_p \cdot T = v_p\, \dfrac{\pi\,m}{e\,B} = 7,96$ mm.

13. (a) 1206 V.   (b) $r_1 = 50$ mm, $r_2 = 53$ mm, $b \le 3$ mm.

14. Über das Kräftegleichgewicht folgt $H = \dfrac{E}{\mu_o\,v} = 7,96 \cdot 10^4$ A $\cdot$ m^{-1}.

15. (a) 450 Beschleunigungen, also 225 Umläufe.   (b) Mit $r = \dfrac{m\,v}{2\,e\,B}$ und

$v_{max} = \sqrt{\dfrac{2E_{kin}}{m}}$ folgt $r_{max} = \dfrac{\sqrt{mE_{kin}}}{\sqrt{2}\,e\,B} = 52$ cm. (c) $f = \dfrac{e\,B}{\pi\,m} = 11,1$ MHz.

16. (a) $1,26 \cdot 10^{-2}$ N.   (b) $8,08 \cdot 10^{-3}$ N.

17. Gemäß Abb. L 3.9.17 gilt $F = I_1 \, l \, B_2 = I_1 \, I_2 \cdot \dfrac{l \, \mu_o}{2 \, \pi \, r}$.

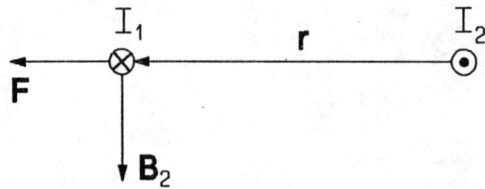

Abb. L3.9.17
Zu Aufgabe 17.

18. 3600 N.

19. (a) $M = I \, l^2 \, B \cos \varphi$.   **(b)** Beide Kräfte haben den gleichen Betrag $I \, l \, B \sin \varphi$ und wirken längs der Achse in entgegengesetzter Richtung.
(c) Bei $\varphi = 90^{\,\mathrm{o}}$ ist eine Umpolung erforderlich, die durch geteilte Schleifkontakte erreicht wird.

20. Aus dem Gleichgewicht der Drehmomente erhält man $I = \dfrac{m \, g}{2 \, n \, l \, B} = 6,45$ A.

7.3.10 Elektromagnetische Induktion

1. Änderung der magnetischen Feldstärke: Transformator. Änderung der Lage einer Spule im Magnetfeld: Generator. Änderung der Permeabilitätszahl: induktiver Wegaufnehmer, Impulsgeber.
2. Lenzsche Regel.
3. Die Stromänderung in der Primärspule ruft eine Induktion in der Sekundärspule hervor. Es treten Ohmsche, Streu-, Wirbelstrom- und Hystereseverluste auf.
4. Wirbelströme sind in ausgedehnten Leitern induzierte Ströme. Sie kommen z. B. bei Wirbelstrombremsen und zur Dämpfung von Schwingungen zur Anwendung. Durch Verwendung unterteilten Leitermaterials (Trafobleche) lassen sie sich in Grenzen halten.
5. (a) Nach einem kurzen Einschaltimpuls wird die induzierte Spannung Null.   **(b)** Da beim Transformator der Gleichstromwiderstand viel kleiner als der Wechselstromwiderstand ist, besteht die Gefahr der übermäßigen Erwärmung.

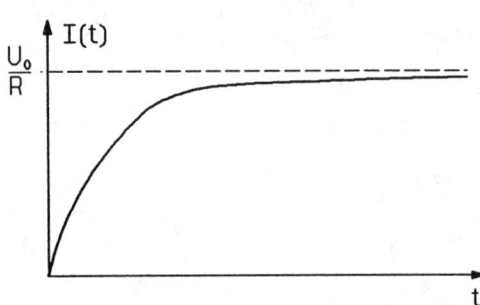

Abb. L3.10.9
Stromverlauf beim Einschalten
eines Gleichstromes

6. $\phi_m(t) = \mu_o \, \mu_r \, H \, A \cos{(\omega t + \beta)}$.   **7.** Siehe Aufgabe 1.

8. Ein veränderlicher Strom erzeugt auch im eigenen Leiter eine Induktions-spannung, die gemäß der Lenzschen Regel der Ursache entgegengerichtet ist.

9. Durch die Selbstinduktion steigt der Strom nicht plötzlich an (Abb. L 3.10.9). $I(t) = \dfrac{U_o}{R} \, (1 - e^{-\frac{R}{L}t})$.

10. Diese Energie war während des Stromflusses als magnetische Feldener-gie gespeichert.

11. $U_{ind} = \dfrac{d\phi_m}{dt} = B \dfrac{dA}{dt} = d \, v \, B = 25$ V.

12. $2,5$ V.

13. (a) $0,5$ s.   (b) $0,5$ s $\leq t \leq 0,525$ s: $75,4$ mV, $0,55$ s $\leq t \leq 0,575$ s: $-75,4$ mV.

14.

Intervall	$0 < t < 1$ s	1 s$< t < 2$ s	2 s$< t < 3$ s	3 s$< t < 4$ s
$\dfrac{dI_1}{dt}$	$0,4$ A $\cdot$ s^{-1}	0	$2 \, qt$	$-0,9$ A $\cdot$ s^{-1}
U_{ind}	$-5,03$ mV	0	$-5,03...$ $-7,54$ mV	$+11,31$ mV

15. $H_H = \dfrac{1}{N \, \mu_o \, A} \displaystyle\int U(t) \, dt = 36,5$ A $\cdot$ m^{-1}.

16. (a) $U_{ind} = B \, A \, \omega \sin{\omega t}$.   (b) $U_o = 1,6$ V, $U_{eff} = 1,13$ V.   (c) $6,4$ W.

(d) $t = \dfrac{E_{rot}}{P} = 50$ s.   (e) Mit $P_{rot} = -J \, \omega \dfrac{d\omega}{dt}$ und $P_{el} = \dfrac{U_{eff}^2}{R} = \dfrac{B^2 \, A^2 \, \omega^2}{2 \, R}$

ergibt sich $\dfrac{d\omega}{\omega} = - \dfrac{B^2 \, A^2}{2 \, R \, J} \, dt$, daraus folgt $\omega(t) = \omega_o \exp{(- \dfrac{B^2 \, A^2}{2 \, R \, J} \, t)}$ und $t_{1/2} = 54,2$ s.

17. $0,01$ H.   **18.** $1,12$ V.

19. Nach dem Maschensatz gilt $U_o - I \, R - L \dfrac{dI}{dt} = 0$, daraus folgt

$I(t) = \dfrac{U_o}{R} \, (1 - e^{-\frac{R}{L}t})$, $I(0,1$ s$) = 6,32$ A.

20. (a) 75 W $\cdot$ s.   (b) $Q = \displaystyle\int I(t) \, dt = \dfrac{1}{R} \displaystyle\int U(t) \, dt = \dfrac{1}{R} \Delta\phi_m = \dfrac{L}{R} \Delta I = 0,3$ A $\cdot$ s.

7.3.11 Wechselstrom

1. Der Vorteil des Wechselstromes ist die einfache Transformierbarkeit. 3-phasiger Drehstrom besteht aus 3 um den Phasenwinkel $120\,^{\circ}$ gegeneinander verschobenen einphasigen Wechselströmen.

2. $U_C = \sqrt{2} \, U_{eff} = 311$ V.

3. Nein, infolge der Induktivität ist er geringfügig größer.

4. Siehe Abb. L 3.11.4.   **5.** Siehe Abb. L 3.11.5.

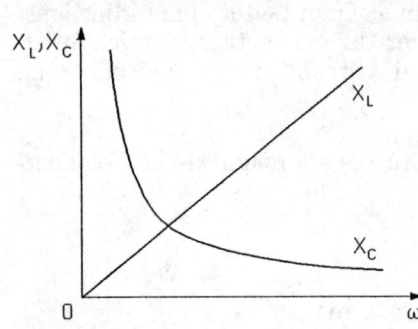

Abb. L3.11.4
Induktiver und kapazitiver Widerstand als Funktion der Frequenz

Abb. L3.11.5
Addition von Wirk- und
Blindwiderstand

6. (a) $-\dfrac{\pi}{2}$.   **(b)** $\dfrac{\pi}{2}$.   **(c)** Null.   **(d)** $\tan \varphi = \dfrac{X}{R}$.

7. Die Scheinleistung ergibt sich gemäß $S = \sqrt{P^2 + Q^2}$ aus Wirk- und Blindleistung. Es gilt $P = S \cos \varphi$ und $Q = S \sin \varphi$.

8. $P = 0$, $\varphi = \pm \dfrac{\pi}{2}$.

9. Wegen $P = S \cos \varphi$. Ein Blindstrom vergrößert den Gesamtstrom, was
bei gleicher erwünschter Wirkleistung zu höheren Verlusten in den Zuleitungen führt.

10. Einsatz eines Regeltransformators oder Reihenschaltung mit induktiven
oder kapazitiven Widerständen reduziert die Verluste.

11. (a) $U_{eff} = 220$ V, $T = 0,02$ s, $\varphi_U = 28,6^\circ$.   **(b)** -311 V.

12. $I(t) = I_{max} \cos (\omega\, t + 0,72)$.

13. (a) $0,80$ A.   **(b)** $0,47$ A.   **(c)** $65,0$ Hz.

14. $Z = 659,4$ Ω, $I_{eff} = 334$ mA, $\varphi = 72,34$ °.

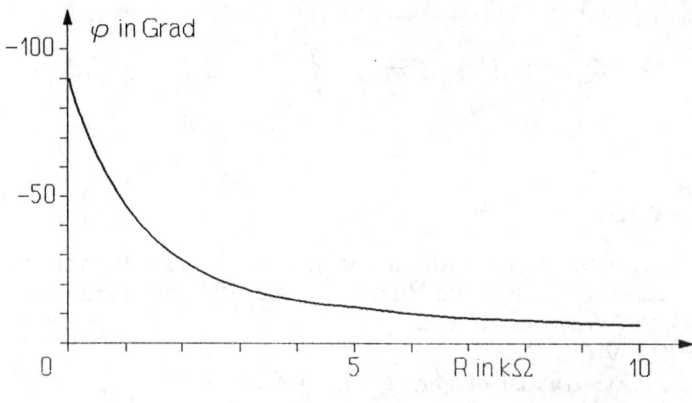

Abb. L3.11.15
Zu Aufgabe 15.

15. $\varphi = \arctan \left(- \dfrac{1}{2\pi\,f\,C} \cdot \dfrac{1}{R}\right)$, siehe Abb. L3.11.15.

16. Der Scheinwiderstand soll ein Minimum haben, also $\dfrac{\mathrm{d}Z}{\mathrm{d}\omega} = 0$ und
$\omega L = \dfrac{1}{\omega\,C}$, damit $L = 0,912$ H.

17. $9,94$ mH.

18. (a) $R = 48,4\ \Omega$, $P = U_{eff} \cdot I_{eff} \cos\varphi = \dfrac{U_{eff}^{2}\,R}{Z^{2}}$, $Z^{2} = R^{2} + \dfrac{1}{\omega^{2}\,C^{2}}$,
daraus folgt $C = 46,7\ \mu$F.
(b) Der Vorwiderstand müßte $35,2\ \Omega$ betragen, das ergibt eine Verlustleistung von 727 W.

19. (a) $I_W = 6,5$ A, $I_B = 7,6$ A.   **(b)** $P = 812,5$ W, $Q = 950$ W, $S = 1250$ W.   **(c)** $19,5$ kW $\cdot$ h.   **(d)** $6,5$ A.

20. $3,17 \cdot 10^{3}$ kW $\cdot$ h.

7.3.12 Elektromagnetische Schwingungen und Wellen

1. Ungedämpft: $U_C + U_L = 0$, $\dfrac{Q}{C} + L\,\dfrac{\mathrm{d}I}{\mathrm{d}t} = 0$, $\ddot{Q} + \dfrac{1}{L\,C}\,Q = 0$,

gedämpft: $U_C + U_R + U_L = 0$, $\dfrac{Q}{C} + R\,I + L\,\dfrac{\mathrm{d}I}{\mathrm{d}t} = 0$, $\ddot{Q} + \dfrac{R}{L}\,\dot{Q} + \dfrac{1}{L\,C}\,Q = 0$.

Die "rücktreibende Größe" $U_C = \dfrac{1}{C}\,Q$ ist proportional der schwingenden Ladung, daher ist die Schwingung harmonisch.

2. Siehe Formelteil.

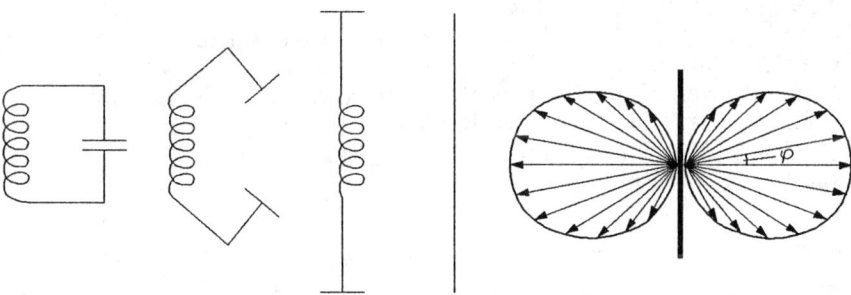

Abb. L3.12.5   Zu Frage 5.   Abb. L3.12.9
Strahlungscharakteristik
eines Sendedipols

3. Die Summe beider Energien ist im ungedämpften Schwingkreis konstant:
$\dfrac{C}{2}\,U^{2} + \dfrac{L}{2}\,I^{2} = \text{konst}.$

4.

	rücktreibende Größe	Trägheit	Dämpfung	Resonanzkreisfrequenz im ungedämpften Fall
Reihen-schwingkreis	$\dfrac{1}{C}$	L	$R/2\,L$	$\dfrac{1}{\sqrt{L\,C}}$
Federpendel	k	m	$b/2\,m$	$\sqrt{\dfrac{k}{m}}$

5. Siehe Abb. L 3.12.5, der stabförmige Sendedipol hat, resultierend aus der Geometrie des elektrischen und magnetischen Feldes, sowohl eine Kapazität als auch eine Induktivität.

6. Zeitlich veränderliche magnetische Felder bedingen elektrische Felder (Induktion) und umgekehrt.

7. Siehe Abb. L 3.12.7.

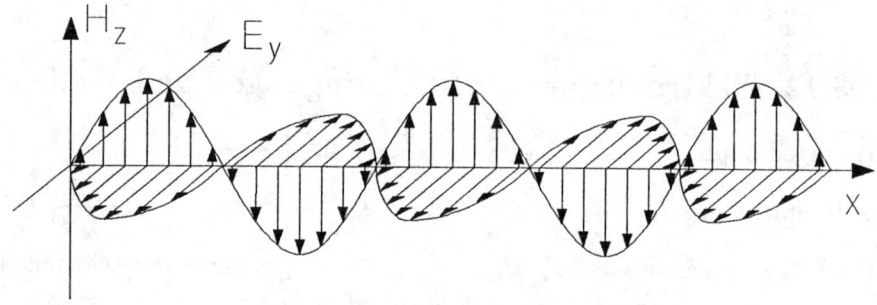

Abb. L3.12.7   Elektromagnetische Welle in x-Richtung

8. Ja, es sind Transversalwellen.

9. Gemäß Abb. L 3.12.9 tritt die maximale Intensität für $\varphi = 0°$, die minimale für $\varphi = 90°$ auf.

10. Rundfunkwellen, Dezimeterwellen, Mikrowellen, Wärmestrahlung, sichtbares Licht, ultraviolettes Licht, Röntgenstrahlung, Gammastrahlung.

11. $f = 50,3$ kHz, $T = 1,99 \cdot 10^{-5}$ s.   **12.** 58 ... 526 nF.

13. (a) 5 s^{-1}.   **(b)** 0,2 Ω.

14. $\omega = \sqrt{\dfrac{1}{L\,C} - \dfrac{R^2}{4\,L^2}}$, siehe Abb. L3.12.14.

15. Wegen der Energieerhaltung sind die Maximalenergien für Kondensator und Spule gleich groß. $\dfrac{Q_{max}^2}{2\,C} = \dfrac{L\,I_{max}^2}{2}$, also $I_{max} = 2,24$ mA.

16. (a) 2,53 mH.   **(b)** 31,8 Ω.   **(c)** 3 K.

17. (a) 428,6 MHz.   **(b)** 81.

18. (a) 2,254 bzw. 2,242 m · s^{-1}.   **(b)** 1,78.   **(c)** Grund der Abweichung ist die Abhängigkeit der Dielektriziätszahl von der Schwingungsfrequenz, die durch die Schwingungseigenschaften der Medien bestimmt wird.

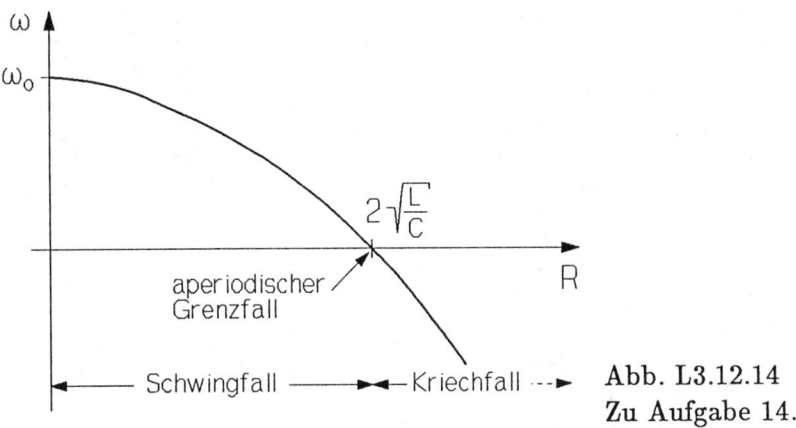

Abb. L3.12.14
Zu Aufgabe 14.

19. (a) 300 m. **(b)** 25000.

20. $E_{eff} = 1,37 \cdot 10^{-4}$ V $\cdot$ m^{-1}, $H_{eff} = 3,64 \cdot 10^{-7}$ A $\cdot$ m^{-1}.

7.4 Optik

7.4.1 Reflexion und Brechung

1. Mit steigender Frequenz bzw. fallender Wellenlänge treten die Spektralfarben in folgender Reihenfolge auf: rot, orange, gelb, grün, blau, violett.

2. Frequenz und Photonenenergie bleiben unverändert, Lichtgeschwindigkeit und Wellenlänge sind kleiner als in Luft; je optisch dichter das Medium ist, desto kleiner sind Lichtgeschwindigkeit und Wellenlänge und um so größer ist die absolute Brechzahl.

3. Durch Überlagerung der von den Punkten der Grenzfläche austretenden Elementarwellen.

4. Ja, man muß durch eine Extremwertbetrachtung den optischen Weg errechnen, für den das Licht die geringste Zeit benötigt.

5. Wegen der Lichtbrechung. Der Fisch befindet sich tiefer im Wasser, als durch die geradlinige Verlängerung des Lichtweges ins Wasser hinein vorgetäuscht wird.

6. Ja, die Brechzahl hängt von der Konzentration von Lösungen, bei Gasen vom Druck und bei Mischkristallen von der Zusammensetzung ab.

7. Wenn Licht aus einem optisch dichteren Medium auf die Grenzfläche zu einem optisch dünneren Medium gelangt und der Ausfallswinkel 90° wird, d. h., wenn der Einfallswinkel größer als der Grenzwinkel der Totalreflexion ist.

8. Messung von Brechzahlen, Umlenkprismen, Lichtleiter; Luftspiegelungen.

9. Die Abhängigkeit der Brechzahl von der Wellenlänge bzw. Frequenz führt im Prisma zur unterschiedlichen Brechung von Licht mit unterschiedlicher Frequenz.

10. Stoffe unbekannter Zusammensetzung werden zur Emission ihrer charakteristischen elektromagnetischen Strahlung angeregt oder absorbieren diese aus einem kontinuierlichen Spektrum. Die resultierende Strahlung wird durch Prismen, optische Gitter oder im Falle der Röntgenstrahlung durch Kristalle in ein Spektrum zerlegt. Durch Auftreten bzw. Fehlen der für die Bestandteile charakteristischen Strahlung kann die Anwesenheit der speziellen emittierenden bzw. absorbierenden Atome oder Moleküle nachgewiesen und durch Intensitätsmessungen ihre Konzentration bestimmt werden.

11. 105 mm.

12. (a) $0,95$ m.   **(b)** Spiegeloberkante $0,08$ m unter der Hutoberkante.

13. $2\,\gamma$, also 90°.

14. $n_1 = 1,199$; $n_2 = 1,071$; $n_{12} = 0,893$; $n_{21} = 1,120$.

15. (a) Nein, bei einem Einfallswinkel von 90° dringt der Strahl mit $24,5^\circ$ zum Lot in den Würfel ein.   **(b)** Der gebrochene Strahl muß unter 45° zum Lot laufen, das entspricht bei streifendem Einfall einer Brechzahl $1,414$.

16. Gemäß Abb. L4.1.16 gilt $s = \dfrac{d\,\sin(\alpha_1 - \alpha_2)}{\cos\alpha_2}$, $d = 4,99$ mm.

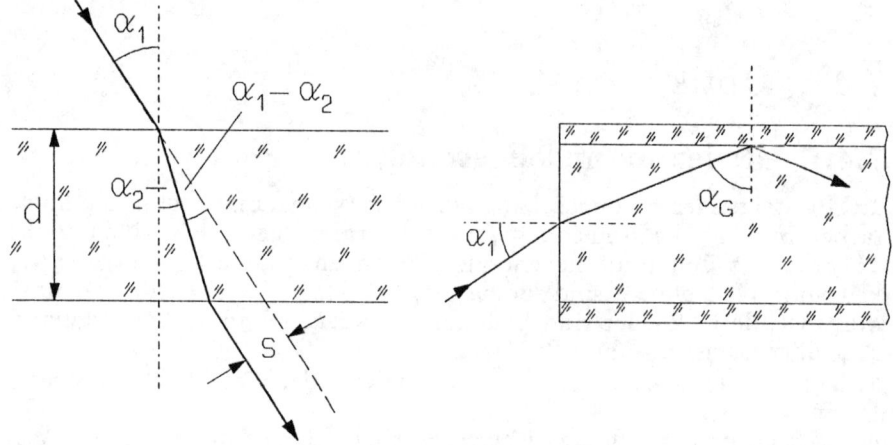

Abb. L4.1.16 Brechung des   Abb. L4.1.19 Totalreflexion eines
Lichtes   Lichtstrahles in einer Lichtleitfaser

17. Parallel zur Wasseroberfläche einfallendes Licht wird unter $48,75^\circ$ gebrochen. Der Taucher sieht den Himmel als hellen Kreis unter einem Öffnungswinkel von $97,5^\circ$.

18. (a) $n_{Gl} = 1,752$, die zu bestimmende Brechzahl muß kleiner sein.
(b) $0,880$.   **(c)** $1,541$ (Steinsalz).

19. Gemäß Abb. L4.1.19 gilt $\alpha_1 \leq 13,98^\circ$, da der Einfallswinkel zur Mantelfläche $\geq \alpha_G$ bleiben muß.

20. (a) 450 nm: $n = 1,970$, $\delta = 68,63^\circ$; 700 nm: $n = 1,905$, $\delta = 56,13^\circ$.
(b) $12,50^\circ$.

7.4.2 Abbildung durch Linsen

1. Die Brennweite ist der Abstand der Brennpunkte von der Hauptebene der Linse. Die Brechkraft ist der Kehrwert der Brennweite, Einheit der Brechkraft: Dioptrie.
2. Die parallel zur optischen Achse durch die Linse fallenden Sonnenstrahlen schneiden sich im Brennpunkt.
3. Die Brennweite von Zerstreuungslinsen ist negativ. Wenn parallel zur optischen Achse einfallende Strahlen durch die Linse zerstreut werden, schneiden sie sich bei rückwärtiger Verlängerung scheinbar im Brennpunkt.
4. Auf die Hauptebenen.
5. Wichtige Abbildungsfehler sind sphärische und chromatische Aberration, Astimatismus und Bildfeldwölbung. Sie bleiben klein, wenn nur achsennahe Strahlen zur Abbildung beitragen. Eine Korrektur der Abbildungsfehler erfolgt durch Linsenkombinationen.
6. Siehe Formelteil.
7. Parallelstrahl (1), Mittelpunktstrahl (2) und Brennpunktstrahl (3) gemäß Abb. L4.2.7.

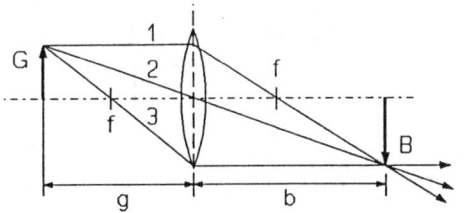 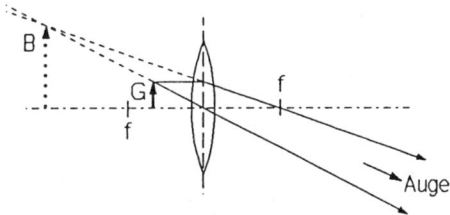

Abb. L4.2.7 Bildkonstruktion bei einer Sammellinse

Abb. L4.2.8 Bildkonstruktion bei einer Sammellinse (Gegenstand innerhalb der Brennweite)

8. Reelle Bilder ergeben sich durch Schnittpunkte der Strahlen auf der Bildseite und sind auf Mattscheiben sichtbar. Virtuelle Bilder entsprechen scheinbaren Schnittpunkten der Strahlen (Abb. L4.2.8) bei Betrachtung mit dem Auge, sie sind auf Mattscheiben nicht sichtbar zu machen.
9. Infolge der Abbildungsgleichung entsteht bei Erzeugung eines reellen Bildes mit einer Sammellinse für festgelegten Abstand zwischen Gegenstand und Bildschirm je ein Bild bei genau zwei unterschiedlichen Linsenstellungen, wenn Gegenstands- und Bildweite gerade vertauscht sind. Nach Bestimmung der unterschiedlichen Linsenpositionen läßt sich f berechnen.
10. Bei Kurzsichtigkeit wird der zu große Netzhautabstand durch eine Konkavlinse, die in Kombination mit der Augenlinse die Brennweite vergrößert, korrigiert. Entsprechend benötigt ein Weitsichtiger eine Brille mit Konvexlinse, um eine kleinere Brennweite zu erreichen.
11. (a) 110 mm. **(b)** 329 mm. **(c)** −329 mm. **(d)** −110 mm.
(e) ±164,4 mm bzw. ±329 mm.
12. 0,974 (chromatische Aberration).

13. **(a)** 140 mm.   **(b)** siehe Abb. L4.2.13.   **(c)** $b = 467, 3$ mm, $B = 116, 8$ mm, $\beta = 2, 336$.

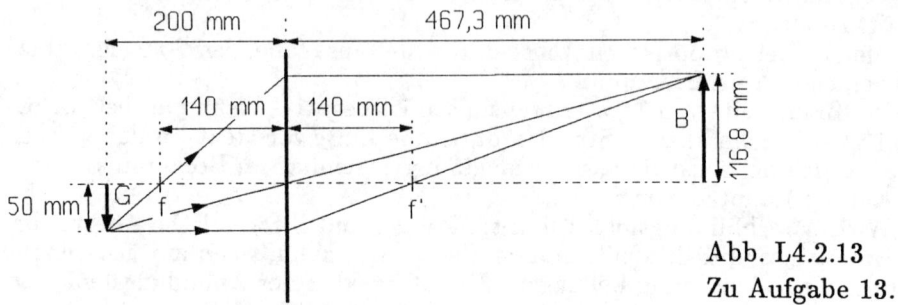

Abb. L4.2.13
Zu Aufgabe 13.

14. (a) - (f) siehe Abb. L4.2.14.

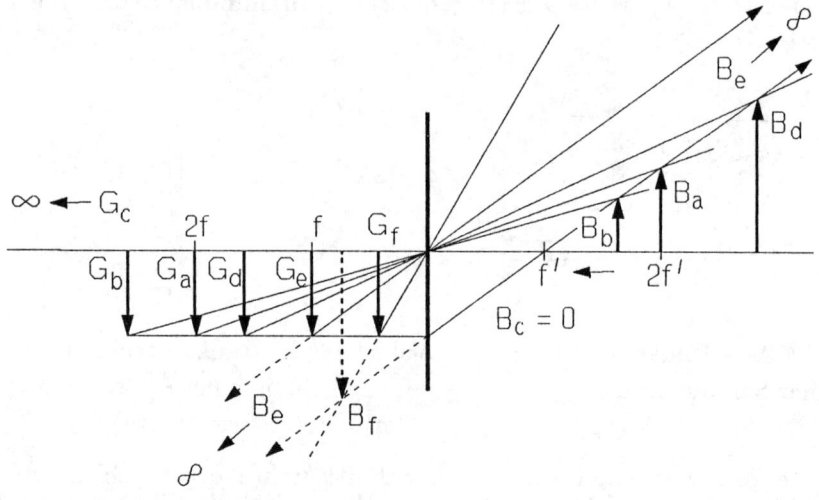

Abb. L4.2.14   Zu Aufgabe 14.

(g) a: Abbildung im Maßstab 1 : 1 (reelles Bild), b: verkleinertes reelles Bild (Photoapparat), c: Fokussierung paralleler Strahlen (Brennglas, Fernrohrobjektiv), d: vergrößertes reelles Bild (Mikroskopobjektiv, Photoobjektiv mit Zwischenringen), e: virtuelles Bild (Lupe bei entspanntem Auge), f: virtuelles Bild (Lupe, Okulare).

15. Virtuelle Bilder sind nicht auf Mattscheiben sichtbar.

16. $g = 0, 2$ m, $f = 0, 198$ m.   **17.** 10, 7 mm bei einer Bildweite von 50, 3 mm.

18. Sammellinse mit 240 mm Brennweite.

19. Die Brennweite der einzelnen Linsen beträgt 307, 7 mm, sie müssen in 89, 4 mm Abstand aufgestellt werden.

20. (a) Gemäß Abb. L4.2.20 gilt $\dfrac{f_2}{|f_1|} = \dfrac{D}{d}$, $f_2 = 600$ mm (Sammellinse).
(b) $e = f_2 - |f_1| = 570$ mm.

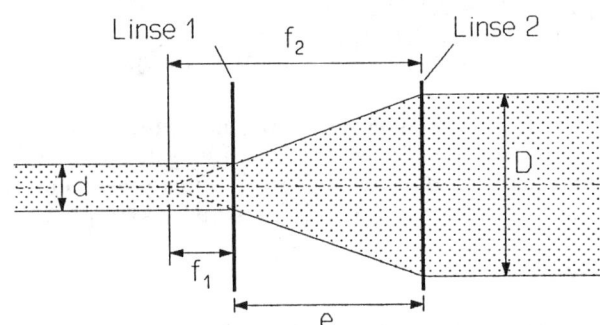

Abb. L4.2.20
Zu Aufgabe 20.

7.4.3 Auge und optische Instrumente

1. Das Auge besitzt eine Sammellinse, die auf der mit den lichtempfind-lichen Zäpfchen und Stäbchen besetzten Netzhaut scharfe Bilder erzeugt. Durch Kontraktion der Augenlinse kann deren Brennweite verkleinert wer-den (Nahsehen). Als deutliche Sehweite wird die Gegenstandsweite von 250 mm bezeichnet.
2. Bei Akkomodation auf ∞ ist die Augenlinse völlig entspannt ($f \approx$ 22,8 mm). Das Sehen in die Ferne ist daher weniger anstrengend.
3. Veränderung der Brennweite der Augenlinse.
4. Der Sehwinkel ist der Winkel, unter dem ein Gegenstand gesehen wird. Da ein Gegenstand in größerer Entfernung unter kleinerem Sehwinkel er-scheint, benutzt man beim Zeichnen die zentralperspektivische Darstellung. Die Vergrößerung optischer Instrumente ergibt sich aus Vergleich der Seh-winkel mit und ohne Instrument.
5. Gemäß Abb. L4.3.5 gilt $\tan \varphi' = \dfrac{G}{f}$, und mit $\tan \varphi = \dfrac{G}{s_o}$ ergibt sich für

kleine φ und φ' $\Gamma = \dfrac{\varphi'}{\varphi} = \dfrac{s_o}{f}$.

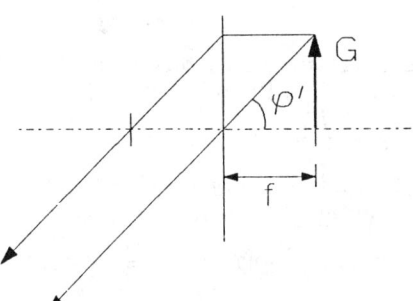

Abb. L4.3.5
Zu Frage 5.

6. Das Objektiv entwirft ein reelles Bild des Gegenstandes, welches mit dem als Lupe wirkenden Okular betrachtet wird. Beim Fernrohr ist das reelle Bild verkleinert, beim Mikroskop vergrößert.

7. Infolge der eingebauten Umlenkprismen.

8. Das Okular besteht aus einer Zerstreuungslinse.

9. Durch Einsatz der Zerstreuungslinse ergibt sich die Baulänge im Prinzip aus der Differenz der Brennweitenbeträge. Das virtuelle Bild der Zerstreuungslinse erscheint aufrecht.

10. Parallel längs der optischen Achse in einen Parabolspiegel einfallende Lichtstrahlen schneiden sich im Brennpunkt, von wo das Licht durch eine Zusatzoptik nach außen gelangt. Der wesentlichste Vorteil von Spiegelteleskopen ist die größere Helligkeit der Bilder aufgrund der konstruktiv größeren Spiegel.

11. (a) 22,8 mm.   **(b)** 20,9 mm.

12. 7,6 mm.

13. (a) 543 mm.   **(b)** Die Brennweite muß von $f_1 = 22,8$ mm auf $f = 23,8$ mm vergrößert werden. Das leistet eine mit $e \approx 10$ mm vorgeschaltete Zerstreuungslinse bei einer Brennweite $f_2 = \dfrac{f\,(f_1 - e)}{f_1 - f} = -305$ mm. $D_2 = -3,28$ dpt.

14. (a) 6,25.   **(b)** 7,25.

15. Nach Abb. L4.3.15 gilt für die Vergrößerung des Objektivs $\dfrac{B}{G} = \dfrac{\Delta}{f_{ob}}$. Bei Betrachtung durch das Okular als Lupe erhält man $\Gamma_M = \Gamma_{ob} \cdot \Gamma_{ok} = \dfrac{\Delta}{f_{ob}} \cdot \dfrac{s_o}{f_{ok}} = 250$.

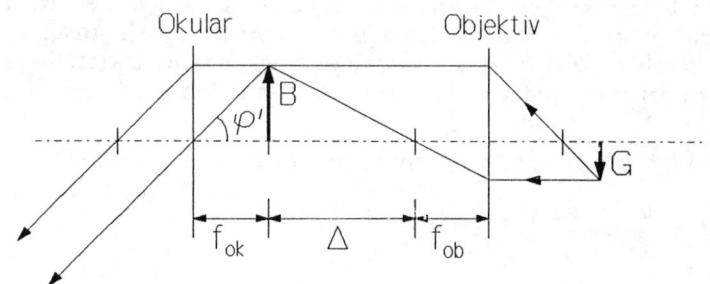

Abb. L4.3.15
Vergrößerung
eines Mikroskops

16. (a) Zum Betrachten mit entspanntem Auge muß sich das vom Objektiv entworfene Bild in der Brennebene des Okulars befinden. Gemäß Abb. L4.3.15 gilt $\dfrac{B}{G} = \dfrac{\Delta}{f_{ob}} = \dfrac{f_{ob}}{g - f_{ob}}$, also $g - f_{ob} = \dfrac{f_{ob}^2}{\Delta} = 0,17$ mm.

(b) Das reelle Bild hat eine Größe $B = 2,67$ mm. Das ergibt $\varphi' = 7,6°$.

17. Für Gegenstände in sehr großer Entfernung gilt (siehe Abb. L4.3.17) $\tan \varphi = \dfrac{B}{f_{ob}}$ und $\tan \varphi' = \dfrac{B}{f_{ok}}$, für kleine φ und φ' folgt $\Gamma_F = \dfrac{f_{ob}}{f_{ok}} = 50$.

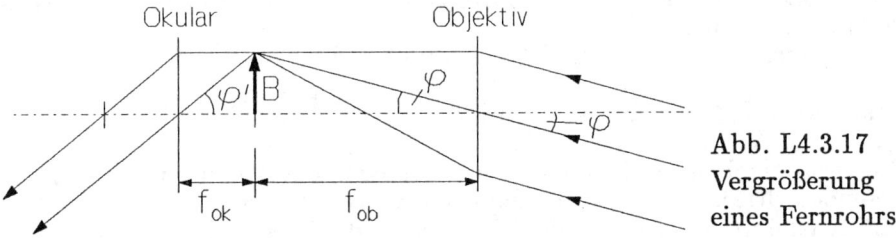

Abb. L4.3.17
Vergrößerung
eines Fernrohrs

18. (a) $\dfrac{f_{ob}}{f_{ok}} = 10$, $f_{ok} + f_{ob} = 250$ mm, also $f_{ok} = 22,7$ mm und $f_{ob} = 227,3$ mm. **(b)** Man muß den Abstand von Objektiv und Okular vergrößern, da die reellen Bilder zwischen einfacher und doppelter Objektivbrennweite entstehen. **(c)** $b_{ob} = 237,3$ mm, $g_{ob} = 5,39$ m.
19. $6,06^{\circ}$.
20. Die Sternhelligkeiten sind bei Betrachtung mit dem Spiegelteleskop um den Faktor $44,4$ größer.

7.4.4 Interferenz und Beugung

1. Jeder Punkt der Wellenfläche ist Ausgangspunkt einer Elementarwelle. Die Elementarwellen sind Kugelwellen, die sich nach allen Richtungen ausbreiten.
2. Für Interferenzerscheinungen ist der Phasenunterschied zweier Lichtwellen maßgebend, d. h. nicht die unterschiedlichen zurückgelegten geometrischen Wegstrecken s, sondern die dazu notwendige Zahl von Wellenlängen. Daher vergleicht man die optischen Weglängen $s_{opt} = n\,s$.
3. Kohärentes Licht besteht aus Teilwellen mit konstantem Phasenunterschied, es ist im allgemeinen in demselben Elementarprozeß entstanden. Relativ große Kohärenzlängen besitzt Laserlicht.

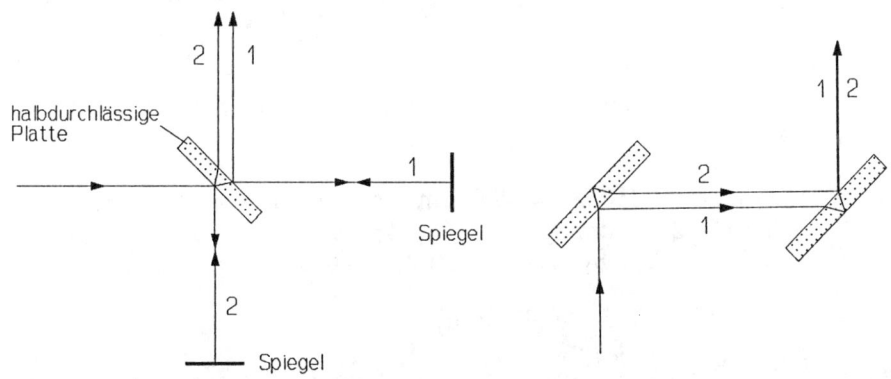

Abb. L4.4.6 Interferenzanordnung
a) nach Michelson   b) nach Jamin

4. Kohärente Teilwellen legen vor ihrer Interferenz unterschiedliche optische Wegstrecken zurück.

5. Interferenz von an Ober- und Unterseite der dünnen Schicht reflektierten Wellen.

6. Siehe Abb. L 4.4.6a und L 4.4.6b.

7. $\Delta s_{opt} = 6 \lambda$.

8. Bei Fraunhoferschen Interferenzanordnungen überlagern sich die interferierenden Strahlen im Unendlichen (parallele Strahlen), bei Fresnelschen Interferenzanordnungen werden die Interferenzen in endlichem Abstand betrachtet.

9. Optische Gitter ergeben für verschiedene Wellenlängen Interferenzmaxima bei unterschiedlichen Winkeln.

10. Teilchenmodelle ergeben keine befriedigende Erkärung dieser Erscheinungen.

11. 784, 8 nm.   **12.** 556 nm.

13. (a) $\Delta n = 1,426 \cdot 10^{-5}$, $\Delta s_{opt} = 14,26 \ \mu m$.   (b) 22, 5 Ordnungen.

14. $\Delta s_{opt} = 2 \ n \ s = 10 \ \lambda$, $s = \dfrac{d}{\cos \beta}$, also $\beta = 25,41^{o}$ und $\alpha = 34,81^{o}$
(siehe Abb. 4.4.14).

15. Da die Dicke des Wasserfilms 2 μm ist, beträgt die geometrische Wegdifferenz mindestens (senkrechter Lichteinfall) 4 μm, die Differenz der optischen Weglängen 5,32 μm. Das sind mehr als 10 Wellenlängen.

16. (a) Nach Abb. L4.4.16a gilt $\Delta s_{opt} = d \sin \alpha = N \lambda$.   (b) 24, 36°.
(c) $N_{max} = 7$.

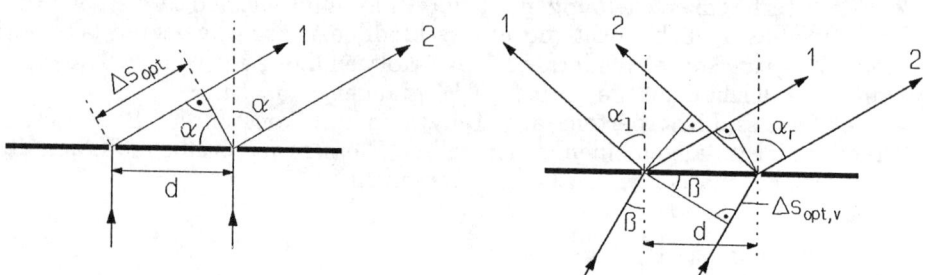

Abb. L4.4.16   Beugung am   Abb. L4.4.20   Zu Aufgabe 20.
Doppelspalt

17. (a) 5 μm.   (b) $\lambda = 380$ nm ... 750 nm $\rightarrow$ 1. Ordnung: $\alpha = 4,36^{o}$ ... $8,63^{o}$, 2. Ordnung: $\alpha = 8,74^{o}$ ... $17,46^{o}$, 3. Ordnung: $\alpha = 13,18^{o}$ ... $26,74^{o}$. Die Spektren 2. und 3. Ordnung überlagern sich teilweise.

(c) 447 nm, 502 nm, 706 nm (Helium).

18. $m \geq 327$.   **19.** 5 μm.

20. Nach Abb. L4.4.20 ergibt sich vor dem Doppelspalt der Gangunterschied $\Delta s_{opt,v} = d \sin \beta$, der beim linken Maximum hinzugenommen, beim rechten abgezogen werden muß. Daher wird $\Delta s_{opt,l} = d(\sin \alpha_l + \sin \beta)$ und

$\Delta s_{opt,r} = d(\sin \alpha_r - \sin \beta)$, man erhält $\alpha_l = -11,9^{\circ}$ und $\alpha_r = 52,6^{\circ}$ anstelle von $\alpha_{l,r} = 17,1^{\circ}$ bei senkrechtem Einfall.

7.4.5 Polarisation und Doppelbrechung

1. Natürliches Licht hat keine bevorzugte Schwingungsebene. Betrachtet man die Spitze des Vektors der elektrischen Feldstärke beim Hindurchtreten der Lichtwellen durch eine senkrecht zur Ausbreitungsrichtung gedachte Ebene, so beschreibt die Pfeilspitze in dieser Ebene bei linearer Polarisation eine lineare Schwingung, bei elliptischer Polarisation eine Ellipse und bei zirkularer Polarisation einen Kreis um den Durchtrittspunkt eines Strahls.
2. Die Richtung der Schwingung in einer Ebene senkrecht zur Ausbreitungsrichtung ist der zusätzliche Freiheitsgrad.
3. Wenn ϑ der Winkel zu einer Ebene senkrecht zur Dipolachse ist, gilt $I(\vartheta) = I(0) \cos^2 \vartheta$, d. h. in Richtung der Dipolachse erfolgt keine Ausstrahlung, in der Ebene senkrecht dazu ist sie maximal.
4. Die Lichtwelle im Glas schwingt mit ihrer zur Einfallsebene parallelen Komponente genau in Richtung des reflektierten Strahls, daher emittiert wegen der Dipolcharakteristik in diese Richtung nur die zur Grenzfläche parallele Komponente.
5. Wegen unterschiedlicher Ausbreitungsrichtungen und verschiedener Brechzahlen wird der ordentliche Strahl an der Grenzfläche in Prismenmitte totalreflektiert, der außerordentliche nicht.
6. Ein Polarisator allein zeigt bei jeder Winkelstellung für natürliches und zirkular polarisiertes Licht die gleiche Intensität. Die Kombination mit einem $\lambda/4$-Plättchen ändert daran für natürliches Licht nichts, da infolge der Doppelbrechung alle linear polarisierten Wellen in gleicher Weise in zirkular polarisiertes Licht umgewandelt werden. Für zirkular polarisiertes Licht geschieht das Umgekehrte, es wird durch das $\lambda/4$-Plättchen in linear polarisiertes Licht umgewandelt, was im nachgeschalteten Polarisator bei Drehung nachgewiesen werden kann.
7. Wegen der Richtungsabhängigkeit der Lichtgeschwindigkeit sind die Huygensschen Elementarwellen für den ao-Strahl im Kristall keine Kugelwellen, so daß daraus im allgemeinen eine Brechung resultiert. Ausnahmen liegen vor, wenn die optische Achse senkrecht zur Grenzfläche steht oder die optische Achse in der Grenzfläche liegt.
8. Bestimmte Festkörper werden durch Auftreten mechanischer Spannungen doppelbrechend. An durchsichtigen Modellen können, wenn sie zwischen zwei Polarisatoren aufgestellt werden, Spannungsverteilungen sichtbar gemacht werden (Spannungsdoppelbrechung).
9. Flüssigkristalle sind organische Substanzen aus stäbchenförmigen Molekülen, die sich selbst ordnen und die Schwingungsebene vom Licht drehen. In Flüssigkristallanzeigen wird die Molekülanordnung durch elektrische Felder beeinflußt.
10. $E = 0,866 \, E_o$, $I = 0,75 \, I_o$.   **11.** $E = 3,16 \, E_p$, $\alpha = 71,6^{\circ}$ zu E_p.

12. (a) lineare Polarisation.

(b)

α in Grad	0	30	60	90	allgemein
E/E_o	2,0	1,93	1,73	1,41	$2\cos\dfrac{\alpha}{2}$
I/I_o	4,0	3,73	3,0	2,0	$4\cos^2\dfrac{\alpha}{2}$

(c) $\dfrac{\alpha}{2}$, die Schwingungsrichtung liegt in der Mitte zwischen den Schwingungsrichtungen der Ausgangswellen.

13. $\alpha_B = 57,08^\circ$, denn nach Abb. L4.5.13 gilt $n = \dfrac{\sin\alpha_B}{\sin\beta} =$

$\dfrac{\sin\alpha_B}{\sin(90^\circ - \alpha_B)} = \tan\alpha_B$.

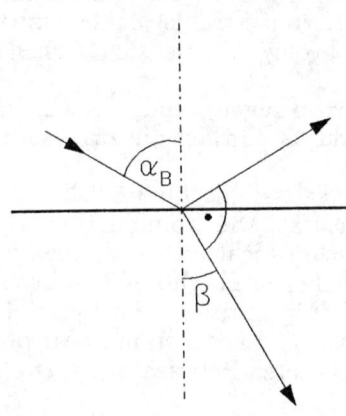

Abb. L4.5.13
Zur Herleitung des
Brewsterschen Gesetzes

14. (a) Ein Drehwinkel von 60° reduziert die Intensität auf ein Viertel.
(b) Wenn der Drehwinkel Vielfache von π beträgt, Dicke also 12 mm, 24 mm usw.

15. $19,23$ kg $\cdot$ m^{-3}.

16.

Phasen-unterschied	0	$0 < \Delta\varphi < \dfrac{\pi}{2}$	$\dfrac{\pi}{2}$	$\dfrac{\pi}{2} < \Delta\varphi < \pi$	π	usw.
(a)	linear	elliptisch	zirkular	elliptisch	linear	usw.
(b)	linear	elliptisch	elliptisch, senkrechte Halbachsen	elliptisch	linear	usw.

17. (a)

	Vakuum	o	ao
λ in nm	589	355	396
c in 10^8 m · s^{-1}	3,00	1,81	2,02

(b) $\Delta s_{opt} = (n_o - n_{ao})\, l = (N_o - N_{ao})\, \lambda = 87{,}6\,\lambda$.

18. In einem $\lambda/4$-Plättchen bewegen sich ordentlicher und außerordentlicher Strahl senkrecht zur optischen Achse in gleicher Richtung. Nach Verlassen des Plättchens haben sie den Gangunterschied $\lambda/4$. Die Dicken ergeben sich wie folgt: $d = N_o\,\lambda_o = N_{ao}\,\lambda_{ao} = \dfrac{N_o\lambda_v}{n_o} = \dfrac{N_{ao}\lambda_v}{n_{ao}}$, $|N_{ao} - N_o| = \dfrac{1}{4}, \dfrac{3}{4}$, $\dfrac{5}{4}, \ldots = \dfrac{d}{\lambda_v}(n_{ao} - n_o)$, für Quarz gilt $d = 0{,}016$ mm, $0{,}049$ mm, $0{,}081$ mm usw.

19. $\alpha = 8{,}72^{\mathrm{O}}$, $V = 0{,}000872^{\mathrm{O}} \cdot \mathrm{A}^{-1}$.

20. $\Delta s_{opt} = n_{ao}\,l - n_o\,l = K\lambda_v\,E^2\,l = 0{,}71$ nm.

7.4.6 Photonenstrahlung

1. Das Elektronenvolt (eV) ist als die Energie definiert, die ein Elektron beim Durchlaufen einer Potentialdifferenz von 1 V im Vakuum gewinnt: 1 eV $= 1{,}602\,18 \cdot 10^{-19}$ J.

2. Je nach der Art des Experimentes verhält sich Licht entweder wie eine Gesamtheit von Teilchen (äußerer Photoeffekt, Comptoneffekt) oder wie eine Welle (Beugung, Interferenz, Polarisation). Wellen- und Teilchenmodell lassen sich nicht zu einer Vorstellung vereinigen.

3. Das sich mit Lichtgeschwindigkeit bewegende Photon hat die Masse $m = \dfrac{h\,f}{c_o^2}$. Es gilt außerdem die relativistische Massebeziehung

$$m = \frac{m_o}{\sqrt{1 - \dfrac{v^2}{c_o^2}}}. \text{ Es folgt } m_o = \frac{h\,f}{c_o^2}\sqrt{1 - \frac{v^2}{c_o^2}} = 0 \text{ für } v = c_o.$$

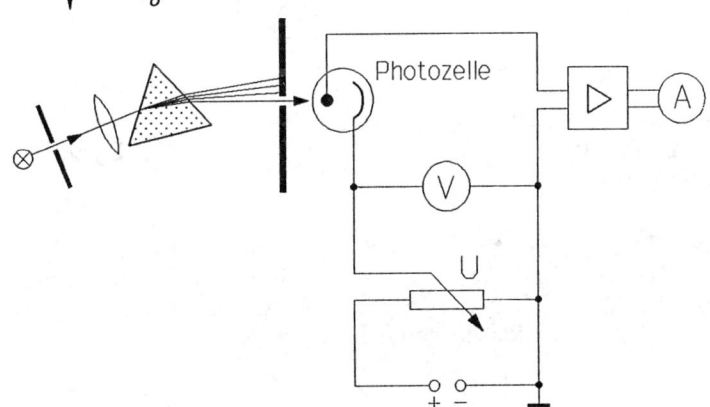

Abb. L4.6.4
Photoeffekt:
Gegenfeld-
methode

4. Abb. L4.6.4 Photoeffekt: Gegenfeldmethode
Die Maximalgeschwindigkeit der herausgelösten Photoelektronen kann durch die Gegenspannung U zwischen Katode und Anode ermittelt werden, bei welcher die Stromstärke gerade Null wird. Es gilt dann: $\frac{1}{2}\, m_e\, v^2 = e\, U$.
5. Abb. L4.6.5 Photoeffekt: Energie der Photoelektronen in Abhängigkeit von der Frequenz des Lichtes.

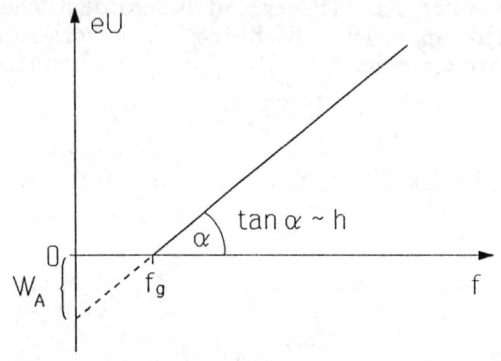

Abb. L4.6.5
Photoeffekt: Energie
der Photoelektronen in
Abhängigkeit von der
Frequenz des Lichtes

6. Abb. L4.6.6 Photozelle und Photovervielfacher
Photozelle und Photovervielfacher beruhen auf dem äußeren Photoeffekt. Während bei der Vakuum-Photozelle direkt der Strom der ausgelösten Photoelektronen gemessen wird, erfolgt beim Photovervielfacher (genauer Photosekundärelektronen-Vervielfacher) eine zusätzliche Verstärkung durch Sekundärelektronenemission aus Prallelektroden (Dynoden).

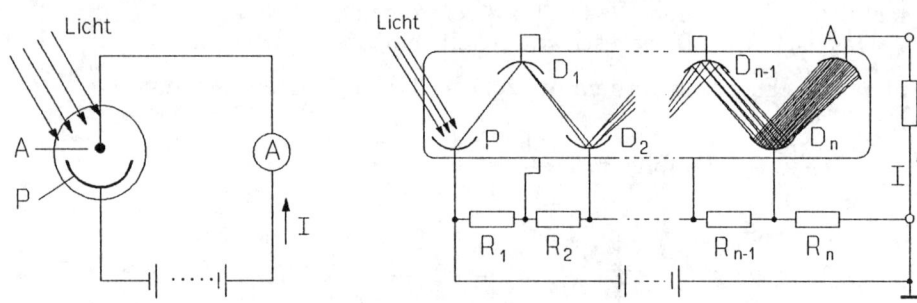

Abb. L4.6.6   Photozelle und Photovervielfacher
P Photokatode, A Anode, $D_1 \ldots D_n$ Dynoden, $R_1 \ldots R_n$ Dynodenwiderstände (Spannungsteiler)
7. $\vartheta = 180^\circ$
8. Da bei der Paarbildung die Sätze von der Erhaltung der Energie, des Impulses und der elektrischen Ladung erfüllt sein müssen, ist stets ein dritter Stoßpartner, meist ein Atomkern, erforderlich. Er übernimmt Impuls, aber wegen seiner großen Masse praktisch keine Energie.

9. Positronen und Elektronen bilden kurzzeitig ein dem Wasserstoffatom ähnliches Gebilde, das Positronium. Es existiert in zwei Grundzuständen mit unterschiedlicher mittlerer Lebensdauer. Bei antiparallelen Spins beider Partner (Parapositronium, $\tau = 125$ ps) zerstrahlt das Gebilde in zwei Photonen. In seltenen Fällen ist bei parallelen Spins (Orthopositronium, $\tau = 142$ ns) der Zerfall mit der Emission von drei Photonen verbunden.

10. Positronen vereinigen sich nach ihrer vollständigen Abbremsung mit Elektronen (s. 9.), wobei in der Regel zwei γ-Quanten mit einer Energie von je $E_\gamma = m_e\, c_o^2 = 0{,}511$ MeV in entgegengesetzter Richtung emittiert werden. Seltener entstehen drei γ-Quanten, deren Energiesumme ebenfalls $1{,}022$ MeV beträgt.

11. $m = 1{,}38 \cdot 10^{-30}$ kg, $p = 4{,}14 \cdot 10^{-22}$ m $\cdot$ kg $\cdot$ s^{-1}, $E_\gamma = 0{,}77$ MeV.

12. $E_\gamma = 0{,}511$ MeV.   **13.** $U = 0{,}402$ V.

14. $E_\gamma = 1{,}022$ MeV, $\lambda = 2{,}43 \cdot 10^{-12}$ m.   **15.** $\lambda_g = 4{,}13\ \mu$m.

16. Cu.   **17.** $h = \dfrac{e(U_1 - U_2)}{f_1 - f_2} = 6{,}63 \cdot 10^{-34}$ J $\cdot$ s.   **18.** $\vartheta = 59{,}7^{\rm O}$.

19. $E_{\gamma'} = 45{,}55$ keV, $E_e = 4{,}45$ keV, $p = 3{,}61 \cdot 10^{-23}$ m $\cdot$ kg $\cdot$ s^{-1}, $\varphi = 42{,}2^{\rm O}$.   **20.** $\lambda = 6{,}5 \cdot 10^{-13}$ m.

7.4.7 Materiewellen

1. Beugung von Elektronen- oder Neutronenstrahlung an Kristallen.

2. Durch Überlagerung von Wellen verschiedener Wellenlänge mit frequenzabhängiger Phasengeschwindigkeit entstehen Wellengruppen (Wellenpakete). Sie breiten sich mit einer von der Phasengeschwindigkeit verschiedenen Gruppengeschwindigkeit aus.

3. $c_{ph} = f\,\lambda = \dfrac{m\,c_o^2}{h}\,\dfrac{h}{m\,v} = \dfrac{c_o^2}{v}$.

4. Das Ergebnis $c_{ph} > c_o$ bedeutet, daß sich die Phase der de Broglie-Welle mit Überlichtgeschwindigkeit fortpflanzt, nicht jedoch die mit der Welle übertragene Energie.

5. $f = \dfrac{c_o}{h}\,\sqrt{m_o^2\,c_o^2 + (\dfrac{h}{\lambda})^2}$, $c_{gr} = \dfrac{\mathrm{d}f}{\mathrm{d}(\frac{1}{\lambda})} = \dfrac{1}{\lambda}\dfrac{c_o^2}{f} = v$.

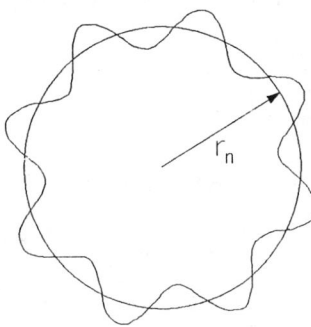

Abb. L4.7.6
Stehende Elektronenwelle
auf Bohrscher Bahn

6. Abb. L4.7.6. $2\pi\, r_n = n\lambda = n\, \dfrac{h}{m\, v_n}$, $m\, r_n^2\, \omega_n = n\, \dfrac{h}{2\pi}$, $(n = 1, 2, 3\ldots)$.

7. Bei leichten Elementen versagt die Röntgenbeugung, während sich die Beugung thermischer Neutronen auch hierfür gut eignet. Da das Neutron ein magnetisches Moment besitzt, können mit Hilfe der Neutronenbeugung auch magnetische Strukturen untersucht werden.

8. Abb. L4.7.8

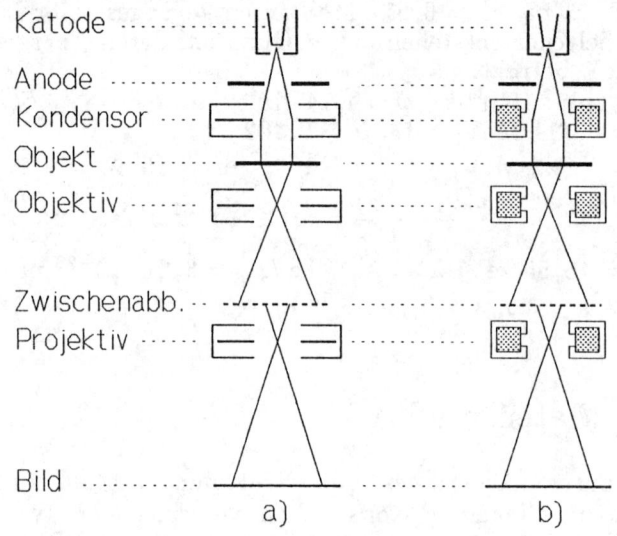

Katode

Anode

Kondensor

Objekt

Objektiv

Zwischenabb.

Projektiv

Bild

a)   b)

Abb. L4.7.8   Elektrostatisches (a) und elektromagnetisches (b) Transmissionselektronenmikroskop

9. Elektronen hoher Geschwindigkeit besitzen eine um mehrere Größenordnungen kleinere Wellenlänge als das sichtbare Licht. Beugungserscheinungen stören daher erst bei der Abbildung von Objekten, deren Abmessungen sehr viel kleiner als bei einer lichtoptischen Abbildung sind.

10. Bei makroskopischen Körpern liegt die experimentell gegebene Ungenauigkeit einer Ort- und Impulsbestimmung weit über der durch die Heisenbergsche Unbestimmtheitsrelation gegebenen Grenze. Für makroskopische Körper mit großer Masse hat diese Beziehung folglich keine Bedeutung. Sie hat weitreichende Konsequenzen für Mikroobjekte, deren Abmessungen mit ihrer de Broglie-Wellenlänge vergleichbar sind.

11. $v = 5,93 \cdot 10^6$ m $\cdot$ s^{-1}, $\lambda = 1,226 \cdot 10^{-10}$ m.

12. $m = 1,672 \cdot 10^{-27}$ kg, Proton.   **13.** $\lambda = 1,81 \cdot 10^{-10}$ m.

14. $v = 3,96 \cdot 10^3$ m $\cdot$ s^{-1}, $E_{kin} = 8,2 \cdot 10^{-2}$ eV.

15. $\lambda = 1,65 \cdot 10^{-10}$ m.

16. $\lambda = 1,3 \cdot 10^{-32}$ m, Beugungsobjekte dieser Abmessung gibt es nicht.

17. $U = 500$ V.   **18.** $\lambda = 1,2 \cdot 10^{-12}$ m.

19. Abb. L4.7.19

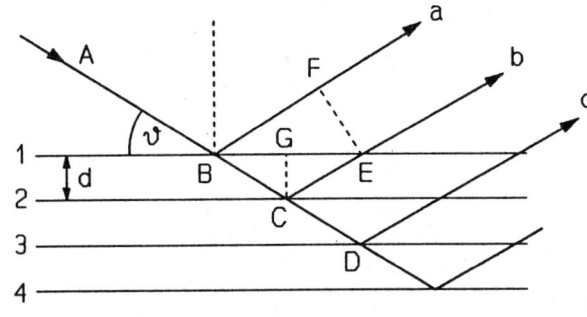

Abb. L4.7.19
Braggsche
Reflexionsbedingung

$$\Delta = (BC + CE) - BF = 2\, BC - BF, \quad \Delta = 2\, \frac{d}{\sin\vartheta} - 2\, BG \cos\vartheta =$$

$$2\, \frac{d}{\sin\vartheta} - 2\, \frac{d}{\tan\vartheta} \cos\vartheta = 2\, d \sin\vartheta.$$

20. $d = 5,635 \cdot 10^{-10}$ m, NaCl.

7.4.8 Photometrie, Strahlungsgesetze

1. Die physikalischen Strahlungsgrößen werden über die Strahlungsenergie definiert. Bei den photometrischen Größen erfolgt eine der Helligkeitsempfindung des menschlichen Auges angepaßten Bewertung des Lichtes.

2. Die Candela (cd) ist die Lichtstärke in einer bestimmten Richtung einer Strahlungsquelle, die monochromatische Strahlung der Frequenz 540 THz aussendet und deren Strahlungsstärke in dieser Richtung $\frac{1}{683}$ W $\cdot$ sr^{-1} beträgt.

3. Die Farbtemperatur einer Lichtstrahlung mit kontinuierlichem Spektrum ist die Temperatur, die ein schwarzer Strahler haben müßte, um den gleichen visuellen Farbeindruck wie der betreffende nichtschwarze Strahler hervorzurufen.

4. Ein schwarzer Körper absorbiert sämtliche auftreffende Strahlung vollständig, d.h. es gilt für den spektralen Absorptionsgrad $\alpha(\lambda, T) = 1$. Er läßt sich näherungsweise durch einen Hohlkörper mit einer sehr kleinen Öffnung und geschwärzter Innenwand realisieren.

5. Für alle Körper ist bei gegebener Temperatur das Verhältnis von Emissionsgrad und Absorptionsgrad konstant und gleich dem Emissionsgrad des schwarzen Körpers bei dieser Temperatur.

6. Die Energie jeder Strahlung ist gequantelt.

7. Abb. L4.8.7

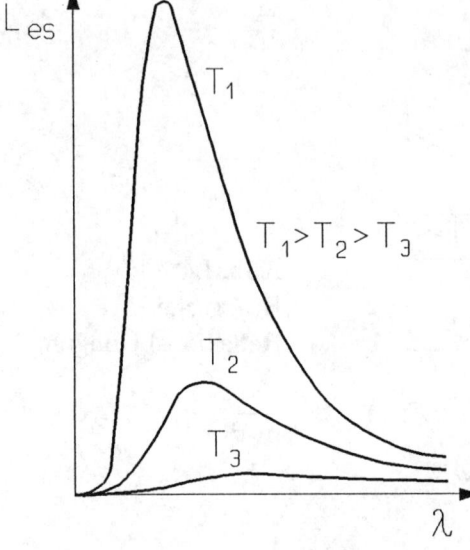

Abb. L4.8.7
Spektrale Strahldichte
des schwarzen Körpers
(Plancksches Strahlungsgesetz)

8. Die Leistung, die eine über der Erdatmosphäre liegende, senkrecht zur einfallenden Sonnenstrahlung gerichtete Fläche von 1 m² empfängt, wird Solarkonstante S genannt. Es gilt $S = 1,353$ kW $\cdot$ m^{-2}.

9. In einem luftverdünnten Raum befindet sich ein um eine Achse drehbares Flügelrad mit vier Flügeln. Jeder Flügel ist auf einer Seite blank, auf der anderen geschwärzt. Bei Lichteinfall erwärmen sich die geschwärzten Flächen stärker als die blanken. Die auf die schwarzen Flächen treffenden Gasmoleküle erhalten einen stärkeren Rückimpuls, das Flügelrad gerät in Drehung (Impulserhaltungssatz).

10. Abb. L4.8.10

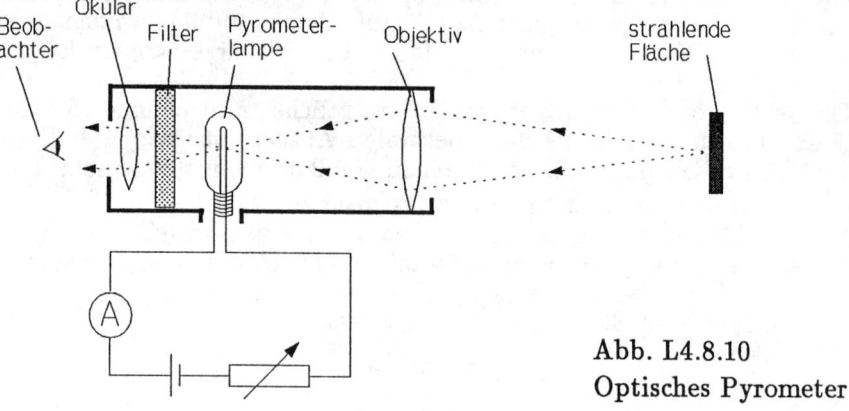

Abb. L4.8.10
Optisches Pyrometer

Gerät zur Messung der Oberflächentemperatur glühender Körper durch Helligkeitsvergleich mit einer kalibrierten Vergleich-Strahlungsquelle (Heizwendel einer Glühlampe).

11. $\phi = 0,4$ lm.   **12.** $L = 2 \cdot 10^4$ cd $\cdot$ m^{-2}, $E = 0,1$ lx.
13. $r = 1,9$ m.   **14.** $I = 100$ cd.   **15.** $T = 5680$ K.
16. $\lambda_{max} = 145$ nm, UV-Bereich.   **17.** $3,92 \cdot 10^{26}$ W.

18. Die Bedingung $\dfrac{\mathrm{d}L_{e\lambda}}{\mathrm{d}\lambda} = 0$ führt mit $\dfrac{c_o\,h}{\lambda_{max}\,kT} = \beta$ zur transzenden-

ten Gleichung $\beta + 5\,\mathrm{e}^{-\beta} = 5$ mit der Lösung $\beta = 4,9651$. Somit folgt:

$b = \dfrac{c_o\,h}{k\,\beta} = 2,897\,756 \cdot 10^{-3}$ m $\cdot$ K.

19. Es gilt $\dfrac{1}{\mathrm{e}^{\frac{h\,c_o}{\lambda\,kT}} - 1} \approx \mathrm{e}^{-\frac{h\,c_o}{\lambda\,kT}}$ für $\dfrac{h\,c_o}{\lambda} \gg kT$.

20. Es gilt $\dfrac{1}{\mathrm{e}^{\frac{h\,c_o}{\lambda\,kT}} - 1} \approx \dfrac{\lambda\,kT}{h\,c_o}$ für $\dfrac{h\,c_o}{\lambda} \ll kT$.

7.5 Atom- und Kernphysik

7.5.1 Atomhülle

1. Elektronenstoß, optische Anregung, thermische Anregung.
2. Abb. L5.1.2   Atome besitzen unterhalb der Ionisierungsenergie nur diskrete Energieniveaus.

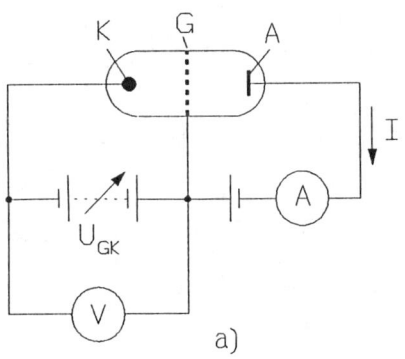
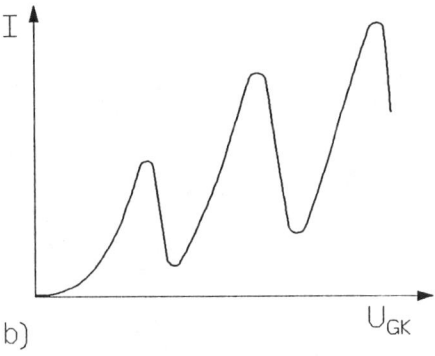

Abb. L5.1.2   Franck-Hertz-Versuch
(a) Versuchsaufbau   (b) $I = f(U_{GK})$
3. Die Heisenbergsche Unbestimmtheitsrelation ist eine Folge des Welle-Teilchen-Dualismus in der Mikrophysik. Bei mikrophysikalischen Objekten ist es nicht möglich, gleichzeitig zwei Größen (Observable) beliebig genau zu messen, deren Produkt die Dimension einer Wirkung hat (Impuls und Ort bzw. Energie und Zeit). Das Produkt ihrer Abweichungen ist nie kleiner als die Planck-Konstante.
4. Die natürliche Linienbreite hat ihre Ursache in der Energieunschärfe der beiden Energieniveaus, zwischen denen der zur Lichtemission führende spon-

tane Übergang erfolgt. Es gilt die Heisenbergsche Unbestimmtheitsrelation für Energie und Zeit: $\Delta E \ \tau \ \geq \ \dfrac{h}{4 \pi}$, wobei τ die mittlere Lebensdauer des angeregten Zustandes ist. Für die natürliche Linienbreite folgt somit $\Delta f = \dfrac{1}{4 \pi \tau}$.

5. Rydbergsche Serienformel des Wasserstoffatoms: $\dfrac{1}{\lambda} = R_{\mathrm{H}} \left(\dfrac{1}{n_1^2} - \dfrac{1}{n_2^2} \right)$

Name der Serie	n_1	n_2	Spektralbereich
Lyman-Serie	1	$2, 3, \ldots$	Ultraviolett
Balmer-Serie	2	$3, 4, \ldots$	sichtbares Licht
Paschen-Serie	3	$4, 5, \ldots$	Infrarot
Brackett-Serie	4	$5, 6, \ldots$	Infrarot
Pfund-Serie	5	$6, 7, \ldots$	Infrarot

6. In die allgemeine Rydbergsche Serienformel für die Spektren der wasserstoffähnlichen Ionen geht Z quadratisch ein (Helium $Z = 2$).

7. Im Energieniveauschema der Alkalimetallatome treten vier Termfolgen S, P, D, F auf. Jedes Energieniveau wird durch die beiden Quantenzahlen n und l charakterisiert. Die P-, D-, und F-Niveaus spalten in zwei dichtbenachbarte Niveaus auf (Dublettstruktur).

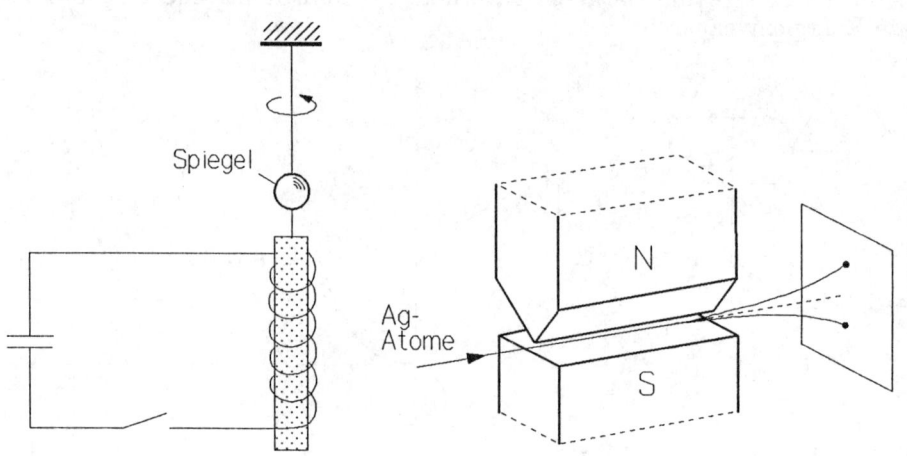

Abb. L5.1.8a
Versuchsanordnung
zum Einstein-de Haas-Effekt

Abb. L5.1.8b
Schematische Darstellung
des Stern-Gerlach-Versuches

8. Abb. L5.1.8a
Einstein-de Haas-Effekt: Drehung eines frei aufgehängten Eisenstabes als Folge einer plötzlichen Magnetisierung. Bestimmung des gyromagnetischen Verhältnisses. Ergebnis: Der Ferromagnetismus beruht auf dem Elektronenspin.

Abb. L5.1.8b
Stern-Gerlach-Versuch: In einem inhomogenen Magnetfeld spaltet ein Strahl
von Silberatomen in zwei Teilstrahlen auf. Ergebnis: Das Elektron besitzt
einen Eigendrehimpuls (Spin) und ein magnetisches Spinmoment. Der Stern-
Gerlach-Versuch ist ein experimenteller Beweis für die Richtungsquantelung
des Gesamtdrehimpulses eines Atoms in einem Magnetfeld.

9. Befinden sich die emittierenden Atome in einem äußeren Magnetfeld, so
erfolgt eine Aufspaltung der Spektrallinien. Ursache hierfür ist die gequan-
telte räumliche Einstellung des Hüllendrehimpulses der Atome zur Richtung
des Magnetfeldes und die dadurch bewirkte Aufspaltung der Energieniveaus.

10. Norm: $\psi \, \psi^* = |\psi^2|$
Normierungsbedingung: $\int \psi \, \psi^* \, \mathrm{d}V = \int |\psi|^2 \, \mathrm{d}V = 1$
Die Norm der Wellenfunktion ist die Wahrscheinlichkeitsdichte für den Auf-
enthalt eines Elektrons an einem bestimmten Ort.

11. $r = 2,3 \cdot 10^{-10}$ m. **12.** $F_{el} : F_G = 2,27 \cdot 10^{39}$.

13. $\lambda \approx 588$ nm. **14.** $v_1 = 2,18 \cdot 10^6$ m $\cdot$ s^{-1}.

15. $E_{kin} = \dfrac{Z^2 \, m_r \, e^4}{8 \, n^2 \, h^2 \, \varepsilon_o^2}$, $E_{pot} = - \dfrac{Z^2 \, m_r \, e^4}{4 \, n^2 \, h^2 \, \varepsilon_o^2}$, $E_n = E_{kin} + E_{pot}$,

$E_{pot} = -27,2$ eV, $E_{kin} = 13,6$ eV, $E_1 = -13,6$ eV.

16. $\lambda = 656,5$ nm, $f^* = 15233 \cdot 10^2$ m^{-1}, $f = 456,67 \cdot 10^{12}$ s^{-1}.
Die H$_\alpha$-Linie liegt im roten Bereich des Spektrums.

17. $\lambda = 91,2$ nm. **18.** $\Delta\lambda = 0,179$ nm.

19. Abb. L5.1.19

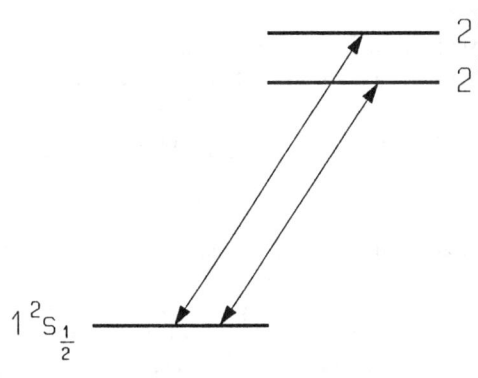

Abb. L5.1.19
Termdarstellung der Dublett-
aufspaltung einer
Alkalimetallatomlinie
(z. B. Natrium-D-Linie).

20. Abb. L5.1.20

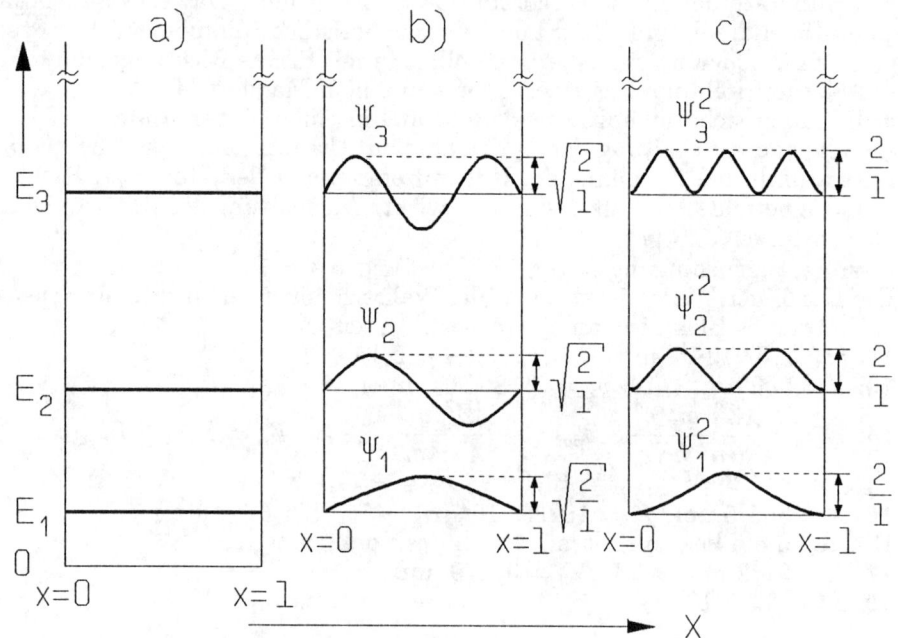

Abb. L5.1.20 Elektron im eindimensionalen Potentialkasten
a) Energieeigenwerte, b) Wellenfunktionen, c) Norm der Wellenfunktionen

Amplitude $\psi_o = \sqrt{\dfrac{2}{l}}$, Eigenwerte der Energie $E_n = n^2 \dfrac{h^2}{8\,m\,l^2}$.

7.5.2 Atomkern

1. Eine durch Protonenzahl und Neutronen- bzw. Nukleonenzahl gekennzeichnete Atomart heißt Nuklid.

2. Die relative Atommasse gibt an, wievielmal größer die Ruhemasse eines Nuklids als die atomare Masseeinheit ist. Als atomare Masseeinheit wird der 12. Teil der Ruhemasse eines Atoms des Nuklids $^{12}_{6}C$ definiert.

3. Nuklide, deren Atomkerne die gleiche Protonenzahl, aber unterschiedliche Nukleonen- bzw. Neutronenzahlen besitzen, werden Isotope genannt. Verfahren der Isotopentrennung: Magnetische Ablenkung (Massenseparator, Massenspektrometer), Diffusion durch poröse Schichten, Thermodiffusion.

4. Rutherford-Streuung.

5. Abb. L5.2.5

6. Bindungsenergie proportional zur Nukleonenzahl, Oberflächenenergie, Coulomb-Wechselwirkung zwischen den Protonen, Symmetrieeffekte.

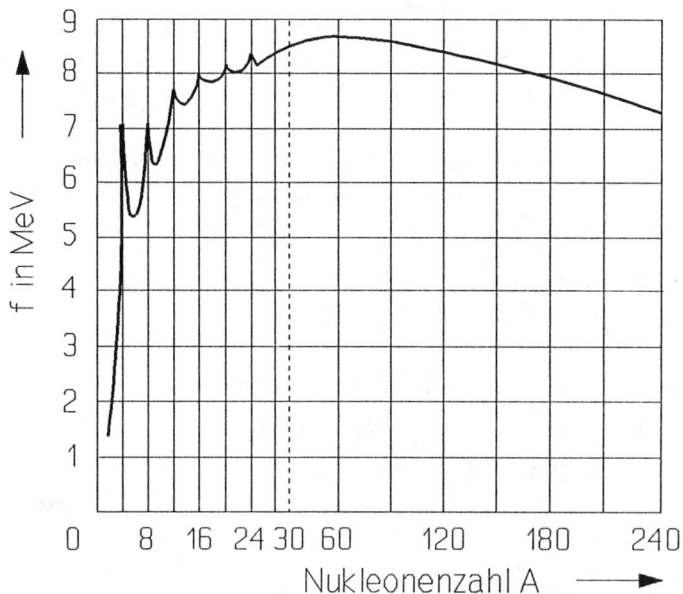

Abb. L5.2.5 Bindungsenergie f je Nukleon als Funktion der Nukleonenzahl

Kernbindungsenergie kann durch die Spaltung der schwersten Atomkerne oder die Verschmelzung leichter Kerne freigesetzt werden.

7. Tröpfchenmodell: Kernbindungsenergie proportional zur Nukleonenzahl, Kernspaltung.

Schalenmodell: Magische Zahlen, Kernstabilität.

8. Abb. L5.2.8

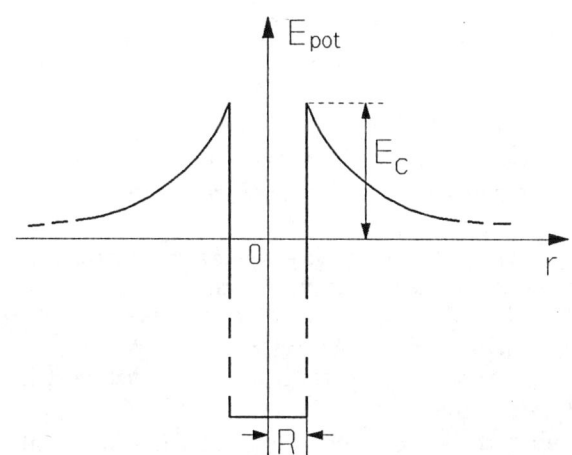

Abb. L5.2.8
Potentielle Energie eines
positiv geladenen Teilchens
in der Nähe eines Atomkerns

9. Die Spin- und Bahndrehimpulse der Nukleonen sind stark gekoppelt. Für den Gesamtdrehimpuls eines Nukleons gilt $j = l \pm \dfrac{1}{2}$. Die Kernspinquantenzahl I eines Atoms ergibt sich durch Summation über alle Nukleonen:

$$I = \sum_{i=1}^{A} j_i.$$

10. Auf Grund der gegenseitigen Absättigung der Nukleonendrehimpulse bleiben die Kernspinquantenzahlen auch bei Kernen mit großen Nukleonenzahlen verhältnismäßig klein.

11. $N = 9,48 \cdot 10^{24}$.   **12.** $Z = 10$, $N = 10, 11, 12$.

13. $A_r = 15,9992$.   **14.** $1\ m_u\ c_o^2 = 1,49244 \cdot 10^{-10}$ J $= 931,5$ MeV.

15. $F_{el} : F_G = 1,24 \cdot 10^{36}$.

16. $\varrho = 1,5 \cdot 10^{17}$ kg·m^{-3}, $m = 1,5 \cdot 10^8$ kg.

17. $^4_2$He : $E_B = 28,3$ MeV, $f = 7,1$ MeV/Nukleon,

$^{238}_{92}$U : $E_B = 1801,7$ MeV, $f = 7,6$ MeV/Nukleon.

18. $^4_2$He : $E_B = 28,3$ MeV, $^{238}_{92}$U : $E_B = 1817$ MeV.

19. $E_C = 24,3$ MeV.   **20.** $r_1 : r_2 : \ldots r_i = \sqrt{m_1} : \sqrt{m_2} : \ldots \sqrt{m_i}$.

7.5.3 Radioaktivität

1. 8 α- und 6 β^--Umwandlungen.

2. Zur Erfüllung von Energie- und Impulserhaltungssatz wird bei der β-Umwandlung radioaktiver Atomkerne (β^--, β^+-Prozeß) stets ein Elektronen-Antineutrino $\overline{\nu}_e$ bzw. Elektronen-Neutrino ν_e emittiert. Die freiwerdende Umwandlungsenergie Q verteilt sich nach einem Wahrscheinlichkeitsgesetz auf die beiden emittierten Teilchen: $Q = E_\beta + E_\nu$. Es entsteht ein kontinuierliches β-Energiespektrum, das sich von $E_\beta = 0$ bis $E_{\beta max} = Q$ erstreckt.

3. Angeregte Atomkerne können in Wechselwirkung mit den Hüllenelektronen treten. Die gesamte Anregungsenergie E_γ geht direkt auf Hüllenelektronen über, die anstelle der γ-Quanten vom Atom emittiert werden. Im Gegensatz zu β-Teilchen sind Konversionselektronen monoenergetisch: $E_e = E_\gamma - E_{K,L,M...}$.

4. Angeregte Atomkerne mit meßbarer Halbwertzeit $T_{1/2}$ bezeichnet man als Isomere der Kerne mit gleicher Kernladungszahl Z und Nukleonenzahl A im Grundzustand. Die γ-Übergänge zwischen isomeren Paaren werden isomere Übergänge genannt.

5. Radioaktives Dauergleichgewicht wird beobachtet, wenn durch Umwandlung eines sehr langlebigen Mutternuklids (1) ein vergleichsweise kurzlebiges Tochternuklid (2) hervorgeht, d. h. falls gilt: $T_{1/2(1)} \gg T_{1/2(2)}$ bzw. $\lambda_1 \ll \lambda_2$. Im radioaktiven Dauergleichgewicht sind die Aktivitäten von Mutter- und Tochtersubstanz gleich $A_2\ (t \to \infty) = A_1$. Praktisch ist der Gleichgewichtszustand bereits nach $t \approx 6\ T_{1/2(2)}$ verwirklicht.

Ist die Muttersubstanz langlebiger als die Tochtersubstanz ($\lambda_1 < \lambda_2$, aber nicht $\lambda_1 \ll \lambda_2$) stellt sich für hinreichend große Zeiten t ein laufendes Gleichgewicht ein: $A_2(t) = \dfrac{\lambda_1}{\lambda_2 - \lambda_1}\, A_1(t)$. Die Aktivität der Tochtersubstanz klingt exponentiell mit der Halbwertzeit der Muttersubstanz ab.

6. Alphastrahlung ist eine monoenergetische Teilchenstrahlung (Linienspektrum).

7. Nach den Gesetzen der klassischen Physik können α-Teilchen den Potentialwall um den Atomkern nicht überwinden, weil dessen Höhe die Teilchenenergie beträchtlich übersteigt. Die Wellenmechanik zeigt, daß eine gewisse Wahrscheinlichkeit $P = e^{-2G}$ für die horizontale Durchdringung des Coulomb-Walls besteht (G - Gamowfaktor). P nimmt mit wachsender Höhe und Breite der Potentialschwelle ab.

8. In geringem Maße sind Umwandlungsprozesse durch äußere Bedingungen (chemischer Bindungszustand, Temperatur, Druck) beeinflußbar, bei denen die radioaktiven Kerne mit ihrer eigenen Elektronenhülle in Wechselwirkung treten, d.h. beim E-Einfang und bei der inneren Konversion.

9. Abb. L5.3.9

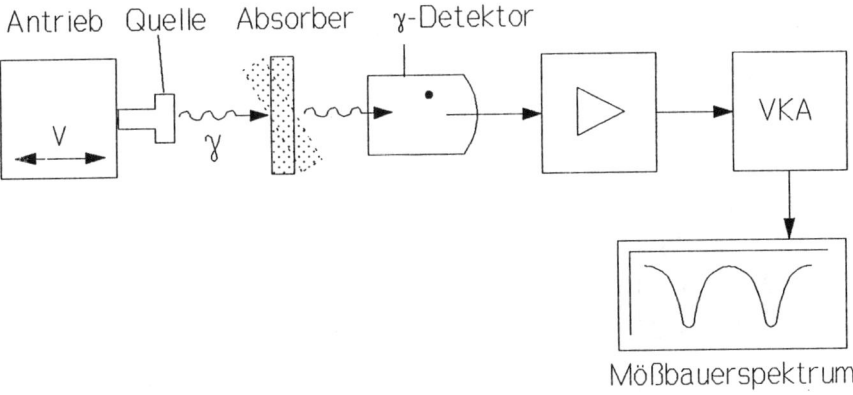

Abb. L5.3.9   Versuchsanordnung zum Mößbauer-Effekt

Die rückstoßfreie Kernresonanzabsorption von γ-Strahlung wird als Mößbauer-Effekt bezeichnet. Zur Erfüllung der Resonanzbedingung werden die Atome des γ-Strahlers und des Absorbers in das Kristallgitter eines Festkörpers eingebaut. Auf diese Weise vermeidet man die Rückstoßenergieverluste bei der γ-Emission.

10. Abb. L5.3.10

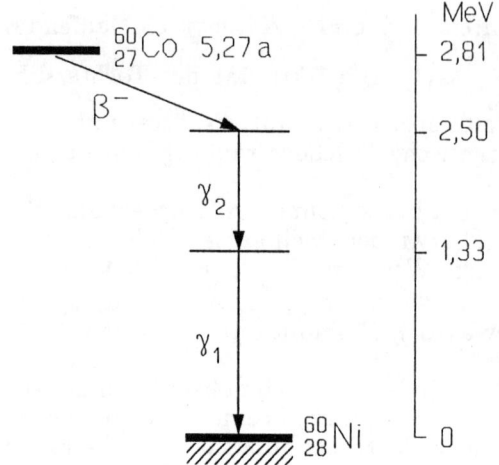

Abb. L5.3.10
Umwandlungsschema des
Nuklids $^{60}_{27}$Co.

11. $m = 1$ g.   **12.** 70,7 %.
13. Abb. L5.3.13

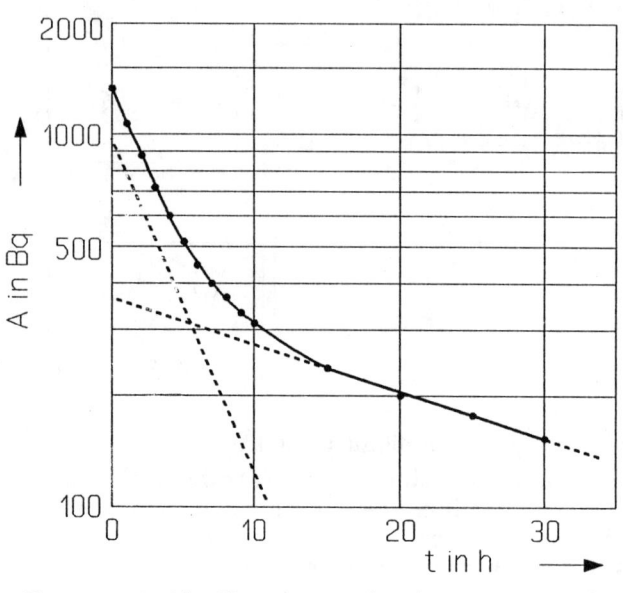

Abb. L5.3.13
Umwandlungskurve des
Gemisches zweier
radioaktiver Nuklide
unterschiedlicher
Halbwertzeit

$T_{1/2(1)} = 3,5$ h, $T_{1/2(2)} = 23$ h, $A_1 = 960$ Bq, $A_2 = 365$ Bq.
14. Die Reaktionsenergie Q verteilt sich auf α-Teilchen und Folgekern Y:
$Q = E_\alpha + E_Y$. Mit Hilfe des Impuls- und Energieerhaltungssatzes ergeben
sich die Beziehungen:

$$E_\alpha = Q \, \frac{m(Y)}{m(\alpha) + m(Y)} \quad \text{und} \quad E_Y = Q \frac{m(\alpha)}{m(\alpha) + m(Y)}.$$

Wegen $m(\alpha) \ll m(Y)$ gilt: $E_\alpha \approx Q$.

15. Die Emission eines Elektrons oder Positrons ist nur möglich, wenn die Massendifferenz zwischen Ausgangs- und Folgekern die Elektronenruhemasse übertrifft. Verwendet man anstatt der Kernmassen die Massen der neutralen Atome, so ergeben sich die folgenden Bedingungen:

β^--Umwandlung $\qquad m_a(^A_Z\text{X}) > m_a(^A_{Z+1}\text{Y})$,

β^+-Umwandlung $\qquad m_a(^A_Z\text{X}) > m_a(^A_{Z-1}\text{Y}) + 2\,m_e$,

E-Einfang $\qquad\qquad m_a(^A_Z\text{X}) > m_a(^A_{Z-1}\text{Y})$.

16. $t = 11445$ a, $v = 0,13$ mm $\cdot$ a^{-1}.   **17.** $A = 4,3$ kBq.

18. $N = 3 \cdot 10^{13}$ d^{-1}.   **19.** $E_{\beta max} = Q = 0,783$ MeV.

20. $A_2(t) = A_1 - A_1\,e^{-\lambda_2 t}$, $t = 25,4$ d.

7.5.4   Kernreaktionen

1. Elastische und unelastische Streuung, Austauschreaktionen, Einfangreaktionen, Kernspaltung, Spallation, Kernphotoeffekt.

2. Der Wirkungsquerschnitt ist ein Maß für die Ausbeute einer Kernreaktion. Die Geschoßteilchen werden als punktförmig angesehen und die Targetkerne als kleine kreisförmige Scheibchen, deren Flächennormalen parallel zur Einfallsrichtung stehen. Die Größe dieser "Zielscheiben" wird so bemessen, daß alle Geschoßteilchen Reaktionen auslösen, die auf eine Scheibchenfläche treffen. Diese fiktive Fläche ist der zur betreffenden Kernreaktion gehörende Wirkungsquerschnitt.

3. Eine Kernreaktion kann sich in zwei zeitlich getrennten Schritten vollziehen. Im ersten Reaktionsschritt verschmilzt das Geschoßteilchen mit dem Targetkern zu einem angeregten Zwischen- oder Compoundkern, der im zweiten Reaktionsschritt spontan zerfällt: X + x → Z* → Y + y.

4. $^9_4\text{Be}(\alpha,\text{n})^{12}_6\text{C}$, $^3_1\text{H}(\text{d,n})^4_2\text{He}$, $^9_4\text{Be}(\gamma,\text{n})^8_4\text{Be}$, Spaltung schwerer Kerne. Neutronen können wegen ihrer fehlenden Ladung mit großer Wahrscheinlichkeit mit dem Atomkern in Wechselwirkung treten. Für den Wirkungsquerschnitt vieler (n,γ)-Reaktionen gilt das Fermische $\dfrac{1}{v}$ - Gesetz: $\sigma \sim \dfrac{1}{v} \sim \dfrac{1}{\sqrt{E_n}}$.

5. Abb. L5.4.5

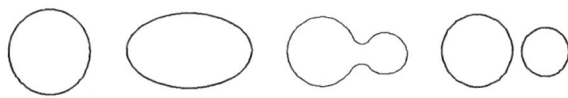

Abb. L5.4.5   Schematische Darstellung der Spaltung eines Kerns nach dem Tröpfchenmodell

Nuklide mit ungerader Neutronenzahl ($^{233}_{92}\text{U}$, $^{235}_{92}\text{U}$, $^{239}_{94}\text{Pu}$) lassen sich bereits mit thermischen Neutronen spalten. Nuklide mit gerader Neutronenzahl ($^{232}_{90}\text{Th}$, $^{238}_{92}\text{U}$) sind nur mit schnellen Neutronen spaltbar. Ursache hierfür ist das Bestreben der Neutronen, sich stets paarweise fest zu binden.

6. Es muß die kritische Spaltstoffmasse überschritten werden. Für den Multiplikationsfaktor muß gelten $k > 1$.

7. Ein Kernreaktor besteht aus folgenden Hauptelementen: Spaltmaterial, Moderator, Kühlmittel, Neutronenreflektor, Regelstäbe, Abschirmung, Containment.

8. Im Brutreaktor (schneller Brüter) werden aus den mit thermischen Neutronen nicht spaltbaren Nukliden $^{238}_{92}U$ und $^{232}_{90}Th$ mittels der folgenden Reaktionen die Nuklide $^{239}_{94}Pu$ bzw. $^{233}_{92}U$ erzeugt:

$$^{238}_{92}U + ^1_0n \longrightarrow ^{239}_{92}U \xrightarrow{\beta^-} ^{239}_{93}Np \xrightarrow{\beta^-} ^{239}_{94}Pu$$

$$^{232}_{90}Th + ^1_0n \longrightarrow ^{233}_{90}Th \xrightarrow{\beta^-} ^{233}_{91}Pa \xrightarrow{\beta^-} ^{233}_{92}U$$

Die Brutprodukte $^{239}_{94}Pu$ und $^{233}_{92}U$ lassen sich als Spaltmaterial in einem thermischen Kernreaktor verwenden.

9. Die Energieerzeugung der sonnenähnlichen Fixsterne beruht auf Kernfusionsreaktionen. Die wichtigsten Reaktionen sind hierbei der Proton-Proton-Prozeß, der Proton-Deuteron-Prozeß und der Kohlenstoff-Stickstoff-Zyklus (Bethe-Weizsäcker-Zyklus).

10. Voraussetzungen für die Realisierung eines Kernfusionsreaktors sind die Erzeugung und stabile Halterung eines Hochtemperaturplasmas. Eine Möglichkeit besteht darin, das Plasma durch starke Ströme aufzuheizen und durch Einschluß in eine Magnetfeldkonfiguration von der Gefäßwand fernzuhalten (Tokamak-Reaktor). Die komplizierte Plasmahalterung durch Magnetfelder umgehen Systeme mit Inertialhalterung. Hierbei erfolgt die Aufheizung sehr schnell, z. B. mit Laserstrahlung. Die Kerne verschmelzen dann, bevor sich das Plasma räumlich stark ausdehnt. Damit ein Kernfusionsreaktor eine positive Energiebilanz aufweist, muß das sogenannte Lawson-Kriterium erfüllt sein: $n\tau > 10^{20}$ m^{-3} · s. $\big(n$ Teilchendichte im Plasma, τ mittlere Verweilzeit der Teilchen im Plasma$\big)$.

11. Abb. L5.4.11

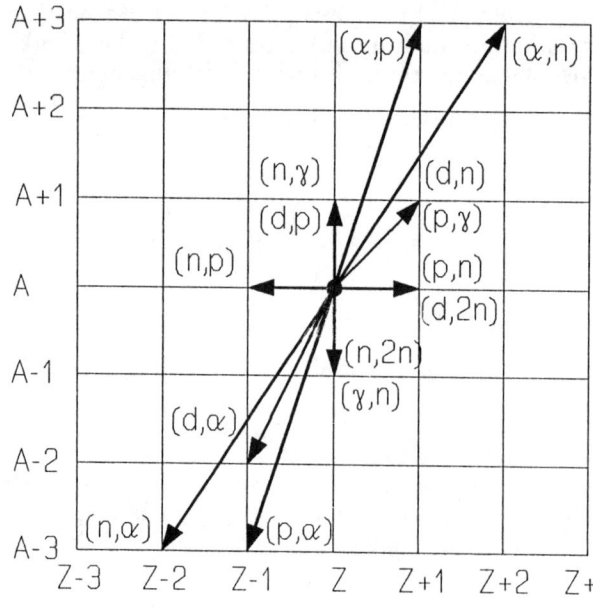

Abb. L5.4.11
Änderung von
Nukleonenzahl und
Ordnungszahl bei
den wichtigsten
Kernreaktionen
("Reaktionsspinne")

12. NaCl enthält die Nuklide $^{23}_{11}$Na, $^{35}_{17}$Cl und $^{37}_{17}$Cl. Es entstehen neun Endprodukte.

Targetkern	Reaktion		
	(n,γ)	(n,p)	(n,α)
$^{23}_{11}$Na	$^{24}_{11}$Na	$^{23}_{10}$Ne	$^{20}_{9}$F
$^{35}_{17}$Cl	$^{36}_{17}$Cl	$^{35}_{16}$S	$^{32}_{15}$P
$^{37}_{17}$Cl	$^{38}_{17}$Cl	$^{37}_{16}$S	$^{34}_{15}$P

13. $m_n = 1,008666$ u $= 1,6749 \cdot 10^{-27}$ kg.

14. $Q = -1,19$ MeV, $E_S = 1,53$ MeV, $Q = +1,19$ MeV.

15. $E = 8,21 \cdot 10^{13}$ J, $m = 2,74 \cdot 10^6$ kg.

16. $E_n = \dfrac{1}{2} m_n v_o^2$, $\Delta E_n = \dfrac{1}{2} m_n \left(v_o^2 - v_o'^2\right)$, $\Delta E_n = E_n \dfrac{4\, m_n\, m_k}{(m_n + m_k)^2}$.

17. $n = 8$.

18. $4\, ^1_1\text{H} \rightarrow\ ^4_2\text{He} + 2\ ^0_{+1}\text{e} + Q$, $Q = 25,7$ MeV, $S \cdot 4\, \pi\, r^2 = E$,

$E = 3,94 \cdot 10^{26}$ J, $\dot{m} = 1,59 \cdot 10^{11}$ kg $\cdot$ s^{-1}.

19. $\dfrac{A}{A_\infty}\, 100\ \% = 96,9\ \%$.

20. $\varphi(x) = \varphi(0)\, \text{e}^{-_aN\sigma x}$, $_aN = h\, \dfrac{\varrho}{A_r\, m_v}$, $\varphi(0) - \varphi(\text{x}) = \dot{N} =$

$A\, \varphi(0)\, [\, 1 - \text{e}^{-_aN\sigma x}]$, $\dot{N} = 6787$ s^{-1}.

7.5.5 Ionisierende Strahlung

1. Direkt ionisierende Strahlung besteht aus geladenen Teilchen mit nicht verschwindender Ruhemasse ($\alpha-$, β^-, β^+-Teilchen, Protonen usw.), deren kinetische Energie ausreicht, um durch Stoß Ionen zu erzeugen.
Indirekt ionisierende Strahlung besteht aus ungeladenen Teilchen mit nicht verschwindender Ruhemasse (Neutronen) oder Photonen (Quanten der Röntgen- und γ-Strahlung) mit der Ruhemasse Null, die im durchstrahlten Material energiereiche geladene Teilchen freisetzen oder Kernumwandlungen auslösen.

2. Röntgenstrahlung ensteht als Bremsstrahlung bei der Abbremsung schneller Elektronen im Anodenmaterial oder als charakteristische Strahlung infolge von Elektronenübergängen in frei gewordene Energiezustände innerer Schalen.
Gammastrahlung ist eine Kernstrahlung, sie entsteht bei der Abregung angeregter Atomkerne.

3. Abb. L5.5.3

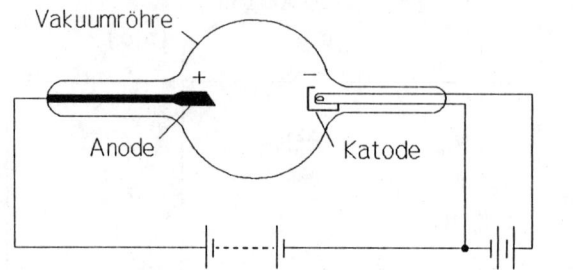

Abb. L5.5.3
Schema einer
Röntgenröhre

4. Photoeffekt, Comptoneffekt, Paarbildung, Kernphotoeffekt.
5. Abb. L5.5.5

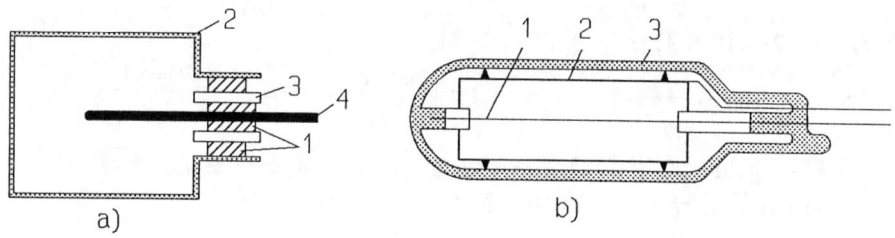

a)   b)

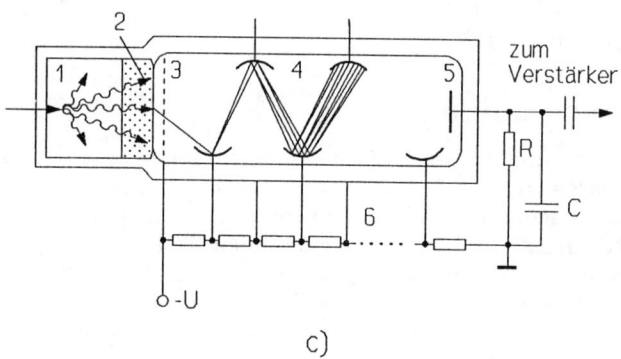

c)

Abb. L5.5.5   Aufbau von Strahlungsdetektoren
a) Ionisationskammer
1 - Isolator, 2 - Gehäuse, 3 - Schutzring, 4 - Sammelelektrode
b) Geiger-Müller-Zählrohr
1 - Zähldraht (Anode), 2 - Katode, 3 - Glaskolben
c) Szintillationszähler
1 - Szintillator, 2 - Lichtleiter, 3 - Photokatode, 4 - Dynoden, 5 - Anode,
6 - Spannungsteiler

Halbleiterdetektoren sind praktisch Festkörperionisationskammern. Als Detektormaterial dient meist Germanium. Fällt ionisierende Strahlung in das Arbeitsvolumen ein, so entstehen keine Elektronen-Ionen-Paare wie in einem Gas, sondern frei bewegliche Elektronen-Defektelektronen-Paare.

6.

Strahlung	Abschirmmaterial
γ	Pb, Hg, Fe, Beton
β	Plexiglas
n (schnell)	Wasser, Polyethylen
n (thermisch)	B, Cd

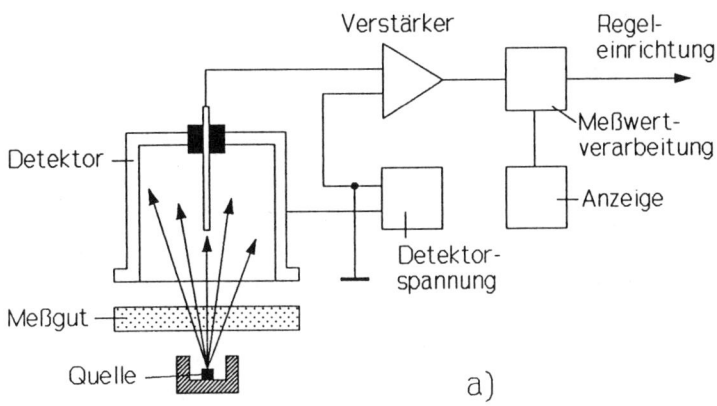

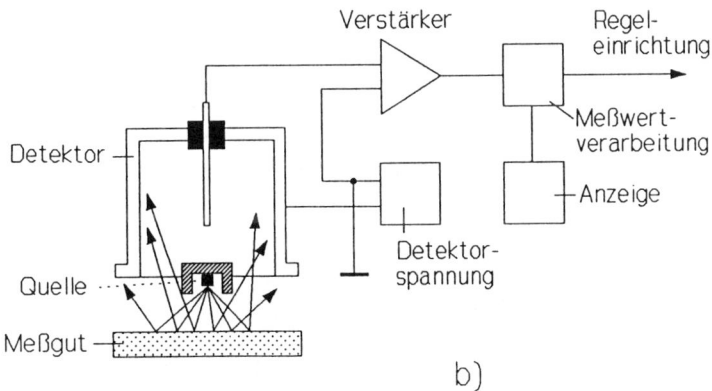

Abb. L5.5.9   Prinzip der radiometrischen Dicken- oder Flächenmassemessung
a) Durchstrahlungsmethode   b) Rückstreumethode

7. Nachweis langsamer Neutronen: Auslösung von Kernreaktionen, z. B.

$^{10}_{5}$B(n,α)$^{7}_{3}$Li oder $^{235}_{92}$U(n,f).
Schnelle Neutronen: Erzeugung von Rückstoßprotonen in wasserstoffhaltigen Substanzen.
8. Die Energiedosis D ist der Quotient von dW_D und dm, wobei dW_D die durch ionisierende Strahlung auf das Material in einem Volumenelement dV übertragene Energie und $dm = \varrho \, dV$ die Masse des Materials mit der Dichte ϱ in diesem Volumenelement sind: $D = \dfrac{dW_D}{dm} = \dfrac{1}{\varrho} \dfrac{dW_D}{dV}$. Diese Größe ist allgemein anwendbar.
Für die Belange des Strahlenschutzes wurde zur Kennzeichnung der biologischen Strahlenwirkung und zur Beurteilung des Strahlenrisikos die Äquivalentdosis H eingeführt. Diese Größe ergibt sich aus der Energiedosis D durch Multiplikation mit einem von der Strahlungsqualität abhängigen dimensionslosen Qualitätsfaktor $Q : H = QD$.
9. Abb. L5.5.9   **10.** Abb. L5.5.10

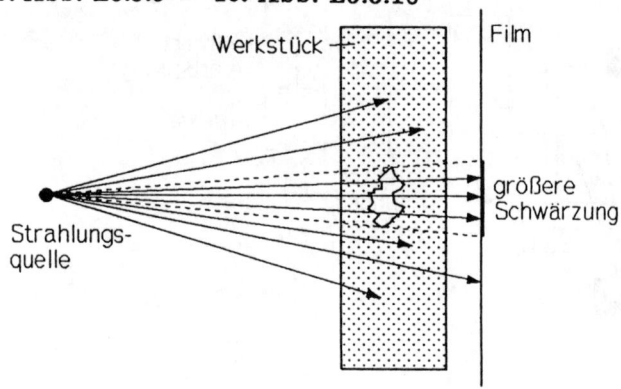

Abb. L5.5.10
Prinzip der
Gammaradiographie.

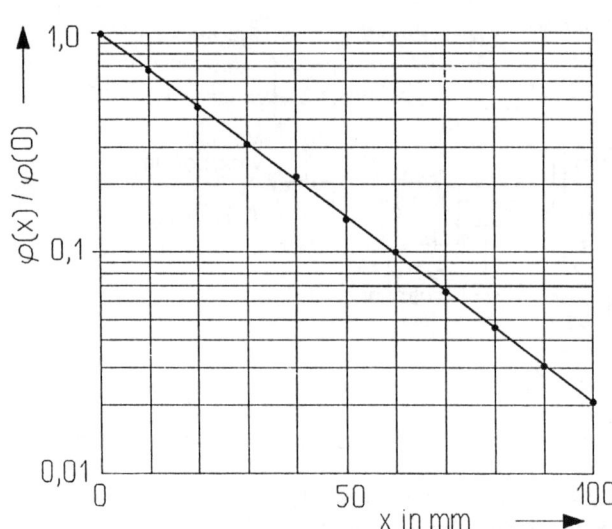

Abb. L5.5.16
Schwächung von
^{60}Co-γ-Strahlung
in Stahl

11. $\lambda_{gr} = 2,5 \cdot 10^{-11}$ m, $f_{gr} = 1,2 \cdot 10^{19}$ s^{-1}.

12. $\lambda = 9,92 \cdot 10^{-13}$ m.   **13.** Wolfram: $Z = 74$.

14. $R_{max} = 6,7$ mm.   **15.** $x = 3,3\, x_{1/2}$.

16. Abb. L5.5.16 $x_{1/2} = 17,5$ mm, $\mu = 39,6$ m^{-1}, $\dfrac{\mu}{\varrho} = 0,005$ m$^2 \cdot$ kg^{-1}.

17. $I_S = \dot{n}\, e\, \dfrac{E}{W} = 2,4 \cdot 10^{-11}$ A.   **18.** $\Delta T = 2,4 \cdot 10^{-4}$ K.

19. $R_L = 31,6$ mm, $R_H = 31,9\ \mu$m.

20. Schmales Bündel: $\dot{D}(x) = 0,007\ \mu$Gy $\cdot$ s^{-1}

Breites Bündel: $\dot{D}(x) = 0,035\ \mu$Gy $\cdot$ s^{-1}.

7.5.6   Elementarteilchen

1. Zur Gruppe der Hadronen gehören die Baryonen (Spin halbzahlig) und die Mesonen (Spin ganzzahlig). Sie unterliegen der starken Wechselwirkung. Baryonen zerfallen in Nukleonen. Mesonen zerfallen in Photonen, Elektronen und Neutrinos.

Leptonen sind Teilchen der schwachen Wechselwirkung. Ihr Spin ist halbzahlig. Zu den Leptonen gehören das Elektron, das Myon, die Neutrinos sowie die zugehörigen Antiteilchen.

2. In den Nukleonen treten zwei Arten von Quarks auf, das u-Quark mit der elektrischen Ladung $Q_u = +2/3\ e$ und das d-Quark mit der Ladung $Q_d = -1/3\ e$.

Proton: p = uud, Neutron: n = udd.

Die Quarks werden in den Nukleonen durch starke Gluon-Kräfte zusammengehalten.

3. Teilchen und Antiteilchen unterscheiden sich durch das entgegengesetzte Vorzeichen der elektrischen Ladung und aller ladungsartigen Quantenzahlen.

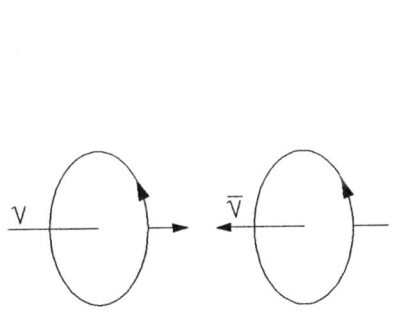

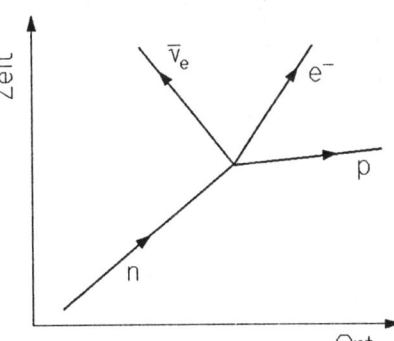

Abb. L5.6.4   Helizität des Neutrinos

Abb. L5.6.15   Neutronenzerfall im Feynman-Diagramm.

4. Abb. L5.6.4

Beim Elektronen-Antineutrino sind die Vektoren des Impulses und des Spins parallel gerichtet (positive Helizität). Beim Elektronen-Neutrino sind beide Vektoren antiparallel orientiert (negative Helizität).

5. β^+-Umwandlung, Paarbildung.

6.

	elektromagnetische Wechselwirkung	starke Wechselwirkung	schwache Wechselwirkung
Reichweite	∞	10^{-15} m	10^{-17} m
relative Stärke	10^{-2}	1	10^{-14}
betroffene Teilchen	geladene Teilchen	Hadronen	Hadronen Leptonen

7. Erhaltung von Energie, Impuls, Drehimpuls, Ladung, Baryonenzahl, Leptonenzahl, Parität, Isospin, Hyperladung, Strangeness.

8. Baryonenzahl B (Baryonen $B = 1$, Antibaryonen $B = -1$) und Leptonenzahl L (Leptonen $L = 1$, Antileptonen $L = -1$) bleiben bei allen Wechselwirkungsprozessen erhalten.

9. Durch den Austausch von Photonen bzw. Vektorbosonen bzw. Gluonen.

10. Atome, in deren Hülle anstelle von Elektronen negative Myonen gebunden sind.

11. Primäre Komponente: 85 % Protonen, 14 % Heliumkerne, schwere Kerne bis $Z \approx 30$.

Sekundäre Komponente: Myonen, Elektronen, Positronen, Photonen.

12. $E = 938,3$ MeV.   **13.** n $\to$ p + e$^-$ + $\overline{\nu_e}$, $Q = 0,78$ MeV.

14. $m_o = 0$, $s = \dfrac{h}{2\,\pi}$.

15. Abb. L5.6.15   **16.** $^1_1$p + $\overline{\nu_e}$ $\to$ $^1_0$n + $^{\ 0}_{+1}$e

17. $\pi^+ \to \mu^+ + \nu_\mu$, $\pi^- \to \mu^- + \overline{\nu_\mu}$, $\pi^o \to \gamma + \gamma$.

18. e$^+$ e$^-$: $E_\gamma = 1,022$ MeV, μ^+ μ^- : $E_\gamma = 211,3$ MeV.

19. $E_{ges} = E_{kin} + m_o c_o^2 = 3\ m_o c_o^2$, $v = 0,94 c_o$.

20. $\tau' = 3 \cdot 10^{-8}$ s, $s = 4,5$ m.

7.6   Festkörperphysik

7.6.1   Kristallgitter

1. kubisch (primitiv, flächenzentriert, raumzentriert), **tetragonal** (primitiv, raumzentriert), **orthorhombisch** (primitiv, flächenzentriert, basiszentriert, raumzentriert), **hexagonal**, **rhomboedrisch**, **monoklin** (primitiv, basiszentriert), **triklin**.

2. (a) Abb. L6.1.2a:

1 [[000]]	4 [[010]]	7 [[111]]	10 [[$1\frac{1}{2}\frac{1}{2}$]]	13 [[$\frac{1}{2}\frac{1}{2}0$]]
2 [[100]]	5 [[001]]	8 [[001]]	11 [[$\frac{1}{2}1\frac{1}{2}$]]	14 [[$\frac{1}{2}\frac{1}{2}1$]].
3 [[110]]	6 [[101]]	9 [[$\frac{1}{2}0\frac{1}{2}$]]	12 [[$0\frac{1}{2}\frac{1}{2}$]]	

(b) Siehe Abb. L6.1.2b: 1 bis 8 wie Aufgabenteil (a), 9 [[$\frac{1}{2}\frac{1}{2}\frac{1}{2}$]]

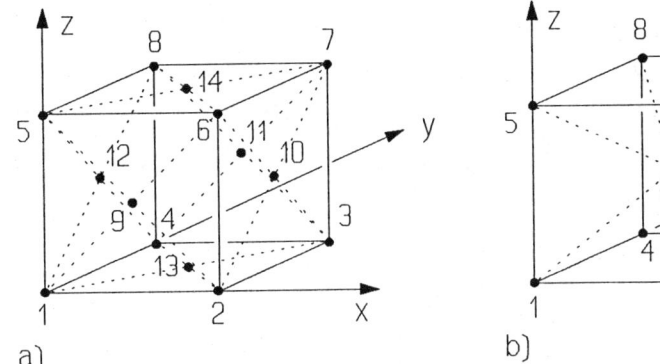
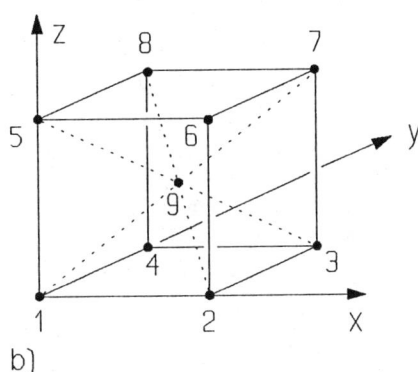

a) b)

Abb. L6.1.2 Zu Frage 2.

3. (a) 4, je $\frac{1}{8}$ der Eckatome und $\frac{1}{2}$ der in den Seitenflächen (Abb. L6.1.2a).

(b) 2, je $\frac{1}{8}$ der Eckatome und das Zentralatom (Abb. L6.1.2b).

4. (a) [111], [$\bar{1}$11] usw. (Ein Minuszeichen wird über die Zahl geschrieben!)
(b) [110], [$\bar{1}$10] usw.
5. Das Verhältnis der reziproken Achsenabschnitte wird ganzzahlig gemacht.
Bsp.: $m_x = 2, m_y = 3, m_z = 1, (\frac{1}{m_x} \frac{1}{m_y} \frac{1}{m_z}) = (\frac{1}{2} \frac{1}{3} \frac{1}{1})$, also $(h\,k\,l) = (326)$

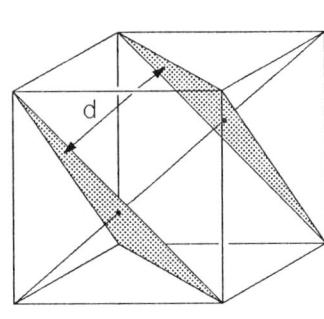
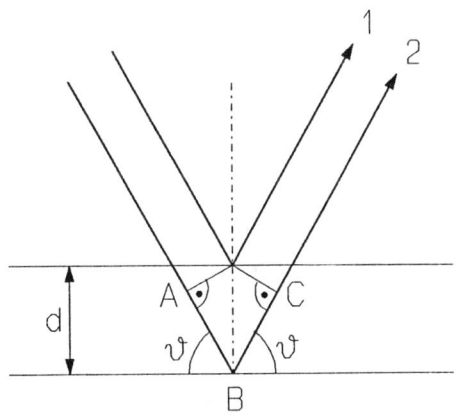

Abb. L6.1.6 Zu Frage 6.   Abb. L6.1.7 Zur Herleitung der Braggschen Gleichung

6. Gemäß Abb. L6.1.6 gilt $d = \dfrac{1}{3}\sqrt{3a^2} = \dfrac{a}{\sqrt{3}}$

7. Nach Abb. L6.1.7 erhält man für den Gangunterschied der Strahlen 1 und 2 den Weg $ABC = 2 \cdot \cos(90^{\circ} - \vartheta)$, also $N\,\lambda = 2\,d\,\sin\vartheta$.

8. (a) Vierzählig.   **(b)** dreizählig, da der Kristall in Richtung der Würfeldiagonalen durchstrahlt wird.

9. (a) Fehlen eines Gitterbausteins.   **(b)** Gitterbaustein befindet sich zwischen den Gitterplätzen.   **(c)** Ein Gitterbaustein ist durch ein nicht zum Gitter gehörendes Atom ersetzt.

10. Versetzungen sind eindimensional ausgedehnte Kristallbaufehler, die durch partielle(s) Einfügung (Fehlen) von Gitterebenen (Stufenversetzungen) oder durch Verschiebung des Kristallgitters entlang der Versetzungslinie um eine Gitterebene (Schraubenversetzung) gekennzeichnet sind. Das Gleiten der Stufenversetzungen ist Ursache der guten plastischen Verformbarkeit von Metallen.

11. 4 Atome pro Elementarzelle ergeben

$$\varrho = \frac{m}{V} = \frac{4\,A_{Cu}\,m_u}{a^3} = 8972 \text{ kg} \cdot \text{m}^{-3}$$

12. (a) Nächste Nachbarn: $\dfrac{1}{4}$ der Würfeldiagonalen, $2,35 \cdot 10^{-10}$ m.

(b) Übernächste Nachbarn: Atom in Würfelfläche, $3,84 \cdot 10^{-10}$ m.

13. Siehe Abb. L6.1.13.

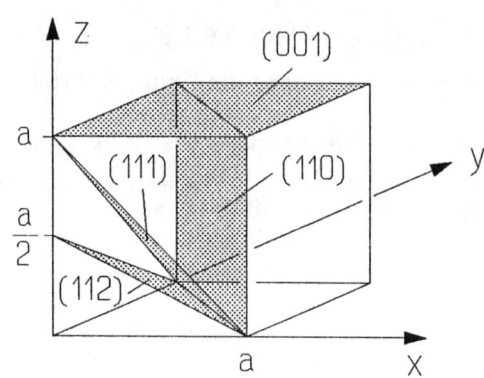

Abb. L6.1.13
Zu Aufgabe 13.

14. $3,26 \cdot 10^{-10}$ m (siehe Abb. L6.1.6).

15. $7,85^{\circ}, 15,85^{\circ}, 24,18^{\circ}, 33,10^{\circ}, 43,05^{\circ}, 55,00^{\circ}, 72,88^{\circ}$, größere Ordnungen treten nicht auf, da der maximal mögliche Gangunterschied für senkrechten Einfall $2\,d = 7,32\,\lambda$ beträgt.

16. Mit der de Broglie-Wellenlänge der Neutronen von $1,582 \cdot 10^{-10}$ m ergibt sich $\vartheta = 46,75^{\circ}$.

17. $17,50^{\circ}$.

18. (a) $0,326$ nm, $0,282$ nm, $0,199$ nm.   **(b)** $d = \dfrac{a}{\sqrt{3}}$: (111), $d = \dfrac{a}{2}$: 2. Ordnung von (001), $d = \dfrac{1}{2}\dfrac{a}{\sqrt{2}}$: 2. Ordnung von (110).

19. $0,166$ nm (Ni), $0,179$ nm (Co).

20. Ein Kubikmeter Si enthält $4,992 \cdot 10^{28}$ Atome, also
$$\frac{\Delta \varrho}{\varrho} \approx 2 \cdot 10^{-5}.$$

7.6.2 Elastische Deformation fester Körper

1. Bindungskräfte. **2.** Linear bzw. quadratisch.
3. Wegen der Proportionalität von σ und ε ergibt sich ein quadratisches Potential.
4. Zug- und Druckspannung sind Normalspannungen, die Scherspannung ist eine Tangentialspannung. Wenn F durch die Polarkoordinaten (F, φ, ϑ) beschrieben wird, gilt bei der Flächengröße A: $\sigma_x = \dfrac{F}{A} \cos \vartheta \cos \varphi$,

$\sigma_y = \dfrac{F}{A} \cos \vartheta \sin \varphi$ und $\sigma_z = \dfrac{F}{A} \sin \vartheta$.

5. Die Größe der elastischen Moduln bestimmt den Widerstand des Materials gegen die entsprechenden Deformationen.
6. Siehe Formelteil.
7. (a) Maximale Volumenänderung bedeutet $\varepsilon_q = 0$, also $\mu = 0$.
(b) Volumenänderung Null bedeutet $\varepsilon \approx 2\,\varepsilon_q$, also $\mu = 0,5$.
8. In erster Näherung ist die Dehnung der Temperaturdifferenz proportional.
9. Die Zugspannung sinkt auf ein Viertel bzw. ein Neuntel.
10. $\sigma_x = 4394$ Pa, $\sigma_y = 6275$ Pa, $\sigma_z = 6428$ Pa.
11. 7500 N $\cdot$ m^{-1}. **12.** $7,14$ mm, $14,3$ N, $42,9$ N. **13.** $3,03$ mm.

14. $k_{eff} = \dfrac{F}{\Delta l} = \dfrac{\sigma A}{\varepsilon l} = E\dfrac{A}{l}$. **15.** $7,43^{O}$. **16.** $0,12$ mm.

17. (a) Die effektiven Federkonstanten sind (Aufgabe 14.) $2,1 \cdot 10^5$ N $\cdot$ m^{-1} (Fe) und $2,26 \cdot 10^6$ N $\cdot$ m^{-1} (Cu), also $k_{ges} = 3\,k_{Fe} + k_{Cu} = 2,89 \cdot 10^6$ N $\cdot$ m^{-1}, damit wird $\Delta l = 3,46 \cdot 10^{-4}$ m. **(b)** $781,9$ N (Stab), $72,7$ N (je Draht). **(c)** $6,93 \cdot 10^{-5}$ (Fe), $1,21 \cdot 10^{-4}$ (Cu). **(d)** $E_{ges} = 0,173$ N $\cdot$ m, davon $0,135$ N $\cdot$ m im Cu-Stab und $0,0126$ N $\cdot$ m je Stahldraht. Die Energiedichten sind $6,88 \cdot 10^3$ J $\cdot$ m^{-3} (Cu) und $1,26 \cdot 10^4$ J $\cdot$ m^{-3} (Fe).
18. Läßt man der unbehinderten thermischen Dehnung eine Stauchung auf die ursprüngliche Länge folgen, gilt $\alpha \Delta T = \sigma/E$ und $F = 1,03 \cdot 10^5$ N.
19. Infolge der Erwärmung würden sich die Stäbe um $\Delta l_T = l\,\alpha\,\Delta T$ verlängern. Dem entspricht bei unveränderter Länge (Aufgabe 18.) die thermische Spannung $\sigma_T = \alpha\,\Delta T\,E$. Wird jeder der Stäbe zusätzlich um Δl deformiert, verändert sich die Spannung um $\sigma_d = -\varepsilon\,E = -\dfrac{\Delta l}{l}\,E$. Die Gesamtspannung ist in beiden Stäben gleich, und gemäß Abb. L6.2.19 gilt

$\Delta l_1 = -\Delta l_2.$ $(\sigma_T + \sigma_d)_1 = (\sigma_T + \sigma_d)_2$, also $\Delta l_1 = \dfrac{\alpha_1\,E_1 - \alpha_2\,E_2}{E_1 + E_2}\,l\,\Delta T = -4,1 \cdot 10^{-3}$ mm.

20. Ein Volumenelement am Ort x des Stabes (Abb. L6.2.20) verlängert sich durch das Eigengewicht um $dx'' = dx' - dx = \dfrac{\sigma(x)}{E}\, dx$. Es gilt $\sigma(x) = \dfrac{F(x)}{A} = \dfrac{m(x)\, g}{A} = \varrho\, g\, (l - x)$. Die Integration über dx'' in den Grenzen $0 \le x \le l$ ergibt $\Delta l = \dfrac{\varrho\, g}{E} \cdot \dfrac{l^2}{2}$.

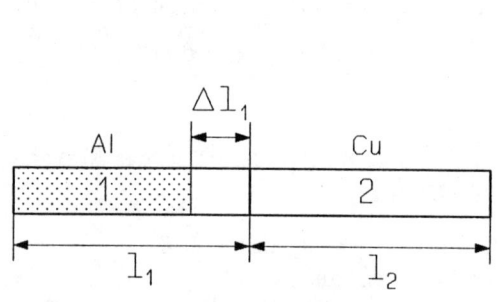

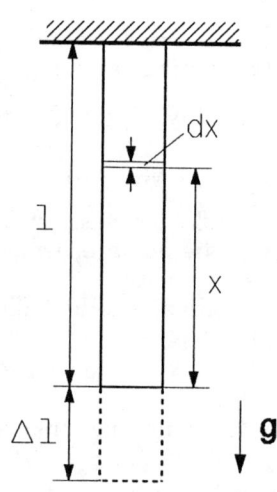

Abb. L6.2.19   Zu Aufgabe 19.   Abb. L6.2.20   Zu Aufgabe 20.

7.6.3   Gitterschwingungen

1. Elastische Wellen entstehen, wenn sich Schwingungen der Gitterbausteine infolge der Kopplung durch die Bindungskräfte durch den Kristall fortpflanzen. $E_{phon} = h\, f$.

2. Da die Photonen stets Energie eines bestimmten Betrages an den Kristall abgeben oder von ihm aufnehmen, ist das ein Hinweis auf die Entstehung oder Vernichtung von Phononen mit diesen Energiebeträgen.

3. Transversale und longitudinale Phononen gehören zu den elastischen Wellen der entsprechenden Art. Bei optischen Phononen sind die Schwingungen benachbarter Gitterbausteine gegenphasig, was zu oszillierenden Dipolmomenten führen kann. Daher können optische Phononen mit Photonen besonders effektiv wechselwirken.

4. Im Einsteinschen Festkörpermodell wird nur eine Schwingungsfrequenz vorausgesetzt, die Einsteinfrequenz f_E. Im Debyeschen Modell existieren Frequenzen im Bereich $0 \le f \le f_D$, die Maximalfrequenz f_D ist die Debyefrequenz. Im Debyeschen Modell ergibt sich eine Proportionalität zwischen Kreiswellenzahl und Kreisfrequenz (frequenzunabhängige Geschwindigkeit der elastischen Wellen, siehe Abb. L6.3.4).

5. Das Gitterspektrum besteht aus hohen und tiefen Frequenzen, von denen die höheren Frequenzen wegen der größeren Phononenenergie erst bei hohen Temperaturen voll angeregt werden. Erst dann erreicht die spezifische Wärmekapazität ihren vollen Betrag.

6. Die Gitterfrequenzen von Blei (kleine Bindungskräfte) liegen generell tiefer als die von Diamant (starke Bindungskräfte).

7. Gemäß Abb. L6.3.4 ist das Einsteinmodell für wenig ansteigende Phononenzweige (z. B. optische Phononen), das Debyemodell für akustische Zweige besser geeignet.

8. $\dfrac{\omega}{k} = \lambda\, f = c_{el}$, d. h. $\omega = c_{el}\, k$.

9. $E_{phon} = 30,9$ meV, $f = 7,46$ THz. **10.** $2,15 \cdot 10^{11}$ Pa.

11. $\lambda = 0,24$ m, $\nu = 4,17$ m^{-1}, $p_{phon} = 2,76 \cdot 10^{-33}$ N $\cdot$ s.

12. $E_{phot} = 2,54$ eV, $p_{phot} = \dfrac{h \cdot n}{\lambda_{vak}} = 2,31 \cdot 10^{-27}$ N $\cdot$ s.

$E_{phon} = 30,9$ meV, $p_{phon} = 1,65 \cdot 10^{-24}$ N $\cdot$ s.

13. 1250 m $\cdot$ s^{-1}. **14.** $c_{el} = 4580$ m $\cdot$ s^{-1}, $\lambda = 2,86 \cdot 10^{-4}$ m.

15. $E_{phon} = 3,2$ meV, $f = 7,74 \cdot 10^{11}$ Hz. **16.** 71,3 meV.

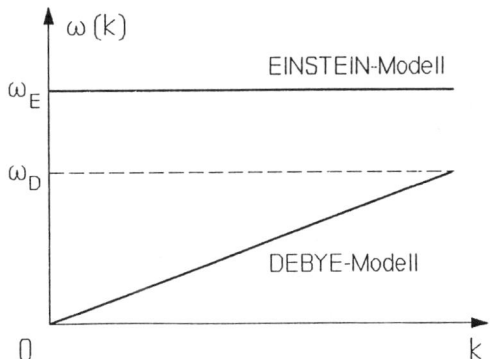

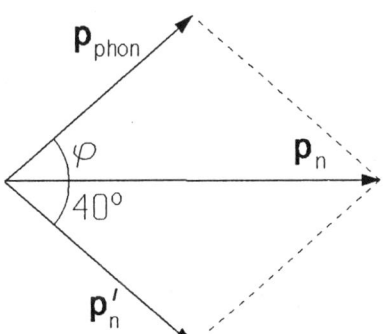

Abb. L6.3.4 Zum Einsteinschen und Debyeschen Festkörpermodell

Abb. L6.3.17 Zu Aufgabe 17.

17. Die Beträge der Neutronenimpulse sind mit $p = \sqrt{2\,E\,m}$: $p_n = 1,73 \cdot 10^{-24}$ N $\cdot$ s und $p_n' = 1,13 \cdot 10^{-24}$ N $\cdot$ s. Nach Abb. L6.3.17 erhält man über den Cosinussatz $p_{phon} = 1,13 \cdot 10^{-24}$ N $\cdot$ s und schließlich $\varphi = 40^\circ$.

$$c_{el} = \frac{h\,f}{p_{phon}} = 454 \text{ m} \cdot \text{s}^{-1}.$$

18. Si: $f = 5,11$ THz, $E_{phon} = 21,1$ meV.

Ge: $f = 2,83$ THz, $E_{phon} = 11,7$ meV.

19. $E_{max} = 191$ meV, $f_{max} = 46,3$ THz.

20. $c_{el} = \dfrac{d\omega}{dk} = \sqrt{\dfrac{k_F}{m}}\; a \cos\dfrac{k\,a}{2} = a\,\sqrt{\dfrac{k_F}{m}}\cos\dfrac{\pi\,a}{\lambda}$, siehe Abb. L6.3.20.

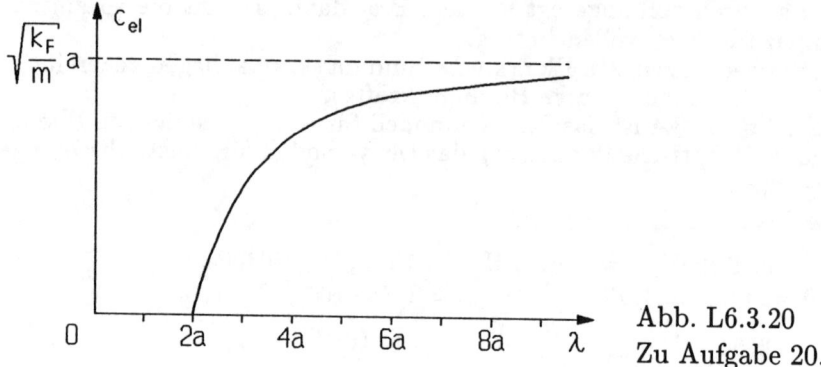

Abb. L6.3.20
Zu Aufgabe 20.

7.6.4 Elektrische Leitfähigkeit in Metallen

1. Metalle: Elektronen; Halbleiter: Elektronen und Defektelektronen (Löcher); Ionenkristalle: Ionen.

2. Beim plötzlichen Abbremsen eines bewegten Metallstücks ergibt sich durch die Trägheit der Leitungselektronen eine elektrische Spannung.

3. Die Wechselwirkung (Stöße) der Ladungsträger mit den Gitterbausteinen begrenzt den Stromfluß.

4. Mittlerer Weg bzw. mittlere Zeit zwischen zwei Stößen der Elektronen mit den Gitterbausteinen; die Driftgeschwindigkeit ist der Quotient aus dem infolge der Beschleunigung durch das Feld in Feldrichtung zwischen zwei Stößen mit dem Gitter zurückgelegtem Weg und der Relaxationszeit.

5. Kristallbaufehler und höhere Temperatur ergeben einen größeren elektrischen Widerstand.

6. Der Restwiderstand bei sehr tiefen Temperaturen ist der durch Kristallbaufehler verursachte Anteil.

7. Bei der Sprungtemperatur T_S geht der Widerstand von Supraleitern gegen Null.

8. Abgabe der kinetischen Energie der durch das elektrische Feld beschleunigten Elektronen an das Kristallgitter durch Stöße.

9. In Metallen sind die Leitungselektronen auch wesentliche Träger der Wärmeleitung.

10. Die Lorentzkraft lenkt bei stromdurchflossenen Leitern im Magnetfeld die Ladungsträger seitlich ab, so daß die Hallspannung entsteht.

11. $n = \dfrac{N_A \, \varrho}{m_{mol}} = 5,9 \cdot 10^{28} \ \text{m}^{-3}$.   **12.** $1,602 \cdot 10^{-17} \ \text{N}$.

13. $\bar{v} = 0,002 \ \text{m} \cdot \text{s}^{-1}$, $s = 4 \cdot 10^{-17} \ \text{m}$.   **14.** $1,25 \cdot 10^{20}$.

15. $4,34 \cdot 10^{-3} \ \text{m}^2 \cdot \text{V}^{-1} \cdot \text{s}^{-1}$.   **16.** $100 \ \Omega$.   **17.** $155,8 \ {}^{\circ}\text{C}$.

18. $1,04 \cdot 10^{29} \ \text{m}^{-3}$.   **19.** $8,58 \cdot 10^4 \ \text{m}^2 \cdot \text{V}^{-1} \cdot \text{s}^{-1}$.

20. $9,09 \ \text{V} \cdot \text{s} \cdot \text{m}^{-2}$.

7.6.5 Halbleiter

1. Elektronen und Defektelektronen (Löcher).

2. Die Zunahme der Ladungsträgerkonzentration mit steigender Temperatur überwiegt die Verringerung der Ladungsträgerbeweglichkeit.

3. Ist die Photonenenergie kleiner als die Breite der verbotenen Zone, kann keine Absorption durch Bildung von Ladungsträgern erfolgen.

4. Die Absorption von Photonen mit Energien, die größer als die Breite der verbotenen Zone sind, führt zur Bildung von Elektron-Loch-Paaren, welche die Ladungsträgerkonzentration und damit die freie Leitfähigkeit erhöhen.

5. Bei Phosphordotierung wird Silicium n-leitend, bei Bordotierung p-leitend.

6. Die unterschiedlichen Ladungsträgerkonzentrationen gleichen sich durch Diffusion aus. Die Diffusion erfolgt solange, bis die dadurch entstehende Gegenspannung (Diffusionsspannung) eine weitere Diffusion unterbindet. Im Diffusionsbereich entsteht eine Zone geringer Ladungsträgerkonzentration (Sperrschicht).

7. Die Eigenschaften der Sperrschicht zwischen Halbleitern mit unterschiedlichem Ladungsträgertyp werden bei Gleichrichterdioden zur Gleichrichtung, bei Zenerdioden zur Spannungsstabilierung und bei Transistoren zur Steuerung von Strömen (Verstärkung, Schaltfunktion) angewendet.

8. Photowiderstände ändern durch Ladungsträgergeneration ihren elektrischen Widerstand bei Beleuchtung (Anwendung z. B. Belichtungsmesser, Photodetektor, Lichtschranke), in Photodioden verändert der Lichteinfall die Diffusionsspannung bzw. das Ladungsträgerverarmungsgebiet einer in Sperrichtung gepolten Diode (Anwendung wie Photowiderstand). Als Photoelement wandelt die ohne äußere Spannung direkt an den Verbraucher angeschlossene Photodiode Strahlungs- in elektrische Energie (Solarzelle).

9. Die bei der Rekombination freiwerdende Energie (Breite der verbotenen Zone) kann als Photon (strahlende Rekombination) nach außen oder in Form von Wärmeenergie (nichtstrahlende Rekombination) an das Kristallgitter abgegeben werden.

10. Lumineszenzdioden und Halbleiterlaser werden als Lichtquellen z. B. in der Lichtleitertechnik eingesetzt. Es sind in Durchlaßrichtung gepolte Dioden, deren strahlende Rekombination der Ladungsträger in der Sperrschicht Photonen erzeugt. Vorteile sind die direkte Umwandlung elektrischer Energie in Photonen, die geringe Größe, einfache Modulierbarkeit, für die optimale Übertragung günstige Wellenlängenbereiche und die Herstellungsmöglichkeit mittels Halbleitertechnologien.

11. $3,1 \cdot 10^3 \ \Omega \cdot m$.

12. $\varrho\,(T_2) = \varrho\,(T_1) \exp\left[\dfrac{E_g}{2\,k}\left(\dfrac{1}{T_2} - \dfrac{1}{T_1}\right)\right]$, siehe Abb. L6.5.12.

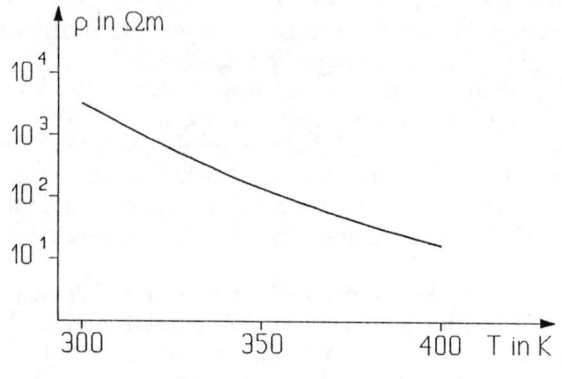

Abb. L6.5.12
Zu Aufgabe 12.

13. Gemäß Abb. L6.5.13 ergibt sich $E_g \approx 0,66$ eV (Germanium).

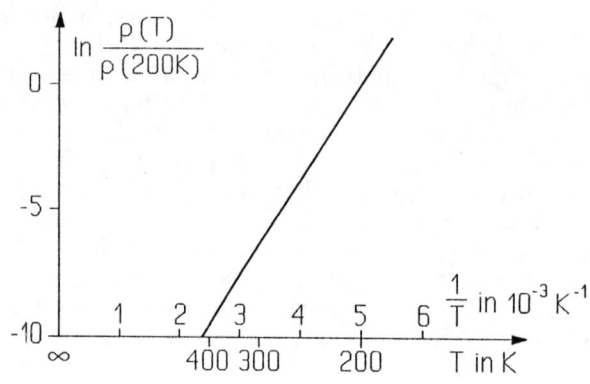

Abb. L6.5.13
Zu Aufgabe 13.

14. $n = 1,10 \cdot 10^{16}$ m^{-3}, $\mu = 902 \cdot 10^6$ m$^2 \cdot$ V$^{-1} \cdot$ s^{-1}.   **15.** 546 nm.
16. Diamant: $\lambda_K = 226$ nm, durchsichtig, da < 380 nm,
GaAs: $\lambda_K = 873$ nm, undurchsichtig, da > 750 nm.
17. $2,64$ eV.   **18.** 873 nm (GaAs) ... 577 nm (AlAs).
19. $0,59$ V.   **20.** $16,8$ %.

Physikalische Konstanten

Gravitationskonstante	γ	$= 6{,}672598 \cdot 10^{-11} \; \text{m}^3 \cdot \text{kg}^{-1} \cdot \text{s}^{-2}$
Normfallbeschleunigung	g_n	$= 9{,}80665 \; \text{m} \cdot \text{s}^{-2}$
Normvolumen des idealen Gases	V_{vol}	$= 22{,}4138 \cdot 10^{-3} \; \text{m}^3 \cdot \text{mol}^{-1}$
Avogadro-Konstante	N_A	$= 6{,}022136 \cdot 10^{23} \; \text{mol}^{-1}$
Atommassen-Konstante	m_u	$= 1{,}660540 \cdot 10^{-27} \; \text{kg}$
Boltzmann-Konstante	k	$= 1{,}380658 \cdot 10^{-23} \; \text{J} \cdot \text{K}^{-1}$
allgemeine Gaskonstante	R	$= 8{,}314510 \; \text{J} \cdot \text{mol}^{-1} \cdot \text{K}^{-1}$
Lichtgeschwindigkeit im Vakuum	c_o	$= 2{,}997924 \cdot 10^8 \; \text{m} \cdot \text{s}^{-1}$
elektrische Feldkonstante	ε_o	$= 8{,}854187 \cdot 10^{-12} \; \text{A} \cdot \text{s} \cdot \text{V}^{-1} \cdot \text{m}^{-1}$
magnetische Feldkonstante	μ_o	$= 4\,\pi \cdot 10^{-7} \; \text{V} \cdot \text{s} \cdot \text{A}^{-1} \cdot \text{m}^{-1}$
elektrische Elementarladung	e	$= 1{,}602177 \cdot 10^{-19} \; \text{C}$
spezifische Ladung des Elektrons	$\dfrac{e}{m_e}$	$= 1{,}758819 \cdot 10^{11} \; \text{C} \cdot \text{kg}^{-1}$
Faraday-Konstante	F	$= 96485{,}309 \; \text{C} \cdot \text{mol}^{-1}$
Ruhemasse des Elektrons	m_e	$= 9{,}109389 \cdot 10^{-31} \; \text{kg}$
Ruhemasse des Protons	m_p	$= 1{,}672623 \cdot 10^{-27} \; \text{kg}$
Ruhemasse des Neutrons	m_n	$= 1{,}674928 \cdot 10^{-27} \; \text{kg}$
Planck-Konstante	h	$= 6{,}626075 \cdot 10^{-34} \; \text{J} \cdot \text{s}$
Stefan-Boltzmann-Konstante	σ	$= 5{,}670512 \cdot 10^{-8} \; \text{W} \cdot \text{m}^{-2} \cdot \text{K}^{-4}$
universelle Rydberg-Konstante	R_∞	$= 1{,}097373 \cdot 10^7 \; \text{m}^{-1}$
Bohr-Magneton	μ_B	$= 9{,}274015 \cdot 10^{-24} \; \text{A} \cdot \text{m}^2$
Compton-Wellenlänge des Elektrons	λ_c	$= 2{,}426310 \cdot 10^{-12} \; \text{m}$

Astronomische Daten

Erde: mittlerer Radius $r_E = 6,371 \cdot 10^6$ m

          Äquatorradius $r_{E,\ddot{A}} = 6,378388 \cdot 10^6$ m

          Polarradius $r_{E,P} = 6,356912 \cdot 10^6$ m

          Masse $m_E = 5,977 \cdot 10^{24}$ kg

          Umdrehungszeit (Sterntag) $T_E = 8,6164 \cdot 10^4$ s

Mond: mittlerer Radius $r_M = 1,738 \cdot 10^6$ m

          Masse $m_M = 7,347 \cdot 10^{22}$ kg

          mittlere Entfernung Erde - Mond $r_{E,M} = 3,847 \cdot 10^8$ m

          Fallbeschleunigung $g_M = 1,6193$ m $\cdot$ s^{-2}

Sonne: mittlerer Radius $r_S = 6,9635 \cdot 10^8$ m

          Masse $m_S = 1,991 \cdot 10^{30}$ kg

          mittlere Entfernung Erde - Sonne $r_{E,S} = 1,496 \cdot 10^{11}$ m

          Temperatur an der Oberfläche $T_{S,O} = 5790$ K

          Solarkonstante $S = 1,395 \cdot 10^3$ J $\cdot$ m^{-2} $\cdot$ s^{-1}

Literaturempfehlungen

Schirotzek, W.; Scholz, S.: Starthilfe Mathematik. 3. Auflage. Stuttgart, Leipzig: B. G. Teubner 1999.

Scholz, S.: Mathematik in Übungsaufgaben. Stuttgart, Leipzig: B. G. Teubner 1999.

Stolz, W. : Starthilfe Physik. 2. Auflage. Stuttgart, Leipzig: B. G. Teubner 1998.

Geschke, D. (Hrsg.): Physikalisches Praktikum. 11. Auflage. Stuttgart, Leipzig: B.G. Teubner 1998

Sachverzeichnis

Stolz
Starthilfe Physik

**Ein Leitfaden für Studien-
anfänger der Naturwissen-
schaften, des Ingenieurwesens
und der Medizin**

Von Prof. Dr. **Werner Stolz**
Technische Universität
Bergakademie Freiberg

2., durchgesehene und
erweiterte Auflage. 1998.
112 Seiten mit 102 Bildern.
16,2 x 22,9 cm.
Kart. DM 19,80
ÖS 145,– / SFr 18,–
ISBN 3-8154-3034-8

Das Buch wendet sich vor allem an
Schüler, die ein Studium aufnehmen wollen, und an Studienanfän-
ger der Naturwissenschaften, des
Ingenieurwesens und der Medizin,
die Physik als Nebenfach absolvie-
ren. Es vermittelt in kompakter
Form einen prägnanten und an-
schaulichen Überblick über die
wichtigsten Gesetzmäßigkeiten der
elementaren Physik. Die von der
Schule her bekannten Grundlagen
werden in Erinnerung gebracht und
vertieft. Der Student lernt die mathematischen Anforderungen ebenso kennen wie den konsequenten
Gebrauch der SI-Einheiten und der
genormten Formelzeichen für physikalische Größen. In die 2., durchgesehene und erweiterte Auflage
wurde der Abschnitt »Festkörper«
neu aufgenommen.

Preisänderung vorbehalten.

B. G. Teubner Stuttgart · Leipzig